シリーズ 現代の天文学 第8巻

ブラックホールと
高エネルギー現象

小山勝二・嶺重 慎 [編]

日本評論社

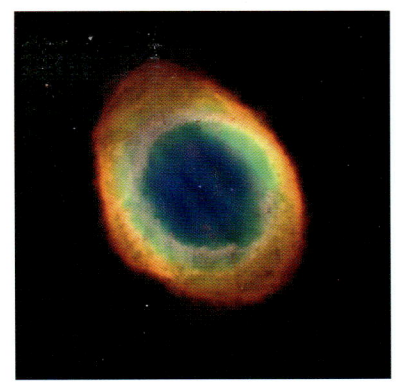

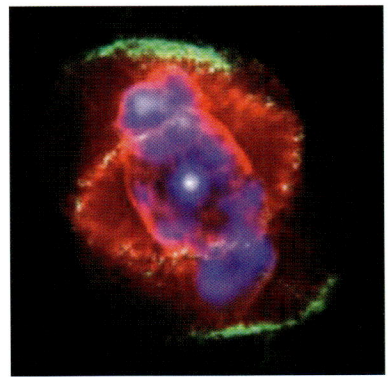

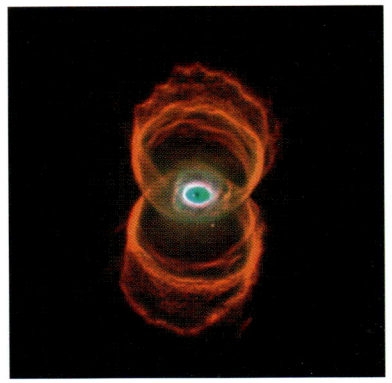

口絵1（上から順に）
　M 57（リング星雲），
　NGC 6543（キャッツアイ星雲），
　MyCn 18（砂時計星雲）
　（p.3, NASA提供）

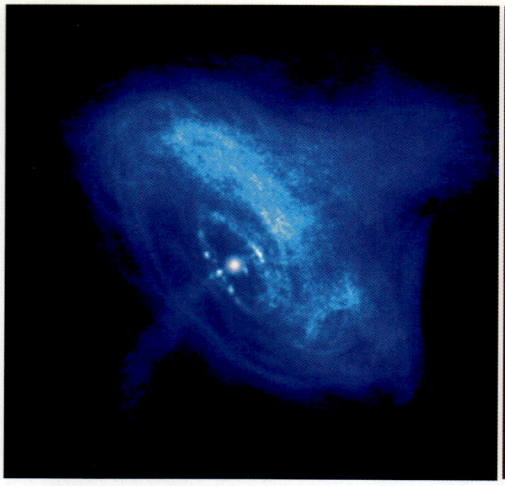 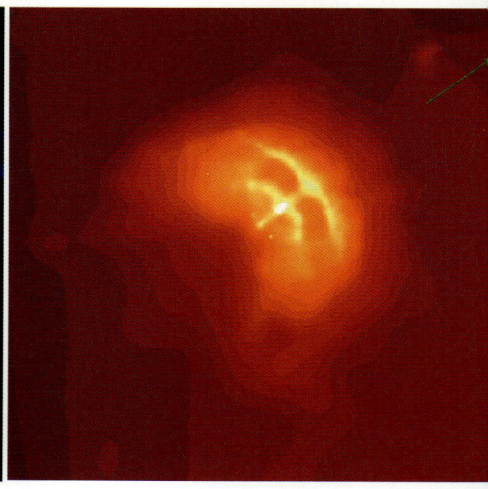

口絵2（上・左から順に）
かにパルサーとほ座パルサー周辺のパルサー星雲の「チャンドラ」によるX線像（p.18）

口絵4（右頁・上から順に）
ハッブル宇宙望遠鏡で撮像した可視光でみた原始星ジェット（http://hubblesite.org/gallery/），「あすか」が撮像した特異星SS 433の相対論的ジェット（http://www-cr.scphys.kyoto-u.ac.jp/），電波干渉計でみた巨大楕円銀河M 87のジェット．中心部は「はるか」衛星による（http://www.oal.ul.pt/oobservatorio/vol5/n9/M87-VLAd.jpg）（p.103）．

口絵3（下・左から順に）
ハッブルディープフィールド北領域の「チャンドラ」によるX線画像，ロックマンホール領域の「XMM-Newton」によるX線画像（p.94, Brandt & Hasinger 2005, Ann.Rev. Astr. Ap., 43, 827）．

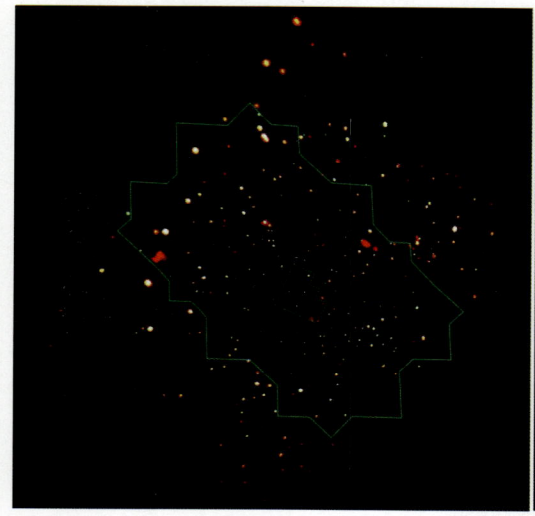 

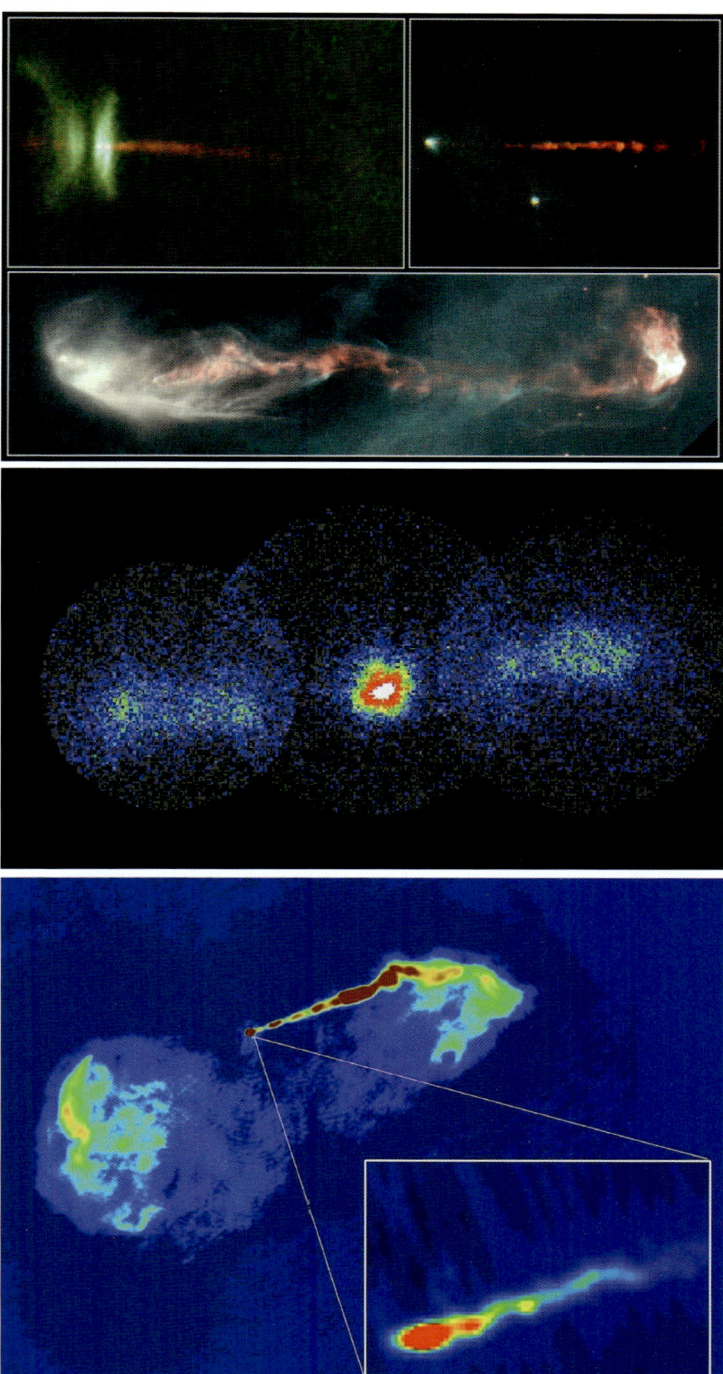

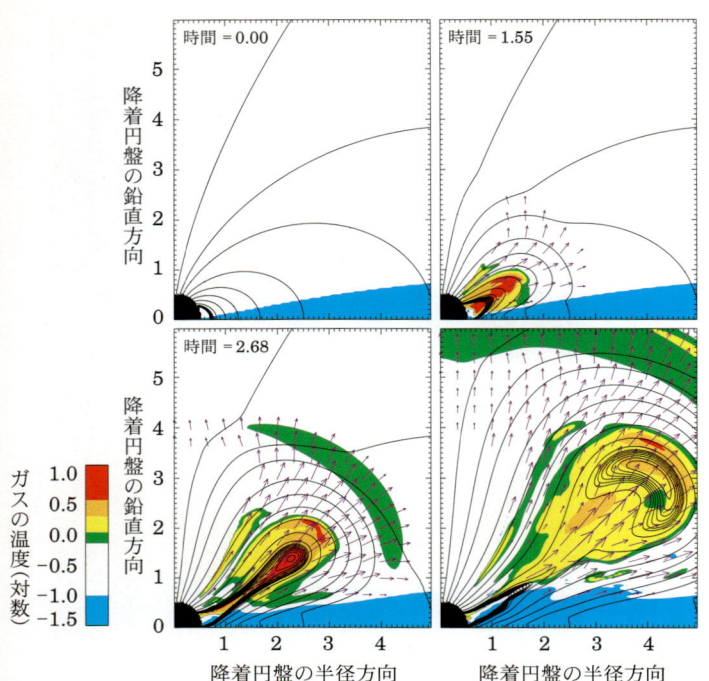

口絵5（左）
初期磁場がダイポール磁場の場合の降着円盤とダイポール磁場の相互作用をMHDシミュレーションで表わす（p.143, Hayashi et al. 1996, ApJ, 468, L37）．図の縦軸，横軸の数字は，初期の円盤の半径を単位にしたもの．右下は時間=4.01（無次元）．

口絵6（下・左から順に）
「すざく」による超新星残骸SN 1006からのX線写真．左はシンクロトロンX線放射で宇宙線加速の現場と考えられる．右はO VIIの特性X線分布で高温プラズマの分布を示す．両者の空間分布はまったく異なることが分かる（p.174）．

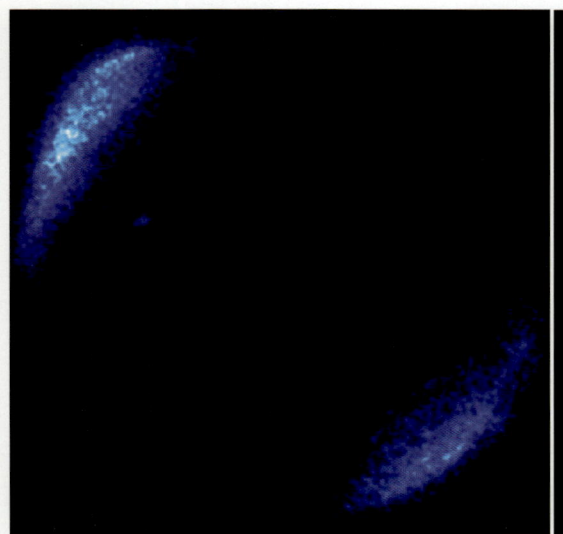
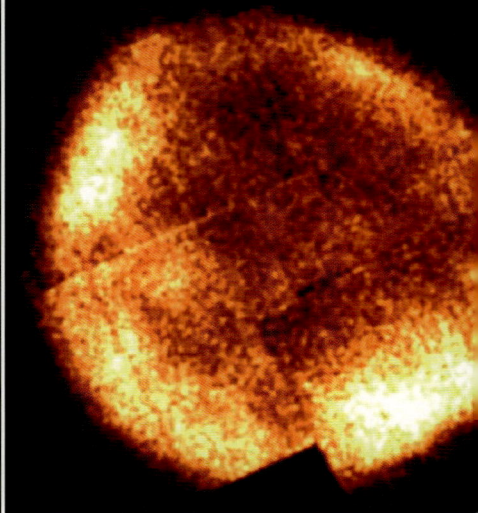

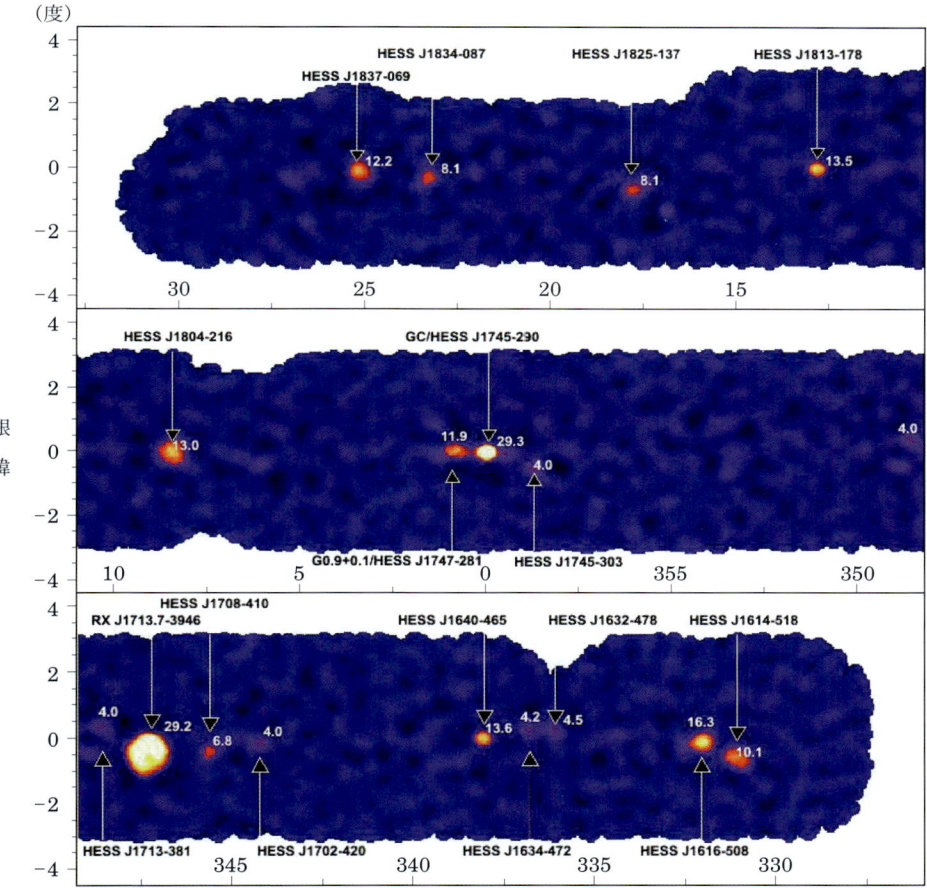

口絵7
HESS望遠鏡で発見されたTeVガンマ線源の分布図(p.176, Aharonian et al., 2006. ApJ, 636, 777). 銀河面を銀経−30°(330°)から+30°までを3段にわけて表示してある.

口絵8
BATSE観測装置がとらえた2704例のガンマ線バーストの到来方向分布を銀河座標で表示した．カラーは50-300 keV帯でのエネルギー総量（erg cm^{-2}）を表わす（p.214, http://cossc.gsfc.nasa.gov/docs/cgro/batse/）

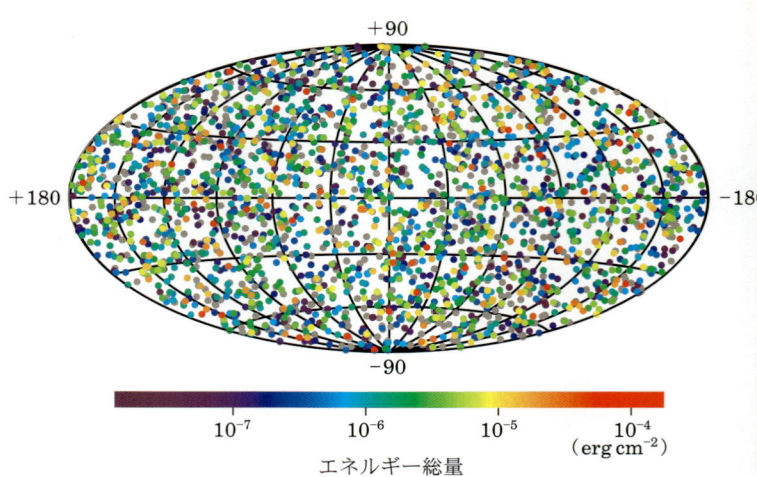

口絵9（上）
「BeppoSAX」が観測したGRB 970228のX線写真（中央の明いところ）．座標は赤緯（度，分，秒），赤経（時，分，秒）．左はバーストから8時間後，右は3日後のX線アフターグローを示している（p.216, Costa et al. 1997, Nature, 387, 783）．
Copyright© 1997, Nature Publishing Group

（下）
続いて発見された可視光のアフターグロー（OTと表記）．左はバーストの当日，右は8日後の可視光写真を示す（約7分角四方）
（p.216, van Paradijs 1997, Nature, 386, 686）．
Copyright© 1997, Nature Publishing Group

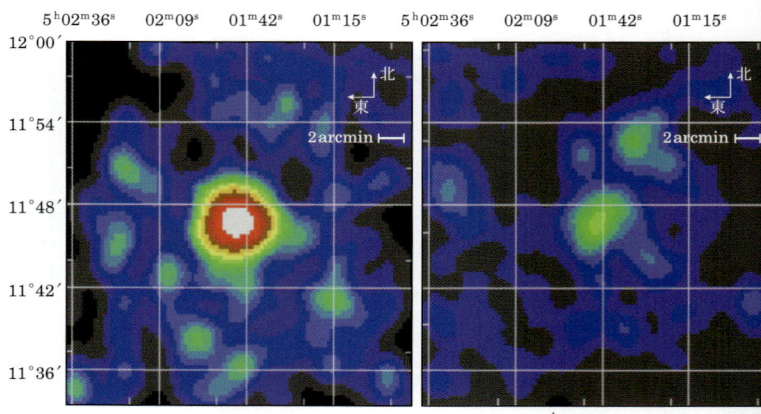

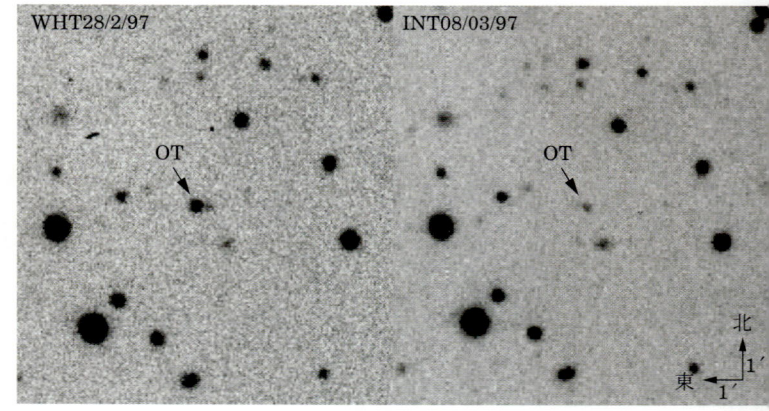

シリーズ刊行によせて

　近年めざましい勢いで発展している天文学は，多くの人々の関心を集めています．これは，観測技術の進歩によって，人類の見ることができる宇宙が大きく広がったためです．宇宙の果てに向かう努力は，ついに129億光年彼方の銀河にまでたどり着きました．この銀河は，ビッグバンからわずか8億年後の姿を見せています．2006年8月に，冥王星を惑星とは異なる天体に分類する「惑星の定義」が国際天文学連合で採択されたのも，太陽系の外縁部の様子が次第に明らかになったことによるものです．

　このような時期に，日本天文学会の創立100周年記念出版事業として，天文学のすべての分野を網羅する教科書「シリーズ現代の天文学」を刊行できることは大きな喜びです．

　このシリーズでは，第一線の研究者が，天文学の基礎を解説するとともに，みずからの体験を含めた最新の研究成果を語ります．できれば意欲のある高校生にも読んでいただきたいと考え，平易な文章で記述することを心がけました．特にシリーズの導入となる第1巻は，天文学を，宇宙－地球－人間という観点から俯瞰して，世界の成り立ちとその中での人類の位置づけを明らかにすることを目指しています．本編である第2～第17巻では，宇宙から太陽まで多岐にわたる天文学の研究対象，研究に必要な基礎知識，天体現象のシミュレーションの基礎と応用，およびさまざまな波長での観測技術が解説されています．

　このシリーズは，「天文学の教科書を出してほしい」という趣旨で，篤志家から日本天文学会に寄せられたご寄付によって可能となりました．このご厚意に深く感謝申し上げるとともに，多くの方々がこのシリーズにより，生き生きとした天文学の「現在」にふれ，宇宙への夢を育んでいただくことを願っています．

2006年11月

編集委員長　岡村定矩

はじめに

　物質がみずからの重力で崩壊してゆくと特異点が生じ，その周りに光さえも脱出できない境界 (事象の地平) をつくる．ブラックホールの形成である．ブラックホールという言葉が発明されてからまだ 40 年ほどだが，ブラックホールほど人々の想像力をかき立て，SF やその他に登場するポピュラーな天体になった例はすくない．

　ブラックホールは電波，光・赤外，X 線などの観測，さらには数値計算の急激な進歩と発展にともない，想像上の産物から実在する特異天体として確立した．この巻はブラックホール研究のいきいきした研究の現状にふれたい．ブラックホールにふれるには，その前駆天体ともいうべき，白色矮星や中性子星にも言及しなければならない．これらも常識をはずれた強重力天体であり，総称して高密度天体，あるいはコンパクト天体という．この強重力天体に共通しているのは高エネルギー現象であり，その分野を高エネルギー天文学という．本書でしばしば登場する X 線天文学はそのなかでも，大きな成果をだしてきた分野である．本書では，X 線など従来の電磁波で見られる高エネルギー現象のみでなく，宇宙線や新たな目，ニュートリノなどを手段とした粒子線天文学，さらには未開拓ともいえる重力波天文学にもふれる．

　本書では基礎となる理論的な記述に数式を使用せざるを得なかった．かなり難解と思われる読者もいるだろう．せめて雰囲気だけでも嗅ぎ取っていただきたい．本書で記述する内容はすべて物理学の基礎法則の上になりたっていること，そして逆に本書でのべる研究成果は，物理学の基本法則の検証，構築にフィードバックされていることを感じとっていただきたい．

2007 年 4 月

小山勝二

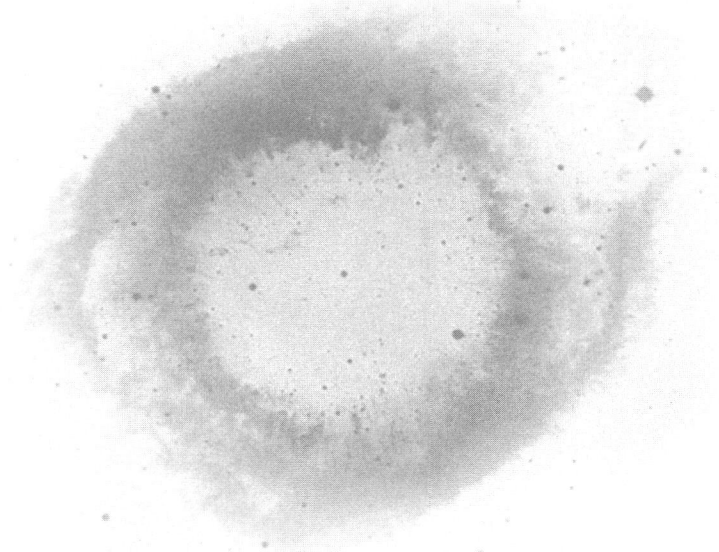

シリーズ刊行によせて　i
はじめに　iii

第1章 高密度天体　1

1.1　白色矮星　1
1.2　中性子星　9
1.3　ブラックホール　23

第2章 高密度天体への物質降着と進化　37

2.1　近接連星系と質量輸送　37
2.2　降着円盤　40
2.3　白色矮星への質量降着　53
2.4　中性子星への質量降着　63
2.5　恒星質量ブラックホールへの質量降着　71
2.6　大質量ブラックホールへの質量降着　82
2.7　活動銀河核とX線背景放射　91

第3章 高密度天体からの質量放出　101

3.1　宇宙ジェット　101
3.2　ジェットのダイナミクス　115
3.3　宇宙ジェットのモデル　122

第4章 粒子線と重力波天文学　147

4.1　宇宙線　147
4.2　宇宙線からの電磁放射, 加速理論　159
4.3　宇宙線起源天体の観測　171
4.4　ニュートリノ天文学　183
4.5　重力波天文学　195

第5章 ガンマ線バースト　209

5.1　ガンマ線バーストの諸現象　209
5.2　ガンマ線バーストの物理機構　223

参考文献　239
索引　240
執筆者一覧　244

第I章

高密度天体

1.1 白色矮星

　白色矮星は太陽と同じくらいの質量を持ちながら，大きさが地球ほどしかない奇妙な天体である．このため白色矮星の平均密度は，$1\,\mathrm{m}^3$ あたり 100 万トンにも達する．この節では，白色矮星がどのようにして発見され，どのような環境で生まれ，どのような性質を持つのかを述べる．

1.1.1 白色矮星の発見

　ドイツの天文学者ベッセル (F. Bessel) は，「冬の大三角」の一角をなすおおいぬ座のシリウスが，ごくわずかではあるが，前後に揺れ動くような運動をしていることを発見した (1844 年)．その動きは，何か見えない別の天体に振り回されているかのようであった．この見えないお供の星を実際に初めて見たのはアメリカの天文学者クラーク (A. Clark) である (図 1.1)．現在では，明るい方の星をシリウス A，暗い方のお供の星はシリウス B と呼んでいる．

　シリウス AB 連星系の軌道半径は，年周視差によって知られているシリウス

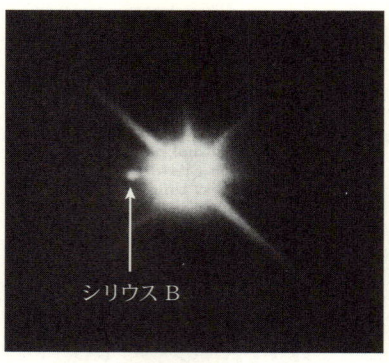

図 1.1 おおいぬ座のシリウス．右の明るい星がシリウス A，左横にかすかに見える暗い星はシリウス B (白色矮星) である (http://www.astro.rug.nl/~onderwys/ACTUEELONDERZOEK/JAAR2001/jakob/aozindex.html より転載).

までの距離 (8.6 光年) と二つの星の見かけの離角から求めることができる．これと軌道周期 49.98 年をケプラーの第 3 法則に代入すると，シリウス A と B の質量をそれぞれ M_A, M_B としたとき，その合計 $M_A + M_B$ が分かる．また，二つの星の動きの大きさを比較すると，質量の比 M_B/M_A が分かる．こうして，お供のシリウス B の質量 M_B が 0.75–0.95 $M_\odot$ ($M_\odot$ は太陽質量) と求められた．

アダムス (W.S. Adams) は初めてシリウス B の分光観測を行ない，表面温度は約 8000 K で主星のシリウス A (約 9400 K) とほとんど変わらないことを明らかにした．シリウス B の明るさはシリウス A の 1 万分の 1 しかない．星からの黒体放射の光度 L は，星の半径 R, 星の表面温度 T との間に $L = 4\pi R^2 \sigma T^4$ [*1] という関係があり，温度がほとんど同じだから，シリウス B の半径は A の約 100 分の 1 となる．くわしい解析の結果，シリウス B の半径は 1 万 9000 km と算出された．わずか地球の 3 倍にすぎない[*2]．エディントン (A.

[*1] 定数 σ はシュテファン–ボルツマン定数といい，5.67×10^{-8} W m^{-2} K^{-4} である (7 ページのコラム「単位系の話」参照).

[*2] 現在ではシリウス B の質量は 1.05 $M_\odot$, 表面温度は約 3 万 K, 半径は 5150 km となっている.

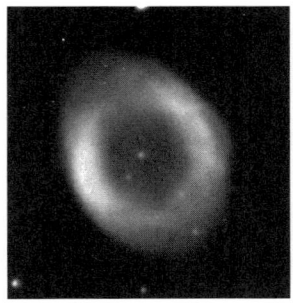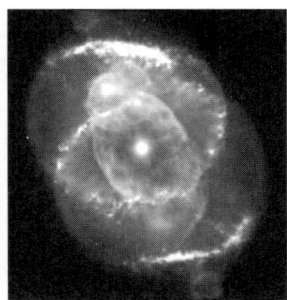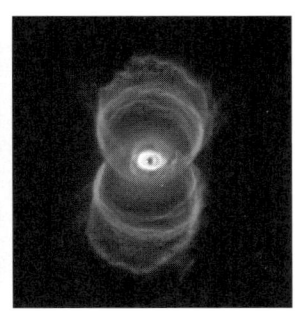

図 1.2　いろいろな惑星状星雲 (口絵 1 参照).
(http://antwrp.gsfc.nasa.gov/apod/ap950727.html,
http://nssdc.gsfc.nasa.gov/image/astro/hst_stingray_nebula.jpg,
http://nssdc.gsfc.nasa.gov/image/astro/hst_hourglass_nebula.jpg より転載)

Eddington) は 1926 年の著書の中で「我々は，質量が太陽ほどもありながら，半径が天王星よりもずっと小さい星を知っている」と述べている．

　白色矮星はこうして見つかった．初期に見つかった白色矮星は，いずれも太陽のごく近傍のものであった．このことからエディントンは，同じ著書の中で，白色矮星はおそらく宇宙にごくありふれた天体であろうと推測している．現在では，白色矮星と普通の恒星の数の比はほぼ 1:2 といわれている．

1.1.2　白色矮星の誕生

　恒星はおもに水素からなる巨大なガス球であり，自身の重力で絶えず縮もうとしている．重力を押しとどめているのは，星の中心での水素の核融合反応で発生する熱である．しかし燃料の水素には限りがある．我々の太陽は，約 100 億年で水素燃料を使い果たす．すると星の中心部は支えを失い，重力で急速に縮んでいく．星の外層は，中心部の収縮で発生するエネルギーを受け取って逆に緩やかに膨張する．星はやがてコンパクトなコアと周囲に大きく広がったガス雲に二極分解する．この状態が惑星状星雲である (図 1.2)．

　惑星状星雲中心にあるコンパクトなコアが白色矮星である．白色矮星の構成成

分は主系列星時代[*3]の質量によって決まり，以下の3種類に大別できる．

- もとの恒星の質量が $0.46\,M_\odot$ 以下の場合，白色矮星の主成分は，水素の核融合によってできるヘリウムである．
- もとの恒星の質量が $0.46\,M_\odot$ 以上 $4\,M_\odot$ 以下の場合，白色矮星の中心では，三つのヘリウムが核融合を起こして炭素に，その炭素にさらにヘリウムが一つ融合して酸素になっている．
- もとの恒星の質量が $4\,M_\odot$ 以上 $8\,M_\odot$ 以下の場合，中心部分では炭素がさらに核融合反応を起こして使いつくされ，酸素，ネオン，マグネシウムから形成されている．

1.1.3 白色矮星をささえる力

白色矮星の中心では核融合反応は起きていないので，自分の重力を支えることができず，徐々に潰れてゆくが，ある半径で収縮が止まる．このとき内側から支えている力はいったい何だろうか？スピン角運動量が半整数の粒子をフェルミ粒子という．電子はスピン 1/2 だからフェルミ粒子である．

白色矮星はフェルミ粒子からなるガス球とみなすことができる．複数の同種フェルミ粒子は，同じ場所と運動量の状態を，同時に占めることができない．簡単のために1次元空間で考えると，フェルミ粒子は位置と運動量からなる平面上で，図 1.3 のように，面積 $\hbar$ で区切られた格子点に二つずつの電子しか存在することができない[*4]．ここで $\hbar = h/2\pi$, $h = 6.6 \times 10^{-34}\,\mathrm{J\,s}$ はプランク定数である．

フェルミ粒子のこの性質により，たとえ白色矮星の中心の温度が絶対零度まで冷えたとしても，電子は，すべてが図 1.3 の左下の原点に集まってしまうことなく，大半がゼロでない運動量を持つ．このときの最大の運動量 (図 1.3 で p_F) をフェルミ運動量[*5]と呼ぶ．この有限の運動量が内部圧力を生む．温度がゼロになっても運動を停止しないフェルミ粒子の性質から生じる圧力を縮退圧という．自己重力に対抗して白色矮星を支えているのは，電子の縮退圧である．

[*3] 恒星は一生の大半を水素核融合反応 (188 ページのコラム「星の中では」参照) で輝く．これを主系列といい，この時期を主系列時代という．

[*4] スピンの自由度があるので，二つまで許される．

[*5] エネルギーで表現する場合はフェルミエネルギーと呼ぶ．

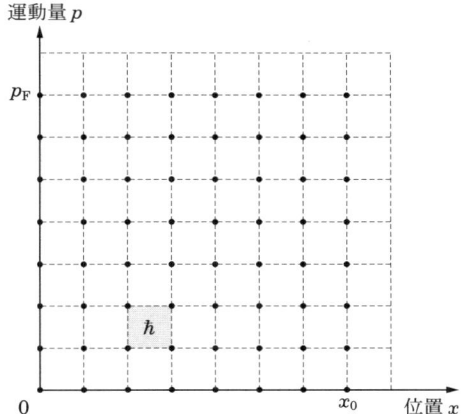

図 **1.3** 自由フェルミ粒子気体の 1 次元位相空間．

1.1.4　白色矮星の質量と半径の関係

　白色矮星の奇妙な性質の一つに，質量と半径の関係がある．普通の恒星では，質量が大きいほど星の半径も大きい．これに対して，白色矮星の質量と半径の関係は図 1.4 のように，質量の大きな白色矮星ほど半径は小さい．この理由は，電子 1 個あたりの力学的エネルギーを考えることにより，説明できる．白色矮星の内部の微小体積 $dx\,dy\,dz$ の中で，(p_x, p_y, p_z) と $(p_x + dp_x, p_y + dp_y, p_z + dp_z)$ の間の運動量を持つ電子の数 dN は，1.1.3 節の議論を 3 次元空間に拡大すると，

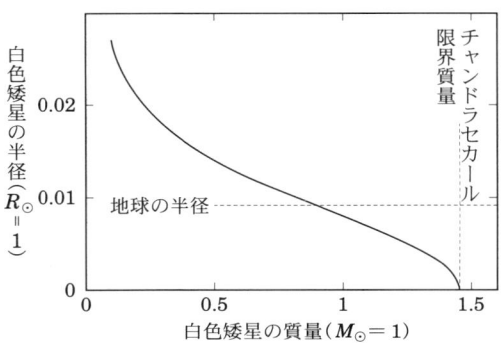

図 **1.4** 白色矮星の質量と半径の関係．

$$dN = \frac{1}{\hbar^3}\, dx\, dy\, dz\, dp_x\, dp_y\, dp_z$$

である．これを白色矮星全体にわたって積分すると総電子数 N は，星の体積を V として

$$N \simeq \frac{V}{\hbar^3} \cdot \frac{4}{3}\pi p_F^3$$

となる．すなわち，白色矮星の半径を R とすると，

$$p_F \simeq \hbar n^{1/3} \simeq \frac{\hbar N^{1/3}}{R} \tag{1.1}$$

である．ただし n は電子数密度で $n = N/V$ である．電子1個あたりの運動エネルギー K は，このフェルミ運動量を用いて

$$K \simeq \frac{p_F^2}{2m_e} \simeq \frac{\hbar^2 N^{2/3}}{2m_e R^2} \tag{1.2}$$

と書ける．ここで m_e は電子の質量である．一方，電子1個あたりの重力エネルギー W は，白色矮星の質量 (M) はほとんど核子[*6]が担うから，

$$W \simeq -\frac{GMm_u}{R} \simeq -\frac{GNm_u^2}{R} \tag{1.3}$$

となる．ただし G は万有引力定数 ($6.67 \times 10^{-11}\,\mathrm{N\,m^2\,kg^{-1}}$)，$m_u$ は原子質量単位 ($1.66 \times 10^{-27}\,\mathrm{kg}$) である．式 (1.2) と (1.3) から，1個の電子の全エネルギー E は

$$E \simeq K + W \simeq \frac{\hbar^2 N^{2/3}}{2m_e R^2} - \frac{GNm_u^2}{R} \tag{1.4}$$

と書ける．横軸に R をとり，式 (1.4) に従って E を描くと図 1.5 のようになり，ある半径で極小値をとる．自然界では系の状態はエネルギーが極小になるように変化するから，E の極小値を与える R が白色矮星の半径である．式 (1.4) から，この半径は

$$R = \frac{\hbar^2}{Gm_e m_u^2} N^{-1/3} \tag{1.5}$$

[*6] 陽子と中性子を総称して核子という．原子核を構成する粒子という意味である．

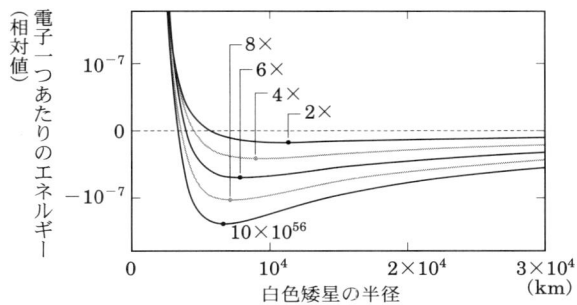

図 1.5 白色矮星中の電子 1 個あたりのエネルギー．それぞれ総電子数が 2, 4, 6, 8, 10 × 10^{56} 個の場合．「・」はエネルギー極小の位置を示している．白色矮星の質量が大きくなるほど (総電子数が多くなるほど) 白色矮星の半径が小さくなることが分かる．

となる．式 (1.5) から，白色矮星の半径は総電子数の $-1/3$ 乗，白色矮星の質量の $-1/3$ 乗に比例する．つまり，白色矮星の質量が大きくなると，より強い縮退圧を生むために星はむしろ小さくなる．電子が完全に縮退している白色矮星の質量と半径の関係は，1972 年にナウエンバーグ (E. Nauenberg) によって

$$R = 7.83 \times 10^6 \left[\left(\frac{M_{\rm Ch}}{M}\right)^{2/3} - \left(\frac{M}{M_{\rm Ch}}\right)^{2/3} \right]^{1/2} \ [{\rm m}] \quad (1.6)$$

と求められた．$M_{\rm Ch}$ は次節で述べる白色矮星のチャンドラセカール限界質量である．白色矮星の質量が $M_{\rm Ch}$ よりも充分小さい場合には，式 (1.6) で右辺第 2 項を無視すると，たしかに $R \propto M^{-1/3}$ となる．

単位系の話

　第 10 回国際度量衡総会 (1954 年) において，基本単位としてメートル (m)・キログラム (kg)・秒 (s) を含む国際単位系 (SI) が採択され，推奨された．SI 単位系は M, K, S 以外にアンペア (A)，その他いくつかの基本，補助単位からなる．本書では SI 単位系を用いる．

　しかし転載した図のいくつかにはもとの cgs 単位系がのこされている．面白いことに日米は cgs，欧州は SI を愛用する高エネルギー天文学者が多い．本書で頻

繁に用いる単位の対応表と表記方法を下に示そう．

単位変換表，補助単位，数の位につける接頭語

単位変換表		
項目	SI 単位系	cgs 単位系
エネルギー (仕事)	1 J (Joule：ジュール)	10^7 erg (エルグ)
エネルギー発生率 (仕事率)	1 W(Watt：ワット) = J s^{-1}	10^7 erg s^{-1}
磁束密度	1 T (Tesla：テスラ)	10^4 G (Gauss：ガウス)

補助単位		
長さ	1 pc (パーセク)	3.26 ly (光年)
		2.06×10^5 AU (天文単位)
		3.09×10^{16} m
エネルギー	1 eV (電子ボルト)	1.60×10^{-19} J
質量	太陽質量 $M_\odot$	1.99×10^{30} kg
	陽子質量 m_p	1.67×10^{-27} kg
	電子質量 m_e	0.91×10^{-30} kg
光度	太陽光度 $L_\odot$	3.8×10^{26} W
定数	プランク定数 h	6.6×10^{-34} J s
	トムソン散乱断面積 σ_T	6.65×10^{-29} m^2
	ボルツマン定数 k	1.38×10^{-23} J K^{-1}
	万有引力定数 (重力定数) G	6.67×10^{-11} N m^2 kg^{-1}
	シュテファン–ボルツマン定数 σ	5.67×10^{-8} W m^{-2} K^{-4}

数の位につける接頭語						
数の位	10^{12}	10^9	10^6	10^{-6}	10^{-9}	10^{-12}
接頭語 (呼び名)	テラ	ギガ	メガ	マイクロ	ナノ	ピコ
記号	T	G	M	μ	n	p

1.1.5 白色矮星の限界質量

図 1.4 と 1.5 で示したように，白色矮星の質量 (電子の数) が大きくなると半径は小さくなり，平均の密度 n は上がる．すると 1.1.3 節で述べたフェルミ粒子としての性質のため，電子のフェルミ運動量は式 (1.1) に従って大きくなる．その結果，縮退圧が増大し電子のエネルギーも増大してゆく．

しかし，電子が相対論的になると縮退圧の増加が鈍り，やがて電子の縮退圧では白色矮星を支えきれなくなる．このことに最初に気づいたのはインドの天体物

理学者チャンドラセカール (S. Chandrasekhar) で，1931 年のことである．白色矮星の上限の質量を，発見者に因んでチャンドラセカール限界質量といい，

$$M_{\text{Ch}} = 1.454 \left(\frac{\mu}{2}\right)^2 M_\odot \tag{1.7}$$

と表わされる．ただし μ は電子 1 個あたりの原子量であり，ヘリウム，炭素，酸素，ネオン，マグネシウムの場合はほぼ 2 である．

最後にもとの恒星の質量が $8\,M_\odot$ 以上の場合に，進化[*7]の果てに何が起きるかを考察する．このような重い星でも中心では白色矮星が形成されるが，その質量はチャンドラセカール限界質量を超えるので，縮退圧では支えきれず収縮する．収縮するにつれて内部は，より高密度で温度の高い状態になり，ネオン，酸素，シリコンの核融合が引き続いて起きる．主系列時代と違い，これらの核燃料を使い果たすのに 10 年とかからない．

燃料が尽きると白色矮星はさらに収縮する．電子のフェルミエネルギーはますます大きくなり，やがて陽子と中性子の質量の差 Δm (2.3×10^{-30} kg) に相当するエネルギー $\Delta m\, c^2$ (1.3 MeV) を超えてしまう．陽子と電子は分かれて存在するよりも，まとまって中性子になった方がエネルギー的には低くなるので，逆ベータ反応，$\text{p} + \text{e}^- \longrightarrow \text{n} + \nu_\text{e}$[*8]により，陽子と電子が合体して中性子になる．この反応のため，$8\,M_\odot$ 以上の恒星の中心部は中性子の集合体，中性子星になる．中性子星については次節で述べる．

1.2　中性子星

中性子はチャドウィック (J. Chadwick) によって 1932 年に発見された．中性子発見からたった 2 年後の 1934 年，バーデ (W. Baade) とツヴィッキー (F. Zwicky) は，中性子が非常に密に集まってできている星，いわゆる中性子星という画期的な概念を提出した．さらにエネルギーの見積もりから，この中性子星は超新星爆発でつくられるであろうことを予言した．中性子星は，その後 30 数

[*7] 宇宙，天体がある秩序に向かって時間的に変化することを「進化」という．生命の「進化」と同じ概念である．

[*8] 粒子間反応を示す一般的な表現方法．この式では陽子 (p) と電子 (e$^-$) が衝突し，中性子 (n) とニュートリノ (ν_e) になったことを表わす．ベータ崩壊の逆過程である．

年，思考の産物としてとどまるが，1967年，ベル (J. Bell) とヒューイッシュ (A. Hewish) によってパルサーが発見され，現実に存在する天体であることが証明された．

1.2.1　中性子星の形成

重い星の最期の爆発，重力崩壊型超新星[*9]では，星の大部分は吹き飛ぶが，鉄の芯は吹き飛ばずに残る．この芯が中性子星になる．爆発に先立つ重力崩壊（収縮）の過程で，電子が原子核に捕獲され，原子核中の陽子は中性子に変わっていく．中性子の数が過剰になると，中性子が原子核からもれ出し，自由中性子となる．原子核は溶解してやせ細り，ほとんど自由中性子でできた星が誕生する．これが中性子星である．典型的な中性子星の質量は太陽質量程度，そして半径は約 10 km である．中性子星内部では角砂糖 1 個の重さが 10 億トンに，また表面では重力の強さが地球表面の値の 1000 億倍にもなる．中性子星は物質が極限状態にある星といえる．

1.2.2　中性子星の質量と半径

中性子はスピン 1/2 のフェルミ粒子である．したがって，中性子星の強大な重力による収縮に対抗するのは中性子の縮退圧である．縮退圧は中性子の運動が非相対論的かあるいは相対論的かにより，

$$P_\mathrm{d} \sim \begin{cases} \dfrac{\hbar^2}{m}\left(\dfrac{\rho}{m}\right)^{5/3} & \text{(非相対論的)}, \\ \hbar c \left(\dfrac{\rho}{m}\right)^{4/3} & \text{(相対論的)} \end{cases} \tag{1.8}$$

で与えられる．ここで，$P_\mathrm{d}, \rho, m, \hbar, c$ はそれぞれ圧力，密度，中性子の質量，プランク定数，光速である．一方，重力を支えるために必要な圧力 P_G（以下では単に重力と呼ぶ）は

$$P_\mathrm{G} \sim \frac{GM\rho}{R} \sim GM^{2/3}\rho^{4/3} \tag{1.9}$$

[*9] 超新星には核暴走型と重力崩壊型がある．分光学的には，前者は Ia 型で，後者は II 型，Ib 型，Ic 型と分類されている．

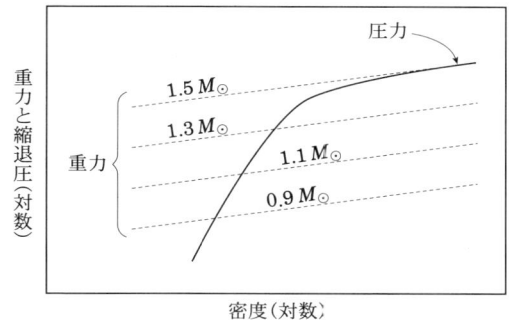

図 1.6 重力 (破線) と縮退圧 (実線) の模式図. 破線と実線の交点が中性子星の安定点である. 質量が大きくなると交点がなくなり, 中性子星は不安定になる.

となる. ここで, M, R はそれぞれ中性子星の質量, 半径である. また, 式 (1.9) では, 関係式 $M \sim \rho R^3$ を利用している.

図 1.6 に重力と縮退圧をそれぞれ破線と実線で模式的に示す. 質量が増えるにつれ重力が強くなるため, 破線は上に移動する. 実線と破線の交点が力学的平衡点で重力と圧力がバランスし, 星はある半径 (大きさ) に落ち着く. 星の質量が大きくなるにつれ交点は右上に移動し, 星の半径は質量の 1/3 乗に反比例して ($R \propto M^{-1/3}$) 小さくなる. さらに質量が大きくなり実線と破線が一部重なった後は, 交点がなくなる. すなわち, 中性子星の質量には上限値が存在する. 上限値以上では重力があまりにも強く, 縮退圧でも支えることができない. この上限値が中性子星に対するチャンドラセカール限界質量で, 式 (1.8) と (1.9) から,

$$M_{\mathrm{Ch}} \sim m \left(\frac{\hbar c}{G m^2} \right)^{3/2} \sim 1.5 \, M_\odot \tag{1.10}$$

と導かれる. なお重力崩壊型超新星爆発でチャンドラセカール限界質量よりも重い芯が残った場合は中性子星として存在できず, さらに潰れてブラックホールになってしまう.

上では簡単のため, 重力と縮退圧とのつりあいから中性子星の質量と半径を求めた. しかし, 中性子星の中心部は密度がきわめて高く, 中性子どうしが互いに触れ合い, 一部は重なりあってくる. このような状況では, 中性子と中性子との

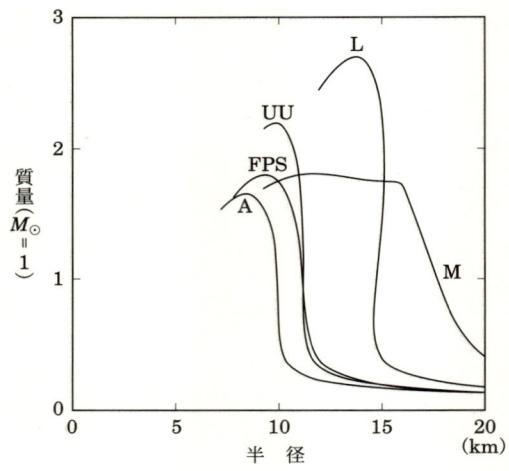

図 1.7 中性子星の質量と半径．ローマ字の記号はそれぞれ異なった状態方程式の場合に対応する．実線のピークの左側では中性子星は不安定である．

間にはたらく力，核力が重要になる．状態方程式 (密度の関数として表わした圧力の式) に縮退圧だけでなく，核力の効果も考慮しなくてはならない．さらに重力もきわめて強いので，一般相対論的効果を取り入れた力のつりあいの式が必要となる．超高密度における核力の問題は，まだ研究の途上にある．図 1.7 は，核力のいくつかのモデルについて，一般相対論を取り入れて計算した中性子星の質量・半径の図である．各曲線でピークより右側の部分は安定な中性子星に対応する．ピークより左の部分では，星はおもに一般相対論的効果により動的に不安定で，わずかなゆらぎにより重力崩壊する．ピークは中性子星質量の上限値を示している．この上限値を越えると，重力崩壊してブラックホールになる．

1.2.3 中性子星の内部

図 1.8 は代表的な中性子星の断面図である．中性子星の内部はいくつかの特徴的な層からできている．外側からみていこう．まず表面層がある．表面層は密度が $10^9\,\mathrm{kg\,m^{-3}}$ 以下の領域で，温度や磁場により固体または液体状態になる．表面層の下には，密度が 10^9–$4.3\times 10^{14}\,\mathrm{kg\,m^{-3}}$ の層があり，アウタークラストと

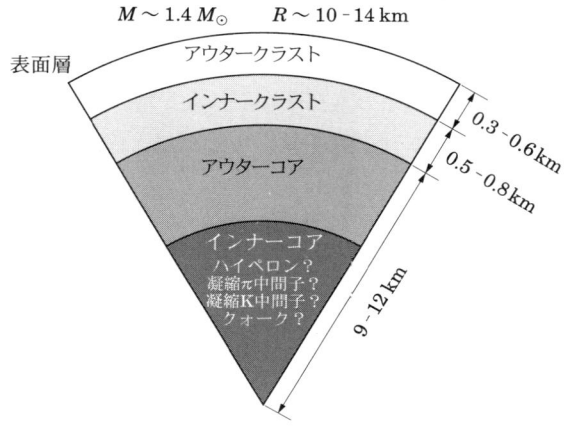

図 **1.8** 中性子星の断面の模式図.

呼ばれている.この領域では,鉄やニッケルなどの原子核が格子状に並び,固体となっている.規則的に並んだ原子核は,縮退した電子の海の中にひたっている.密度が $10^{10}\,\mathrm{kg\,m^{-3}}$ を越えると,電子のフェルミエネルギーは 1 MeV 以上になる.すると原子核中の陽子は電子を捕獲し,中性子に変わる (1.1.5 節).密度が高くなるにつれ電子捕獲がより進み,中性子過剰の原子核ができる.さらに,密度が高くなるにつれ,表面エネルギーが少なくてすむ核子の多い原子核が安定になる.

次の層は,密度が 4.3×10^{14}–$1\times10^{17}\,\mathrm{kg\,m^{-3}}$ の領域で,インナークラストと呼ばれている.ここでも中性子過剰な原子核が,縮退した電子の海の中に格子状に並んで存在する.またこの領域では,中性子を原子核の中に束縛しておくことができず,中性子の一部が原子核からもれ出てくる.もれでた中性子は超流動状態,つまり粘りけがなくさらさらと流れる超流体になっている.

さらに中心に向かってすすむと,原子核はすべて溶けてしまい,そこは超流動状態にある自由な中性子で占められている.この領域はアウターコアと呼ばれている.アウターコアには電子,陽子,ミュー粒子などの荷電粒子もわずかではあるが存在し,陽子は超伝導状態になっている.

中性子星の中心近くのインナーコアは密度がきわめて高いので,凝縮した π

中間子やK中間子，ハイペロン，あるいはクォークなどの素粒子の出現が指摘されている (コラム「中性子星の中心部はどんな世界だろうか」参照)．しかし，どの程度の密度になるとこれらの素粒子が現れるかは不明で，中性子星の芯にエキゾチックな素粒子 (コラム「中性子星の中心部はどんな世界だろうか」参照) が存在するか否かはまだはっきりしていない．

　実際に中性子星の内部を探る手段はあるだろうか？　一つに表面温度の観測があげられる．中性子星の中心付近に凝縮したπ中間子やK中間子，あるいはクォークなど素粒子が出現していれば，ニュートリノの放射率が高くなり，その結果表面温度は低くなる．そして素粒子の出現は，密度そして星の質量に依存する．

　もう一つは，パルス周期観測である．中性子星は自転しているためパルス状の電磁波が観測される (1.2.4 節)．そのパルス周期が突然ジャンプして速くなり，その後ゆっくり以前の値に近づいていく現象が見つかっている．これをグリッチといい，内部の超流体から外殻の通常物質 (アウタークラフト) への角運動量輸送が原因と考えられる．パルス周期のジャンプや緩和時間の観測から，超流体の量や超流体と通常物質との相互作用について情報が得られる．パルスの時系列解析から，歳差運動の示唆されている中性子星もある．歳差運動の観測からも超流体の振る舞いや性質を知ることができる．

─── 中性子星の中心部はどんな世界だろうか ───

　　まず素粒子の基礎知識を紹介しよう．標準理論によれば，物質を構成する基本粒子はクォークとレプトンからなる．一方，相互作用 (強い力，弱い力，電磁気力) を媒介する粒子として，8種のグルーオン，3種のボソン ($W^{\pm}$, Z) および光子がある．クォークは一対，3「世代」すなわち，「アップ，ダウン」，「チャーム，ストレンジ」，「トップ，ボトム」がある．

　　バリオンはクォーク3個，中間子はクォークと反クォークの2個で構成される複合粒子である．バリオンと中間子は総称してハドロンと呼ばれる．レプトンもまた一対，3「世代」すなわち，「電子 (e)，電子ニュートリノ (e_{ν})」，「ミュー粒子 (μ)，ミューニュートリノ (μ_{ν})」，「タウ粒子 (τ)，タウニュートリノ (τ_{ν})」がある．

　　ニュートリノに質量があると，質量の異なる三つのニュートリノ間での転換が許され，現実の電子ニュートリノ，ミューニュートリノ，タウニュートリノが構

成される．この変換をニュートリノ振動といい，最近スーパーカミオカンデ実験で確認された (4.4.3 節)．

　通常の世界では単独のクォークが顔をだすことはなく，第 1 世代の「アップ，ダウン」(とその反粒子) の複合体と第 1 世代のレプトン (電子など) のみが現れる．しかし高エネルギー加速器実験，宇宙線 (4.1 節, 4.2 節)，中性子星の最深部，宇宙の極初期のように超高温，高密度の極限世界では第 1 世代のみならず，第 2，第 3 世代の基本粒子やその複合体が前面に現れる．たとえば K 中間子はストレンジクォーク 1 個と第 1 世代クォーク 1 個からなる中間子で，ハイペロンは，ストレンジクォークを含むバリオンである．これらをエキゾチックな素粒子と呼ぶ．

　中性子星の中心部は密度が極端に高いため，大量の π 中間子が中性子からもれ出て，内部を満たす．これを π 中間子凝縮という．同様に，K 中間子，ハイペロン，各種のクォークが出現すると考えられる．これを星全体に普遍化し中性子星より密度の高い，クォーク星の存在を示唆する研究者もいる．たとえば，「チャンドラ」と「ハッブル宇宙望遠鏡」の観測結果から，RX J1856.3−3754 や『明月記』の記録にもある，1181 年の超新星爆発の残骸 3C 58 はクォーク星の可能性が高いことを示唆した．ただしこの結論には異論も多い．

1.2.4　パルサー

　パルサーは図 1.9 に示すように，規則正しくくりかえす電波パルスを放出する天体である．1967 年の発見以来現在までに 1500 個以上が観測され，そのパルスの周期は 1.6 ミリ秒から 8.5 秒にわたっている．パルスの安定したくり返しが星の回転を表わすと考えるのは自然であろう．しかし，パルス周期から示唆される回転はあまりにも速く，ふつうの星なら遠心力で飛び散ってしまう．この遠心力破壊を免れ得るほど重力の強い星は中性子星だけである．パルサー発見当時も，ほぼ同様な考察から，中性子星が実在する天体として認識されるようになった．

　パルサーは強い磁場を持ち回転する中性子星である．パルスの周期は中性子星の回転周期に対応する．パルス周期はわずかではあるが，時間とともにのびている．これはブレーキがかかり中性子星の回転が遅くなっていること，つまり中性子星は回転エネルギーを消費してパルサー活動を行なっていることを示している．

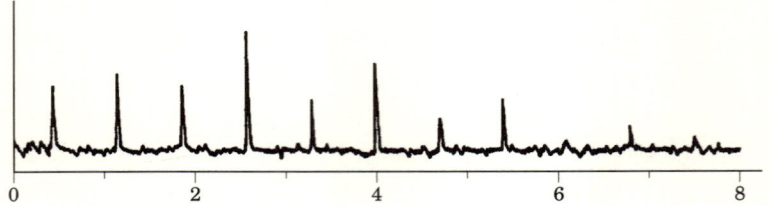

図 1.9 PSR 0329+54 からの電波パルス．横軸は時間 (秒)，このパルス周期は 0.714 秒である．

ブレーキのおもな原因として磁気双極子放射[*10]を考えると，観測されたパルス周期 (P)，パルス周期の時間変化率 ($\dot{P}$) から中性子星表面での磁場の強さが

$$B = \left(\frac{3\mu_0 c^3 I P \dot{P}}{32\pi^3 R^6}\right)^{1/2} = 3.2 \times 10^{15} (P\dot{P})^{1/2} \quad [\text{T}] \tag{1.11}$$

となる．ここで μ_0 は真空の透磁率であり，中性子星の半径 (R)，慣性モーメント (I) はそれぞれ，10^4 m, 10^{38} kg m^2 と取ってある．典型的な観測値，$P \sim 1$ s, $\dot{P} \sim 10^{-15}$ s/s を代入すると，磁場の強さは 10^8 T となり，大変強いことが分かる．

磁場中で回転する金属円板ではローレンツの力により，円板のまわりと円板の中心との間に起電力が生じる (単極誘導)．磁場を持つ中性子星が回転すると，円板と同様に中性子星は大きな起電力

$$\Delta\phi \sim 6 \times 10^{12} \left(\frac{B}{10^8 \text{ T}}\right) P^{-2} \quad [\text{V}] \tag{1.12}$$

を持つ．図 1.10 に示すように，この起電力の一部は極域加速層と外部加速層にかかる．これらの層で荷電粒子は強い電場により加速され，そのスピードはほぼ光速になる．強い磁場のもとでは，荷電粒子は磁力線に沿って運動し曲率放射[*11]としてガンマ線を放射する．このガンマ線はまわりの光や磁場と相互作用

[*10] 双極子磁石が回転するときや，両極が互いに単振動するときに出る電磁波．

[*11] 強くて曲がった磁力線では，荷電粒子はそれに沿って運動する (加速度を受ける) から，電磁波を放射する．これを曲率放射 (Curvature Radiation) という．

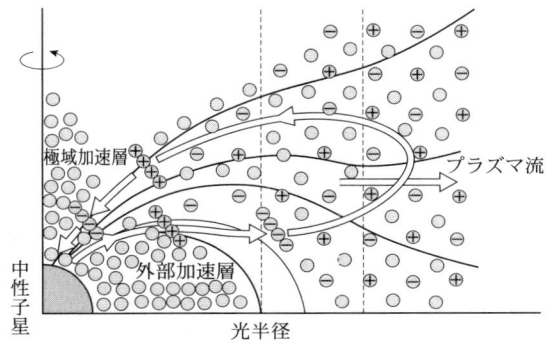

図 1.10 パルサー磁気圏とパルサー風．起電力が加速層にかかり，ここで電子，陽電子がつくられる．電子・陽電子プラズマは電磁流体加速を受け，相対論的なエネルギーを持ったプラズマ流として吹き出ていく．矢印のついた太い曲線は，外部加速層，プラズマ流，極域加速層を貫いて流れる電流である (柴田晋平氏の提供による)．

して電子・陽電子の対をつくる．それら電子，陽電子は同様に強力な電場で加速され，磁力線に沿って走るときガンマ線を放射する．このガンマ線が新たな電子，陽電子をつくる．

このようにして電子，陽電子がなだれ的につくられ増殖する．電子・陽電子プラズマは電磁流体加速を受け，非常に大きなエネルギーを持ったプラズマ流となって，外界に向かって吹き出ていく．これをパルサー風という．パルサー風の放出によっても中性子星の回転にブレーキがかかり，その回転速度は落ちていく．そのブレーキの強さは，磁気双極子放射によるブレーキと同程度である．

パルサーの放射メカニズムについては，いまだに完全な答えに至っていないが，理解の現状をまとめると次のようになる．極域加速層は，磁極の上で中性子星にかなり近いところにある．パルス周期が 0.1 秒なら，中性子星から約 70 km のあたりである．電波はこの付近からビーム状に放射され，磁軸が回転軸に対し傾いていると，星の回転につれビームが私たちの方向をよぎるたび，パルスとして観測される．その強度が大変強いことから，磁力線に沿ってたくさんの電子が一塊になって運動し，電波を放射していると結論できる．

偏光の観測から電子や陽電子による曲率放射が示唆される外部加速層は光半

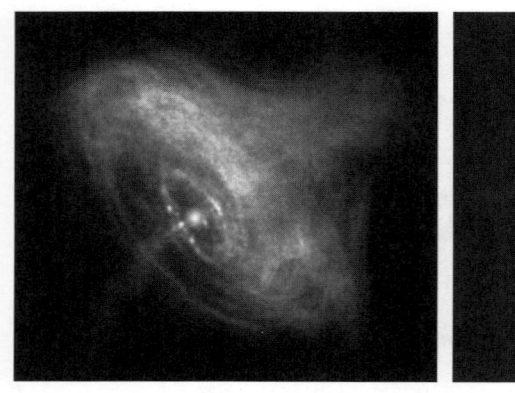 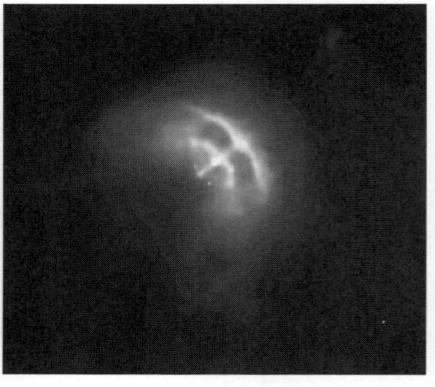

図 **1.11** かにパルサー (左) とほ座パルサー (右) 周辺のパルサー星雲の「チャンドラ」による X 線像 (口絵 2 参照).

径[*12]の近くに位置する．パルス周期が 0.1 秒の場合，光半径は約 5000 km である．可視光，X 線，ガンマ線の放射領域はこのあたりと考えられる．可視光の偏光，荷電粒子のエネルギーそしてエネルギー密度の考察から，放射メカニズムとしてやはり曲率放射が示唆される．

　超新星残骸の中には，中心のパルサーを取り囲む広い領域から X 線，ガンマ線が観測されるものがあり，これをパルサー星雲と呼ぶ．パルサー星雲は，パルサー風と超新星残骸物質との相互作用 (衝突) の結果できると考えられる．衝突で衝撃波ができ，そこで粒子が加速され高エネルギーになる．この相対論的粒子からのシンクロトロン放射や逆コンプトン効果 (コラム「電磁放射のプロセス」および 4.2.1 節参照) で X 線，ガンマ線が放射される．図 1.11 は X 線天文衛星「チャンドラ」が観測した，かにパルサーとほ座パルサー周辺の X 線像である．ジェットや円盤状の吹き出しがはっきりとみえる．X 線像の時間変動も観測され，パルサー星雲中を波が伝播する様子がはっきり捉えられている．

電磁放射のプロセス

　電子などの荷電粒子は物質や電磁波，磁場などと相互作用し，その結果さまざまな波長 (エネルギー) の電磁波を放出する．本書でしばしば登場する重要なプ

[*12] 中性子星と同じ角速度で回転したとき，そこでの速度が光速となる半径をいう．

ロセスをここでまとめておこう.より詳細には 4.2.1 節を参照してほしい.

- 制動放射 (Bremsstrahlung Radiation)　電子は加速度を受けると電磁波を放出する.電子が物質の中の原子核のクーロン力で加速度を受けると電磁波を放出する.
- シンクロトロン放射 (Synchrotron Radiation)　磁場中の電子は磁力線の回りを円運動する.円運動も加速度運動だから電磁波が放射される.電子の速度が遅い場合をサイクロトロン放射,光速に近い相対論的な場合をシンクロトロン放射と呼ぶ.
- トムソン散乱・コンプトン散乱 (Thomson Scattering, Compton Scattering)　光子は静止した自由電子を振動させ,その振動が電磁波を再放出する.したがってその波長 (エネルギー) はもとの光子と同じである.この過程をトムソン散乱という.その断面積は光子のエネルギーによらず一定で,トムソンの断面積という.高エネルギー光子の場合は電子に与える運動量・エネルギーが大きくなり,逆にエネルギーが減少した光子が再放出される.これをコンプトン散乱といい,そのエネルギーと反応断面積の関係がクライン–仁科 (Klein-Nishina) の公式である.
- 逆コンプトン散乱 (Inverse Compton Scattering)　運動する電子に光子が衝突すると,上の逆過程がおこり光子はエネルギーを獲得し.高エネルギー光子に変わる.これを逆コンプトン散乱と呼ぶ.
- チェレンコフ放射 (Cherenkov Radiation)　物質中を運動する荷電粒子の速度 (v) が,その物質中の光の速度 (c/n: c は真空中の光速度,n は物質の屈折率) よりも速い場合,荷電粒子の進行方向に光が放射される (4.4.1 節).

1.2.5　ミリ秒パルサー

ミリ秒パルサーは超高速回転しているパルサーである.周期が 10 ミリ秒以下のものも数多く見つかっている.そのほとんどは連星系であり,相手の星は白色矮星や中性子星である.ミリ秒パルサーの磁場は 10^4–10^5 T 程度で,ふつうのパルサーの磁場より 3–4 桁も弱い.スピンダウン時間[*13]は 1 億年以上で大変に長い.

[*13] パルサーの年齢を見積もる指標の一つで,スピン周期 (P) とその変化率 ($\dot{P}$) を用いて $\tau = P/2\dot{P}$ で表わす.

ミリ秒パルサーは球状星団中に数多く発見され，球状星団きょしちょう座47 (47 Tuc) では一つの星団で20個も報告されている．球状星団は，その年齢が100億年以上の年老いた星の集まりである．これもミリ秒パルサーが古い年齢の中性子星と考える理由である．ミリ秒パルサーが持つ高年齢，高速回転という性質は，年齢とともに回転エネルギーを放出してその回転が遅くなるふつうのパルサー進化のシナリオでは説明できない．

そこで登場したのがパルサーのリサイクル説である．ミリ秒パルサーの前身は，年老いて回転速度が落ち，磁場も弱まりパルサー活動を中止した (電子・陽電子対をつくれない) X線連星系中 (2.4.1節) の中性子星と考える．相手の星から，ガスがケプラー速度[*14]で円運動をしながら，円盤に沿い中性子星に向かって流れ込む．円盤に沿ったガスの流れは，アルヴェーン (H. Alfven) 半径 (2.4.2節) のところでせきとめられる．その後，降着ガスは磁力線に沿って中性子星に落ち込む．このとき，磁力線を介して降着物質の持つ角運動量が中性子星に伝えられる．角運動量の注入で中性子星は加速され，高速回転をするようになる．アルヴェーン半径のところで，中性子星と一緒に回る磁力線の速度が円盤物質のケプラー速度と等しくなるときこの加速は止まり，中性子星は平衡回転の状態になる．平衡回転での周期は

$$P_{\mathrm{eq}} = 3.8 \times 10^{-3} \left(\frac{B}{10^5\,\mathrm{T}}\right)^{6/7} \left(\frac{R}{10\,\mathrm{km}}\right)^{18/7}$$
$$\times \left(\frac{M}{M_\odot}\right)^{-5/7} \left(\frac{\dot{M}}{10^{-8}\,M_\odot\,\mathrm{y}^{-1}}\right)^{-3/7} \quad [\mathrm{s}] \qquad (1.13)$$

で与えられる．ここで$\dot{M}$はガス降着率である．磁場が10^5 T程度と弱いとき周期は数ミリ秒程度となり，ミリ秒パルサーの前身として十分な速さの回転となる．

やがて，連星系で物質の移動が止まる．連星系を包み込んでいたガスは消え，連星系は晴れ上がる．高速の中性子星から放射された電波が私たちに届くようになり，再びパルサーとして観測される．1996年，小質量X線連星系 (LMXB; Low Mass X-Ray Binary) で起こるX線バースト (2.4.3節) に周期的変動がみつかり，中性子星が高速で回転していることが明らかになった．弱い磁場の原因

[*14] 遠心力と重力とつりあう回転速度 (2.2.2節参照)．

はまだ解決していないが，リサイクル説は大筋で正しいことが証明された．

PSR 1913+16 は，二つのミリ秒パルサーが互いに公転している連星系である．ミリ秒パルスはきわめて正確な「時計」と考えられる*15．ミリ秒パルサーの公転軌道の位置によって地上に到達するまでのパルス時間に差があるので，公転運動を反映して，パルス到達時間が変調する．ハルス (R. Hulse) とテイラー (J. Taylor) はこの変調データから，公転は周期 27906.980784 秒 (誤差は 0.0000006 秒) のケプラー運動 (長楕円軌道) であり，近星点*16が年に 4.22662 度 (誤差は 0.00001 度) という驚くべき速さで移動していることを発見した．一般相対論の検証になった水星の近日点の移動はたった 0.16 度/100 年だから，いかに強い一般相対論効果が働いているか分かる．

一般相対論にもとづいた計算は二つのミリ秒パルサーの質量をそれぞれ 1.4410 $M_\odot$ と 1.3784 $M_\odot$ とすると公転運動のすべてのパラメータを見事に再現する．一般相対論で中性子星の質量がこれほど精度高く決定されたのである．さらに PSR 1913+16 の 10 年近い観測からこの公転周期がわずかに短くなっていることを見つけた．中性子星はほとんど質点とみなされるので，古典力学ではありえない現象である．

テイラーらはこの現象は一般相対論が予言する重力波の放出を考えれば，完全に説明できることをみつけた．間接的ではあるが重力波の発見といえよう．ハルスとテイラーはこれらの研究功績で 1993 年のノーベル物理学賞を受賞している．約 300 万年後には PSR 1913+16 の中性子星は互いに合体する．そのときにはさらに強い重力波が放出されるはずである (4.5.2 節)．

1.2.6 マグネター

X 線，ガンマ線をくりかえし爆発的に放射する天体が今までに 4 例見つかっており，軟ガンマ線リピーター (SGR; Soft Gamma Repeater) と呼ばれている．もっとも頻繁なときは，バースト (爆発) の間隔が 1 秒程度になることもある (図 1.12)．

---

*15 パルス周期の長期安定性は 1 兆年に数秒狂う程度である．ちなみに同程度の誤差を生じる時間は，原子時計では数十万年，水晶時計では数年である．ミリ秒パルサーはまさに宇宙の最高精度の時計といえる．

*16 互いに公転する天体のケプラー運動は楕円軌道を描く，その軌道上で互いがもっとも近づく位置を近星点という．この逆は遠星点である．太陽をまわる惑星の公転軌道では，近日点，遠日点という．

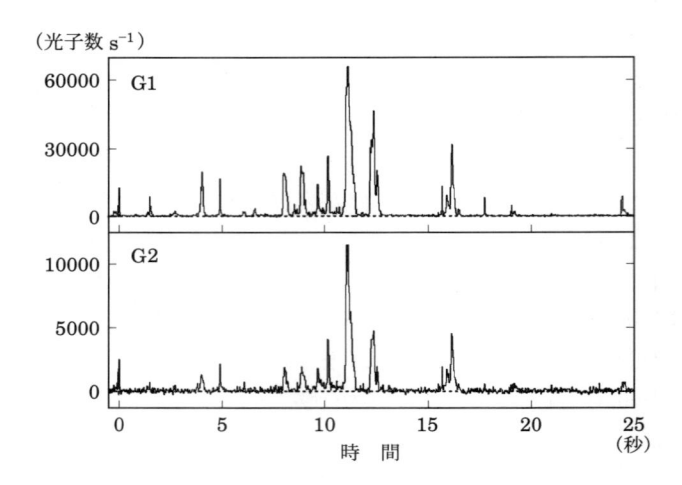

図 **1.12** くりかえされる X 線，ガンマ線の爆発的放射．1998年 5 月 30 日，SGR 1900+14 から観測された．G1, G2 はそれぞれ X 線 (15–50 keV)，ガンマ線 (50–250 keV) の強度を示す．

典型的なバーストの継続時間は ~ 0.1 秒，放射される光子のエネルギーは $\sim 30\,\mathrm{keV}$，X 線のピーク強度は太陽質量の星に対するエディントン限界光度[*17]の 10^3–10^4 倍，そして全放射エネルギーは $\sim 10^{34}\,\mathrm{J}$ 程度である．継続時間が 200–400 秒で，全放射エネルギーが $10^{37}\,\mathrm{J}$ を超す巨大バーストも 3 例観測されている．定常的な X 線放射も観測され，その中には 5 秒，7 秒といった周期の振動 (パルス) も検出されている．このパルス周期とその伸び率およびプラズマ閉じ込めの条件などから，SGR の中心天体は 10^{10}–$10^{11}\,\mathrm{T}$ という驚異的な強さの磁場を持つ中性子星と考えられる．

一方，これと類似した X 線スペクトル，光度やパルス周期 (6–12 秒) を持つ一群の X 線パルサーが発見された．異常 X 線パルサー (AXP; Anomalous X-Ray Pulsar) と呼ばれている．異常 X 線パルサーのパルス周期とその伸び率から磁場を見積もると 10^{10}–$10^{11}\,\mathrm{T}$ となる．二つの異常 X 線パルサーからバーストが観測され，異常 X 線パルサーも軟ガンマ線リピーターと同じ範疇の中性子星であることが確実になった．これらの超強磁場中性子星はマグネター (Magnetar)

[*17] 球対称降着において放射による力と重力がつりあう光度 (2.4.1 節参照)．

と総称されている．マグネターの回転は大変遅く，回転が X 線やガンマ線の放射のエネルギー源にはなり得ない．いろいろな可能性の検討から，マグネターの活動のエネルギー源は超強磁場そのものと結論された．

超強磁場の成因として，中性子星誕生時におけるダイナモ機構[*18]が指摘されている．特に，高速で回転する中性子星が誕生する場合で，強い対流と大きな非一様回転が期待されるときである．エネルギー解放のメカニズムとしては，太陽フレアと同様な磁力線のつなぎ換え「磁気リコネクション」[*19]が考えられる．このような超強磁場中では量子電磁力学的な効果である光子の分裂や合体も問題になる．

1.3 ブラックホール

白色矮星は，電子縮退という物性論の世界，中性子星は原子核・素粒子物理学の世界だった．第 3 の高密度天体であるブラックホールは，これから述べるように，一般相対論の世界である．

1.3.1 ブラックホールという概念

ニュートン力学では，質量 (M) の質点が半径 (r) の位置につくる重力場 (g) は，重力定数を G として

$$g = -\frac{GM}{r^2} \tag{1.14}$$

であり，重力ポテンシャルは $-GM/r$ である．このポテンシャルの中心に目がけて無限遠から，質点 (m) が落下するときの速度 (自由落下速度) は，$v = \sqrt{2GM/r}$ である．これは中心に近づくにつれ増大し，シュバルツシルト (K. Schwarzschild) 半径と呼ばれる値

$$R_{\rm S} = \frac{2GM}{c^2} = 2.9 \left(\frac{M}{M_\odot}\right) \quad [{\rm km}] \tag{1.15}$$

[*18] 電気伝導性がある流体を内部に持つ天体が自転するときに生じる磁場の増幅機構．地球，太陽などほとんどの天体の磁場起源と考えられている．

[*19] 磁力線が交差するとつなぎ換えが起こり，このとき磁場のエネルギーを解放する．

で光速度 c に達する．これは式 (1.14) の重力場が「特徴的な長さ」を持たず，原点 ($r=0$) に近づくと，いくらでも強くなるためである．

アインシュタイン (A. Einstein) の特殊相対論 (1905) によれば，質点の速度は光速度を超えられないから，r が R_S に近づくと，式 (1.14) は破綻する．その状況を正確に扱うことに成功したのが，同じアインシュタインが1915年に発表した一般相対論であり，その基本となるアインシュタイン方程式は，重力の法則と運動方程式という，ニュートン力学の 2 大法則を発展的に統合したものになっている[20]．そこでは重力場は，物質やエネルギーが存在することで時間や空間が歪む効果として解釈される．

シュバルツシルトはアインシュタイン方程式を，中心にのみ質点があり，その周囲の空間は等方的という条件で解いた．それがシュバルツシルト解 (1916) である．それによると位置 (r) に置いた時計の刻む時間の間隔 ($d\tau$) と，無限遠方の観測者が計る時間の間隔 (dt) の間には，

$$d\tau = \left(1 - \frac{R_\mathrm{S}}{r}\right)^{1/2} dt \tag{1.16}$$

という関係がなりたつ．つまり物体が式 (1.15) のシュバルツシルト半径に近づくと，強い重力場のため，そこでの時間経過が遅くなるように見え，速度はいつまでも光速度を超えない．$r < R_\mathrm{S}$ では，式 (1.16) の比例係数は虚数となり，そのままでは物理的な意味を失う．適当に変数を変えて評価すると，この領域では，いかなる光線も R_S より外側には出られず，R_S より内側の世界は，外側からは永久に知ることのできない領域となる．

そこでシュバルツシルト半径を「事象の地平線」[21]と呼ぶ．事象の地平線と中心の質点を併せた概念が，ブラックホールである．物体が決まった周波数 ν_0 の電磁波を発しつつ，ブラックホールに落下するとき，式 (1.16) に従って，波の山から山までの時間経過が長くなるため，遠方では周波数 $\nu = \nu_0 \sqrt{1 - R_\mathrm{S}/r}$ として観測される．これが重力赤方偏移[22]である．深い重力ポテンシャルの底

---

[20] ややくわしい説明 (203 ページのコラム「アインシュタイン方程式を解こう」) 参照のこと．

[21] 「事象の地平面」ともいう．

[22] 電磁波などの波が長波長側に偏移する現象を赤方偏移という．通常は観測者から遠ざかる天体からの電磁波はドップラー効果で赤方偏移を起こすが，一般相対論では重力の作用でも赤方偏移を起こす．これを重力赤方偏移という．赤方偏移の逆は青方偏移である．

から光子が逃げ出すさい，そのエネルギーが減少する (波長が長い方に遷移する) と考えてもよい．やがて物体は事象の地平線に目がけて吸い込まれて行き，いかなる情報も取り出せなくなる．

質量 (M) の物体をブラックホールにするには，その半径を，シュバルツシルト半径より小さく縮める必要がある．その値は式 (1.15) から，M に比例しており，太陽質量ならば R_S は約 3 km[*23]，地球質量ならわずか 5 mm である．天体がブラックホールになると，化学組成，温度などの諸特徴は消失し，質量 M，角運動量 J，電荷 Q という，三つの属性だけが残る．シュバルツシルトが導いた解は，$J = 0$ (球対称) かつ $Q = 0$ の場合に相当する．$Q = 0$ だが J がゼロでなく，したがって球対称ではない解は，カー (R. Kerr) が 1965 年に導いたもので，カー解と呼ばれる．これはブラックホール近傍の空間そのものが，ある軸の回りに回転している場合を表わしている．ブラックホールの持ちうる最大の角運動量は

$$J_{\max} = \frac{1}{2} c M R_S \tag{1.17}$$

で，これは R_S の付近で，質量 M の物体を光速に近い速度で回転させた場合の角運動量である．冨松彰と佐藤文隆はアインシュタイン方程式の新しい解として，カー解などをさらに一般化した，冨松–佐藤解を導くことに成功している (1972 年)．

1.3.2 ブラックホール研究の進展

式 (1.16) は，日常の常識とはかけ離れた不可解な性質を持ち，また物質を R_S にまで押し縮めることは非現実的なため，ブラックホールは当初，理論上だけの架空の話と考えられた．しかし 1930 年代の後半になると，恒星の進化の理論がしだいに整うなかで，大質量が進化すると中心部はきわめて高密度になることが分かり，中心部がついに重力で潰れてシュバルツシルト半径より小さくなり，ブラックホールが出現するという可能性が論じられるようになった．「ブラックホール」という言葉を最初に用いたのは，ホイーラー (J. Wheeler) で，1967 年のこととされている．

1970 年代の初め，ブラックホールの研究に二つの重要な進展があった．一方

[*23] 実在の太陽の中心に，半径 3 km のブラックホールがあるわけではない．

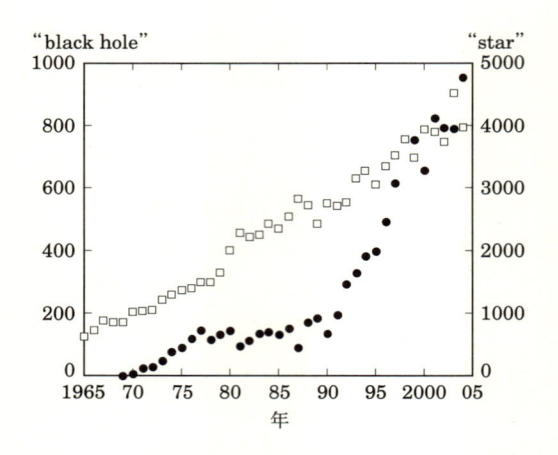

図 1.13 題名に "black hole" という言葉を含む論文の，年間あたりの発表数 (黒丸：縦軸は左). 比較のため，題名に "star" を含む論文の数を，白い四角 (縦軸は右) で示した. 検索には，NASA Astrophysical Data System を用いた (http://adsabs.harvard.edu/ より転載).

は観測的なもので，小田稔らにより，はくちょう座 X-1 と呼ばれる強い X 線源が，ブラックホールの第 1 号の候補として提唱されたことである (1.3.3 節). 他方は理論的なもので，冨松–佐藤解の導出 (1.3.1 節) である. このようにブラックホールの研究では，日本は出発点から大きな役割をはたしてきた. それ以後，相対論にもとづくブラックホールの理論研究に加え，宇宙で現実にブラックホールを探査することは，天文学の重要な研究テーマの一つとなった. この状況を端的に表わしているのが図 1.13 で，題名に「black hole」を含む論文の数を，天文学の基本ともいえる「star」を題名に含む論文の数と比較して示した. 1968 年より前は「ブラックホール」という呼び名がなかったので，論文がゼロであるのは当然として，1970 年代にブラックホールの研究が急速に開花したことが分かる. 図 1.13 から分かるように，1980 年代に中だるみになっていたが，1990 年代の半ばから再びブラックホールの研究は黄金期に入った. これは観測技術の進展によるところが大きい. そこで本書の内容の多くは 1990 年代からの進展を述べる. 一言でまとめると「宇宙のいろいろな場所に，いろいろな質量のブラックホールがたしかに実在し，多彩な物理的・天文学的な現象を繰り広げているこ

とが分かってきた」, であろう. 観測によるブラックホール研究の方法論は, 四つほどに大別される.

- X線放射などを手掛かりに, ブラックホールの候補を探す. これには物質がブラックホールに吸い込まれるさい, 事象の地平線の外側で解放する重力エネルギーの一部は, X線などの電磁波として放射されることを利用する (2章).
- 放射されるX線の光度やスペクトルから, 候補天体を中性子星と区別し, その質量を推定し, ブラックホールとしての証拠を固める (2章).
- 候補天体の重力の影響を受けて運動する物体を観測することにより, 候補天体が, 大きさの割に巨大な質量を持つことを示す (1.3.3節, 1.3.4節).
- ブラックホールに特有な一般相対論的な効果を検出する. これはまだ成功例が多くはないが,「落下してゆく物質が最後に硬い表面に衝突することがない」という意味では, X線観測から肯定的な結果が得られている (2.5節).

1.3.3 恒星質量ブラックホール

主系列の段階で $10\,M_\odot$ 以上の大質量星は, 進化の最後に重力崩壊型超新星爆発を起こし, 10–$20\,M_\odot$ なら中心部に中性子星が残るが, $20\,M_\odot$ 以上ならブラックホールになる. これを「恒星質量ブラックホール」と呼ぶ. 大質量星は進化の途中で盛んに星風を出して質量を失い, 超新星爆発のときにも大部分の外層部は吹き飛ぶので, できるブラックホールの質量は, 主系列の時代の質量よりはかなり小さく, 典型的には 5–$15\,M_\odot$ である.

銀河系の場合, $20\,M_\odot$ 以上の主系列星の割合は, 全体の $\sim 10^{-6}$ 程度だから, $\sim 10^{11}\,M_\odot$ の質量を持つ銀河系全体ではおよそ 10^5 個あると推定される. そのような大質量星の典型的な寿命は $\sim 3\times 10^6$ 年なので, 宇宙年齢の間, そのような星は 4000 世代ほど生まれては超新星爆発し, ブラックホールになったと期待される. よって銀河系には, $\sim 4\times 10^8$ に達する数のブラックホールが存在し, その数密度は $\sim 1\times 10^{-2}\,\mathrm{pc}^{-3}$ と概算される. これは恒星の数密度の $\sim 1/100$ にも達するが, ブラックホールが単独で存在する限り, それらを発見することは, 不可能に近い.

恒星質量ブラックホールを発見できるほぼ唯一の状況は, ブラックホールが別の恒星と近接連星 (ブラックホール連星系) をなし, 恒星のガスがブラックホー

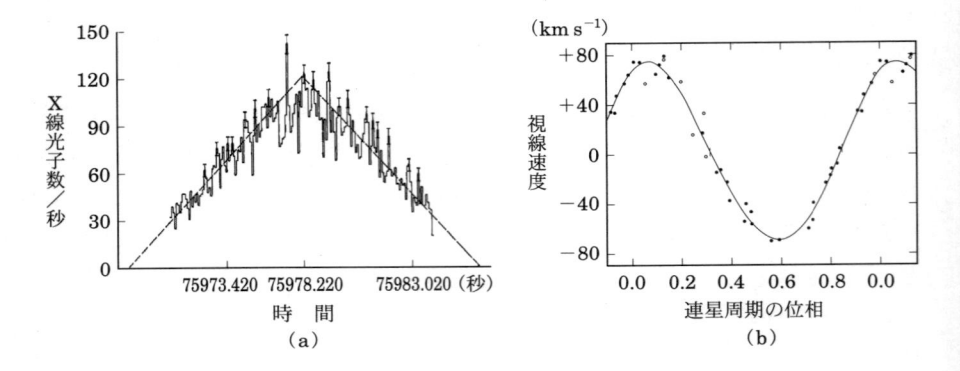

図 1.14 (a) X 線衛星「ウフル」の視野をはくちょう座 X-1 が ゆっくり横切るさいの X 線強度．変動がなければ，強度は三角形の変化になるはずである (Oda *et al.* 1971, *ApJ* (Letters), 166, L1 より転載)．(b) はくちょう座 X-1 の連星主星である HDE226868 の視線速度を，5.6 日の連星周期で折り畳んで示したもの (Bolton 1975, *ApJ*, 200, 269 より転載)．

ルの強い重力により落下するとき (質量降着) であり，重力エネルギーの解放による強い X 線放射が期待される場合である (2 章)．

　実在するブラックホールの第 1 号となったはくちょう座 X-1 (1.3.2 節) は，1962 年に始まった X 線天文学の歴史のごく初期から，はくちょう座にある強い X 線源の一つとして知られていた．1970 年にアメリカが打ち上げた世界初の X 線衛星「ウフル」(Uhuru) を用い，小田稔らがこのはくちょう座 X-1 を観測したところ，図 1.14 (左) のように，1 秒より短い時間スケールで X 線強度が変動していた．「このような短時間で変動できる天体は，きわめて小さいはずで，中性子星[24]やブラックホールなど，重力で潰れた星であろう」と小田らは 1971 年の論文で述べている．これが，実在の天体をブラックホールと関連づけた最初である．

　この結果に刺激され，はくちょう座 X-1 の研究は驚くべき速さで進展した．小田や宮本重徳らは，すだれコリメータ[25]を気球に搭載し，はくちょう座 X-1

---

[24] 中性子星はその数年前に，電波パルサーとして発見されていた (1.2 節)．

[25] 小田稔が発明したコリメータで，「すだれ」のような形をしている．X 線天文学の初期のころに X 線天体の位置を正確に決めるのに威力を発揮した．

の位置を数分角の精度で決定した．その誤差内に，変動する電波源があった．電波観測により位置精度が上がると，今度はそこに，9 等級の超巨星 HDE226868 が発見された．9 等星は全天で十数万個もあるが，HDE226868 は周期 $P = 5.6$ 日の分光連星であり，しかも図 1.14 (右) に示すように，(伴星[*26]に振り回されて) 最大 $K = 73\,\mathrm{km\,s^{-1}}$ もの視線方向速度を持っていた．伴星は，可視光で光っている徴候はないので，それこそ X 線を放射する「潰れた星」であろう，ということになった．

HDE226868 の質量を M，X 線伴星の質量を m，連星軌道の傾斜角を i とすれば，

$$\frac{(m\sin i)^3}{(M+m)^2} = \frac{K^3 P}{2\pi G} \tag{1.18}$$

がなりたち，観測量からこの右辺は $0.22\,M_\odot$ と求まる．一方，光スペクトルからは $M \sim 25\,M_\odot$，また 5.6 日の光度曲線から $i \sim 30°$ と推定され，結局 $m \sim 14\,M_\odot$ が得られた．この値は現在でもほとんど変わっておらず，さまざまな不定性を考えても $m > 6\,M_\odot$ である．

この結果は，重大な意味を持つ．1.2.2 節で説明したように，中性子星の質量は理論的に $\sim 3\,M_\odot$ を超えられず，観測された中性子星の質量も，ほぼ $1.4\,M_\odot$（たかだか $2\,M_\odot$）である．この限界より重いはくちょう座 X-1 は，ブラックホール以外ではありえない．こうして 1970 年代の半ばには，はくちょう座 X-1 をブラックホールとみなす考えが定着した．その後も，はくちょう座 X-1 は三重連星だから式 (1.18) は適用できないなどの反論がくすぶっていたが，1997 年に X 線天文衛星「あすか」により，この式を使わず，光学観測から推定した距離と軌道傾斜角 i，そして X 線の情報だけから，X 線天体の質量を，$(11$–$15)\,M_\odot$ の範囲に絞り込むことに成功した．

はくちょう座 X-1 を筆頭に現在では，銀河系の中に 20 個ほどのブラックホール候補天体が知られている．それらの多くは，ときおり急に X 線で明るくなる

[*26] コンパクト天体を主星，ふつうの星を伴星ということもある．この節では，歴史的経緯により，ふつうの星を主星，コンパクト天体を伴星とよぶ．

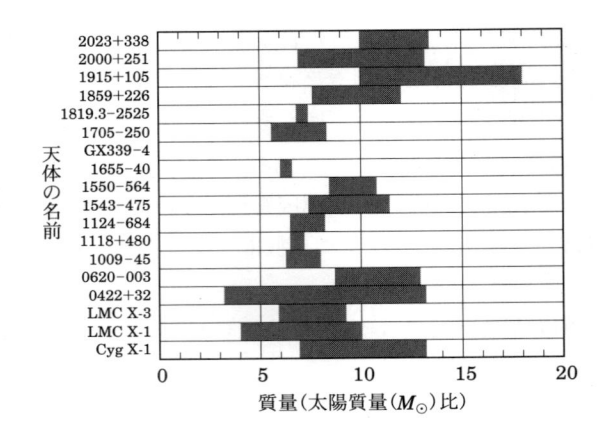

図 **1.15** 銀河系内および大マゼラン雲にあるブラックホール候補連星のリストと，光学主星の運動から推定した X 線伴星の質量．黒い横棒は，左端が質量の下限，右端が上限を示す (McClintock & Remillard 2006, *ARAA*, 44, 49 より転載)．

突発天体(トランジェント天体)[*27](2.5.7 節) であり，強度変動に伴う X 線の性質の変化が，はくちょう座 X-1 とよく似ている．さらにその大部分については，可視光で対応する天体(ブラックホールの相手の星，主星という)が同定されており，X 線が暗くなった時期を利用して，降着円盤からの放射に邪魔されずに主星の分光観測が行なわれ，式 (1.18) から，X 線を出す伴星の質量が導かれている．同様に，大マゼラン雲の中には二つのブラックホール連星系，LMC X-1 と LMC X-3 が知られている．

図 1.15 に，これらブラックホール候補天体と，その質量の推定値をまとめた．いずれも質量は中性子星の上限質量を有意に超えているので，これらの X 線天体は実際にブラックホールであろう．さらに最近では，可視光観測に匹敵する驚異的な角分解能を持ったアメリカの X 線天文衛星「チャンドラ」により，系外銀河にも続々とブラックホール連星の候補が発見されつつある．

[*27] 天体からの電磁波が急激に増光する現象(天体)を突発現象(天体)，あるいはトランジェント (Transient) 現象(天体)という．広い意味では新星や超新星あるいはガンマ線バースト (GRB; Gamma-Ray Burst) (5 章)もこの範疇に入る．本書ではたとえば，X 線突発天体，X 線トランジェント天体，X 線新星などいろいろ名称が用いられているが，本質的な差はない．

1.3.4 大質量ブラックホール

　恒星質量ブラックホールに加え，宇宙の違う場所に違う質量のブラックホールがあることも，明らかになってきた．それは銀河の中心に棲む大質量ブラックホールである．1960年代の初め，クェーサー (準星) と呼ばれる謎の一群の天体が発見された．それらは点状で星のように見えるが，光スペクトルは星のものとは違い，強い正体不明の輝線がいくつも見られた．さまざまな議論の末，それらの輝線は，水素原子のバルマー系列線[*28]などが，長波長側へ赤方偏移したものと分かった．この赤方偏移は宇宙膨張に伴うもので，クェーサーは宇宙の遠方にあり，その放射光度は莫大なものと判明したのである．

　セイファート (C. Seyfert) は長年，近傍銀河の可視光分光を続け，NGC 4141 や NGC 1068 など，強い輝線を出す一群の銀河を1943年に報告した．今日では，これらはセイファート銀河と呼ばれている (2.6節)．やがてセイファート銀河は中心に強い星状の中心核を持つこと，他方でクェーサーも周囲にかすかに銀河の姿を見せることが分かった．つまりクェーサーもセイファート銀河も，中心に強烈な放射源を持つ銀河であり，両者の違いはおもに中心核の活動度の違いと判明した．このような銀河は全銀河の約数%を占め，活動銀河と総称される．その中心核は，活動銀河核 (AGN; Active Galactic Nuclei) という．活動銀河核は一般に，光だけでなく，電波，X線，ガンマ線などを放射している (2.6節)．

　こうした莫大なエネルギーを出す活動銀河核の正体として，1970年代から，超巨大な星や物質と反物質の対消滅，または星どうしの激しい衝突合体などの説が唱えられた．しかしはくちょう座 X-1 などの研究が進むにつれ，1970年代の後半になると，活動銀河核は $10^{6\text{-}9}\,M_\odot$ の大質量を持つブラックホールに周辺からガスが降着しているもの，という解釈が定着してきた (2章)．なぜ大質量が必要かというと，ブラックホールに物質を降着させて取り出せる放射光度には，ブラックホール質量に比例した上限 (エディントン限界光度：2.4.1節，式 (2.1) 参照) があって，観測される光度 10^{37} W を出すには，$10^6\,M_\odot$ 以上の大質量が必要だからである．

　1980年代の末から，大質量ブラックホールの質量を力学的に測定する作業が

[*28] 水素原子の励起状態 (主量子数 n) から第一励起状態 (主量子数 2) に遷移するときに放出される輝線の系列．

大きく進んだ．たとえばアンドロメダ銀河の中心では，星の速度分散に異常があり，数パーセク立方の狭い体積の中に，太陽の数百万倍もの質量が集中していることが判明した．一方，ハッブル宇宙望遠鏡は巨大楕円銀河 M 87 の中心部 (3章の図 3.2 (c) の中心にある) を精密に位置・分光観測を行ない，半径 $\sim 20\,\mathrm{pc}$ 以内に太陽の約 30 億倍の質量があることを明らかにした．我々が知る宇宙で最大質量のブラックホールかもしれない．それはまた宇宙でもっとも明るいクェーサーの持つブラックホールの質量に相当，あるいは凌駕している．

大質量ブラックホールのもっともたしかな質量測定は銀河系と NGC 4258 銀河でなされた．それを具体的に述べよう．

銀河系 ドイツのゲンツェル (R. Genzel) のグループと米のゲーツ (A. Ghez) のグループは大光学望遠鏡を用いて近赤外線の回折限界に近い高分解能で銀河中心にある電波源，いて座 A^* (Sgr A^*) 近傍の恒星の固有運動を 10 年以上にわたって観測しつづけた．その結果，少なくとも数個の恒星は楕円を描いていて座 A^* の周りを公転していることが分かった．特に S2 と名づけた恒星は周期 15.56 年のケプラー運動 (長楕円軌道) でいて座 A^* の周りを公転していた (第 5 巻)．さらにドップラー効果を用いて S2 の視線速度も正確に測られた．

一方レード (M. Reid) らは，超長基線電波干渉計 (VLBA) を用いていて座 A^* の背後にあるクェーサーに対する 8 年間の見かけの運動を測定し，太陽の銀河系に対する運動を取りのぞくと，いて座 A^* の固有運動の上限は毎秒 $2\,\mathrm{km}$ 以下であると結論した．すなわち周りの星の運動に振り回されることなくいて座 A^* はほとんど静止していた．いて座 A^* がほとんど静止しているなら，いて座 A^* 周りの S2 の公転軌道と速度が正確に決定される．すると純粋に運動学から中心天体いて座 A^* の質量が一意的に決まる．こうして決定されたいて座 A^* の質量は $(3.6 \pm 0.6) \times 10^6 \, M_\odot$ である (第 5 巻 3 章)．

NGC 4258 三好真，井上允，中井直正らはこの銀河の中心から放射される，$22\,\mathrm{GHz}$ の強い水メーザー信号の発生源を，大陸間の超長基線電波干渉法 (VLBI) で 0.1 ミリ秒角の角分解能で撮像するとともに，メーザー周波数の精密なドップラー測定を行なった．その結果，この銀河の中心核の周囲およそ $0.1\,\mathrm{pc}$ の範囲には，毎秒約 $1000\,\mathrm{km}$ 速度のケプラー回転を行なうガス円盤があり，その回転則から，中心には $3.7 \times 10^7 \, M_\odot$ の質量があることが判明した．

「あすか」によるX線観測などが進むにつれ，銀河系近傍の多くの通常銀河の中心に，光度の低い活動銀河核が潜んでいることが明らかになった．これらは質量降着があまり盛んではない大質量ブラックホールと考えられる (2.6節)．さらにハッブル宇宙望遠鏡での観測などにより，ほとんどの銀河の中心には，X線をほとんど放射しないもの (銀河系やM31の中心核など) を含め，大質量ブラックホールが存在し，しかもその質量は，銀河のバルジ部分[*29]の規模 (質量) と強く相関することが分かった (2章)．銀河系の中心はとりわけ光度の低い活動銀河核といえる (第5巻3章)．

宇宙を遠方に遡ると，通常銀河に対する活動銀河の割合が増え (2.7節)，赤方偏移 $z \sim 1$ になると多数のクェーサーが見られるようになる．したがって形成初期の銀河では，中心に大質量ブラックホールがつくられ，それらは大量のガスの降着によりクェーサーなどの活動銀河核として輝いたが，宇宙の進化とともにガスの降着が減少した結果，銀河系の周辺に見られる通常の銀河になったのであろう．活動銀河核への質量降着，その進化については2.6と2.7節でくわしく述べる．

1.3.5 中質量ブラックホール

銀河の中心に見られる大質量ブラックホールの形成過程は，長らく謎だったが，2000年頃から鍵となる現象が発見されつつある．それは，恒星質量ブラックホールと大質量ブラックホールの中間に位置する，中質量ブラックホールの候補である．近傍の渦巻銀河の腕の部分には，異常に強いX線の点源がしばしば存在することが，1978年に打ち上げられたアメリカのX線衛星「アインシュタイン」の頃から知られており，その正体は研究者を悩ませてきた．牧島一夫らは，それらを超大光度X線源 (Ultra Luminous X-Ray Source) と名づけ，「あすか」を用いてくわしい観測を行なった結果，それらはブラックホール連星と酷似したX線スペクトルを示すことを発見した．しかし超大光度X線源の光度は，$10^{32.5-33.5}$ W と，銀河系内のブラックホール連星を1–2桁もしのぐ．したがってエディントン限界光度の考えから，それらは数百倍の太陽質量を持つ，中質量ブラックホールである可能性が高いとした．

[*29] 銀河の中心部の楕円体状の膨らんだ構造をいう．

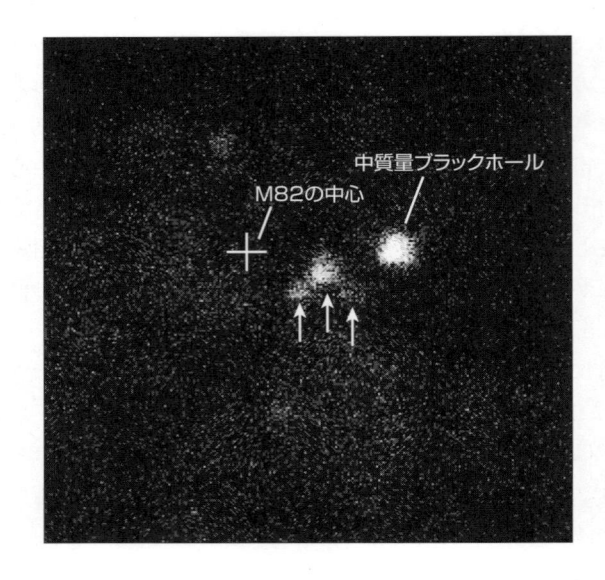

図 1.16 「チャンドラ」が観測した，M 82 銀河の X 線画像．多くの X 線点源が見られ，もっとも明るいものは質量 $\sim 10^3\,M_\odot$ のブラックホール，その他 3 個 (矢印) は普通の超大光度 X 線源で質量は $\sim 10^2\,M_\odot$ のブラックホールの可能性がある．それ以外に通常のブラックホール連星も多くある (http://www-cr.scphys.kyoto-u.ac.jp より転載)．

超大光度 X 線源は渦巻銀河以外にも存在する (図 1.16)．鶴剛や松本浩典らは，スターバースト銀河[*30]の中心近くに，超大光度 X 線源よりさらに高い X 線光度 ($\sim 10^{34}$ W) を持つ，変動する X 線点源を発見した (図 1.16)．超大光度 X 線源よりさらに大規模で，$\sim 10^3\,M_\odot$ を持つ中質量ブラックホールが，エディントン限界光度近くで輝いている可能性を示唆する．

1.3.3 節で述べたように，通常の星の進化を考える限り，$\sim 15\,M_\odot$ より重いブラックホールをつくることは難しい．そこで戎崎俊一らは，以下のような説を提案した．

「若い大質量の星団では，星どうしが高い密度のため暴走的に合体し，通常では生まれないような大質量 (太陽の数百倍) の星がつくられる可能性がある．そ

[*30] 特に激しく星が形成されている銀河．

れらは星風で外層の質量を失うより先に，中心部の重力崩壊を起こして中質量ブラックホールをつくる．それらブラックホールは近くの恒星を捕獲して超大光度X線源として輝き，大量のガスを吸い込むことで，さらに質量を増大させる．星団は，中質量ブラックホールを抱えたまま，動的摩擦により銀河の中心めがけて落下してゆく．こうして銀河の中心付近には，多くの中質量ブラックホールが集まり，それらが互いに合体することで，一つの大質量ブラックホールになる」．

これは活動銀河核の成因を説明できる可能性を持つ仮説として，今後の検証が期待される．この説が正しければ，活動銀河核の中には，二つの大質量ブラックホールが連星をなし，合体寸前の状態にある天体が存在するはずである．須藤広志らは電波干渉計を用い，3C 66Bと呼ばれる電波の強い活動銀河核は，約1年の周期でケプラー運動(楕円軌道)を描いていることを発見した．二つの大質量ブラックホールが合体の前段階[*31]として，互いに相手の周囲をまわっている可能性が高く，両者の質量の和は，$\sim 10^9 M_\odot$と推定される．今後，このような例が増えてゆくことが期待される．

[*31] これらが合体する瞬間には強い重力波が放射されるだろう (4.5節).

第2章

高密度天体への物質降着と進化

2.1 近接連星系と質量輸送

　白色矮星，中性子星，ブラックホールなどの高密度天体(コンパクト天体ともいう)は，みずからのうちにエネルギー源を持たないため，いったん形成されたあとはただ冷えていくのみである．したがって単独で，明るく光ることはまずない．しかしながら，連星系の中にある場合には明るく輝くことができる．連星系の相手の星からガスがどんどん流れてきて高密度天体に降り積もると，その降着ガスが持っていた重力エネルギーが解放され，高密度天体表面や降着ガス自身が暖まって高エネルギー放射をするからである．

　夜空に見える星のうち半分は連星系，すなわち二つ(以上)の星が重力的に束縛され，互いの周りをまわっている系である．なかでも，二つの星の間隔が星の半径ほどまで接近している系を近接連星系と呼ぶ．そのような系にある星は，互いに潮汐力を及ぼし合うのみならず，ときにガスやエネルギーのやりとりも行なう．

2.1.1 近接連星系の分類

近接連星系の構造を考える上でもっとも重要な概念が，等ポテンシャル面である．これは，二つの星の有効ポテンシャル (重力ポテンシャルと，軌道運動に由来する遠心力のポテンシャルの和) が一定の面である．簡単のため，各星に対し点ポテンシャルを仮定すると，有効ポテンシャルは

$$\Psi_{\rm eff}(\boldsymbol{r}) = -\frac{GM_1}{|\boldsymbol{r}-\boldsymbol{r}_1|} - \frac{GM_2}{|\boldsymbol{r}-\boldsymbol{r}_2|} - \frac{1}{2}|\boldsymbol{\omega}\times\boldsymbol{r}|^2 \qquad (2.1)$$

と書ける．ここで，M_1, M_2 は二つの星の質量，$\boldsymbol{r}_1$, $\boldsymbol{r}_2$ はそれらの位置ベクトル，$\boldsymbol{\omega}$ は軌道運動の回転角速度ベクトルである．図 2.1 は，等ポテンシャル面を軌道面に投影したものである．等ポテンシャル面の形は，各星のすぐ近傍ではその強い重力により円形に，そのまわりの連星をとり囲む位置ではひょうたん型に，連星系からずっと離れたところでは，再び円形になることが分かる．L_1–L_5 の五つの点は，ポテンシャルの極大，極小の点 (あるいは鞍点) を表わす．すなわちこれらの点では，重力と遠心力の合力はゼロになる．この中にガスを注ぎ込むと，等ポテンシャル面と，密度および圧力一定の面とは一致することが示される (一致しない場合は，ガスの流れが生じ，密度・圧力は一定になろうとするからである)．すなわち，星の表面は等ポテンシャル面と一致する．

等ポテンシャル面のうち，L_1 点を通る，二つの袋 (Lobe) を 1 点でくっつけたような形の面を，特にロッシュローブ (Roche Lobe) と呼ぶ．このロッシュローブという概念を用いると，近接連星系は 3 種類に分類することができる (図 2.2)．二つの星ともロッシュローブの中にあるものを分離型，片方の星がロッシュローブを満たしているものを半分離型，両方の星ともロッシュローブを満たし共通の外層を持っているものを接触型と呼ぶ．なかでも，半分離型と接触型では，星どうしが激しく相互作用することにより，星の変形やガスの輸送など，さまざまな興味深い現象が起こる．

2.1.2 近接連星系における質量輸送

高密度天体はサイズが小さい．したがって高密度天体はふつう，連星系の中にあってもロッシュローブを満たすことはできない．そのため，高密度天体が主系列星あるいは巨星などのふつうの星とペアを組んだ近接連星系は，分離型あるい

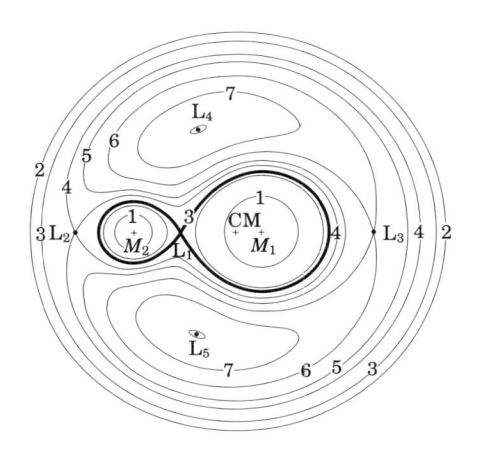

図 2.1 二つの星 1, 2 の質量比が 4:1 の場合の等ポテンシャル面. 公転軌道面における断面を示した. 太線はロッシュローブ (Frank *et al.* 2002, *Accretion Power in Astrophysics*, 3rd edition より転載).

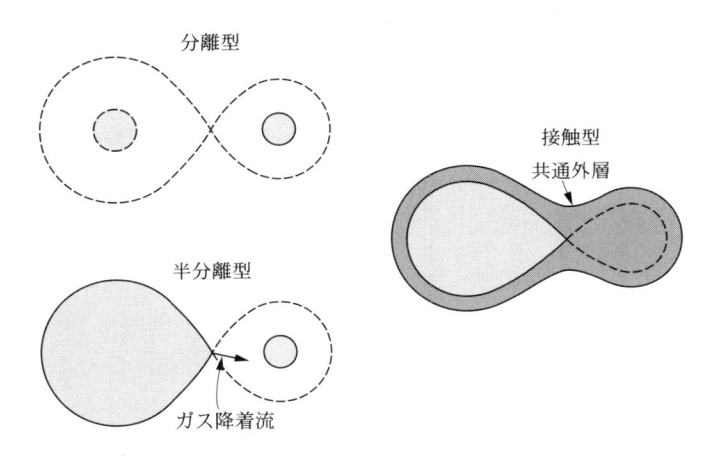

図 2.2 近接連星系の分類. 横に寝た 8 の字型の線はロッシュローブを表わす.

は半分離型となる.

まず半分離型の場合,すなわち,ふつうの星 (ここでは伴星という) がロッシュローブを満たしている場合を考えよう.このとき,以下の理由により高密度天体 (主星という) のまわりに降着円盤が形成される.8の字の交点 (L_1 点) にあるガスを考えよう.ここでは重力+遠心力はゼロである.しかし伴星はロッシュローブぎりぎりになっているため,伴星の圧力によりガスが L_1 点から主星側に押し出され,主星にどんどん引き寄せられ,落ちていく.

連星系は公転しており,ガスは主星に対し角運動量を持っている.そのためガスは主星にはまっすぐに落ちず,主星の周りをぐるぐるまわってリングを形成し,それが広がってガス円盤 (降着円盤) となる.降着円盤は重力エネルギーの解放により光るので高密度天体が明るくみえる.高密度天体が白色矮星の場合が激変星 (2.3.1 節) で,新星や再帰新星,矮新星がこのグループに属する.高密度天体が中性子星やブラックホールの場合,一般に伴星は比較的小質量で,しかも強い X 線を放射するため,小質量 X 線連星系 (LMXB; Low Mass X-Ray Binary) と呼ばれる (2.4.1 節).

分離型,すなわち伴星がロッシュローブを満たしていない場合は,上に述べたような質量輸送は起こらない.しかし,伴星がやや重い星 (早期型星) の場合,星の表面からは絶えずガスが放出されている (星風という).星風の量は,一般に,星の質量が大きいほど大きい.このガスの一部が,高密度天体に捉えられると,やはり高密度天体の周りに降着円盤ができて,高密度天体は明るく輝く.特に高密度天体が中性子星やブラックホールの場合,X 線がおもに放出される.これが大質量 X 線連星系 (HMXB; High Mass X-Ray Binary) である (1.2, 1.3 節参照).

2.2 降着円盤

高密度天体の周辺にあるガスは,重力に引かれて落ち込んでいく (降着).一般に降着するガスは角運動量を持っているので,高密度天体の周りを回転しながらゆっくりと落ちていく.このような回転ガスがつくる円盤を降着円盤という.

2.2.1 降着円盤の基本

降着円盤の理論モデルは，1950年代から研究が進められ，1970年代にその基本的枠組みがほぼ完成された．一つの素朴な疑問から議論を進めよう．「ブラックホールの中からは光さえ出てこられないはずなのに，どうしてブラックホールは明るく観測されるのだろう．」この答はそう簡単ではない．ブラックホールという底なしの重力ポテンシャルの井戸にガスを放り込むだけなら，ガスは落ち込むにしたがって速度を増すだけで決して明るく輝かないからだ．この場合，エネルギーの流れは

$$\text{重力エネルギー} \longrightarrow \text{運動エネルギー} \tag{2.2}$$

である．つまり解放された重力エネルギーは，放射エネルギーにではなく，主として運動エネルギーへと転化されている．これは球対称降着流[*1]の基本的性質で，ボンディ(H. Bondi)が解を見つけたのでボンディ流(Bondi Flow)とも呼ばれる．

ガスからの放射効率は，その密度の2乗に比例にするので，重力エネルギーを効率よく放射へと転化するにはガス密度が高くなる必要がある．それには，降着速度が下がればよい．ガスが角運動量を持てば，自由落下でなく中心天体の周りを楕円運動するようになる．その角運動量が少しずつ失われていけば，遠心力に打ち勝ってガスはゆっくり降着する．ガス流体に粘性があれば，その摩擦で角運動量が失われていくが，通常の粘性(分子粘性)はまるで効かない．代わりに何が働くのか．降着円盤の標準モデルがシャクラ(N.I. Shakura)とスニアエフ(R.A. Sunyaev)によって構築されたときの最大の懸案であった．

2.2.2 円盤における粘性

一般に，質量 M の点源のまわりを円運動するテスト粒子の回転速度，角速度，角運動量は，遠心力と重力とのつりあいの式より，

$$v_\mathrm{K} = \sqrt{GM/r}, \quad \Omega_\mathrm{K} = \sqrt{GM/r^3}, \quad \ell_\mathrm{K} \equiv rv_\mathrm{K} = \sqrt{GMr} \tag{2.3}$$

と書ける．この回転をケプラー回転という．ここで r は中心までの距離で，円盤の自己重力は無視した．速度，角速度とも，中心に近づくほど大きく，角運動量

[*1] 降着するガスは角運動量を持つため，回転軸対称になると考えるのが自然であるが，さらに単純化して，球対称と仮定した質量降着．

は逆に外側ほど大きい．内側ほど速くまわっている回転円盤において粘性が働くと，内側のリングが外側のリングに対し回転方向にトルクを及ぼす．これで角運動量は内から外へと輸送される．角運動量を失ったガスは遠心力が減少するため，内側へと降着する．粘性はまた，(回転運動の) 運動エネルギーを熱エネルギーに転化させて円盤ガスを加熱する．こうして暖まったガスが電磁波を出す．以上まとめると，粘性の働きは二つある．

(1) **角運動量輸送**：角運動量を外向きに輸送することによりガス降着を可能にする．

(2) **摩擦熱発生**：摩擦熱が発生することにより重力エネルギーが効率よく熱エネルギーに転化される．

この二つの効果でガスは順にポテンシャルの井戸を落ちていき，重力エネルギーは熱エネルギーに，そして放射エネルギーにと転化して，円盤は明るく光り続けることができる．すなわち，粘性の働く円盤においてエネルギーの流れは

$$\text{重力エネルギー} \longrightarrow \text{熱エネルギー} \longrightarrow \text{放射エネルギー} \qquad (2.4)$$

となる．

ここで先の懸案に戻る．上記の議論では粘性が働くことを仮定したが，現実に粘性は働くのだろうか？ 粘性 (運動論的粘性) の大きさは平均自由行程と分子運動の速度の積で表わされるが，平均自由行程は円盤の厚みに比べ何桁も小さいため運動量を輸送する効率が悪すぎる．つまり分子粘性はまるで効かない．この問題を解決するためシャクラとスニヤエフは円盤に乱流状態を考えた．すると粘性の大きさは乱流の渦のサイズ (円盤の厚み程度) と乱流運動の速さで決まるので，粘性は十分大きくなり，観測を説明する．乱流に加えて磁場も有効である．この考えが電磁流体力学 (MHD; Magnetohydrodynamics) シミュレーションにより検証されつつある．

2.2.3 降着円盤の光度

降着するガスが円盤内縁 (r_*) に達するまでに解放するポテンシャルエネルギーの半分は放射エネルギーに転換され，残りの半分はガスの回転運動エネルギーにいく．ガス降着率を $\dot{M}$ として円盤光度は

$$L_{\text{disk}} \simeq \frac{1}{2} \frac{GM\dot{M}}{r_*} \tag{2.5}$$

で表わされる．ポテンシャルの井戸が深ければ深いほど，また r_* が小さいほど，たくさんのエネルギーを外部に放出できる．円盤の光度を，エネルギーの変換効率 (η) を使って

$$L_{\text{disk}} = \eta \dot{M} c^2 \tag{2.6}$$

と書き換えると，η は落ち込むガスの持つ静止質量エネルギーのうち何％が放射するかを表わす．一般相対性理論の計算では，ブラックホールが回転していない場合 (シュバルツシルト・ブラックホール) で $\eta \sim 0.06$，ブラックホールが最大限に回転している場合 (カー・ブラックホール) で $\eta \sim 0.42$ となる．核反応の場合 (水素燃焼でおよそ 0.007) をも凌駕する大きな効率である．さらにブラックホールは，電磁波だけでなく，物質 (や磁場) も放出する (3 章参照)．まわりの宇宙空間に与える影響は大きい．

円盤へのガス流入率として半分離型連星系の場合に典型的な値，毎秒 10^{12-14} kg を用いると，放射エネルギー量は，白色矮星 ($r_* \sim 10^7$ m) の場合で 10^{25-27} W，中性子星 ($r_* \sim 10^4$ m) やブラックホールの場合で 10^{28-30} W となる．太陽光度は $L_\odot = 4 \times 10^{26}$ W なので，激変星で太陽程度，X 線連星系ではその 2–3 桁明るく光る．ただし，可視光で明るく光る太陽 (第 10 巻) とは異なり，X 線連星系は文字通り X 線領域にスペクトルのピークが見られ，激変星のスペクトルは可視光–紫外線にピークを持つ．

クェーサーやセイファート銀河など活動銀河核の場合は，ガス降着率はいくらなのか，それはどんな物理が決めているのか，まだよく分かっていない．そこで，光度から逆にガス降着率を求める．典型的な光度を $L \sim 10^{39}$ W，効率を $\eta \sim 0.1$ とすると，降着率は，$\dot{M} \sim L/(\eta c^2) \sim 1 M_\odot$ yr^{-1} となる．毎年，平均太陽 1 個分のガスがブラックホールに飲み込まれている勘定である．

2.2.4 標準円盤モデル

いわゆる「標準円盤モデル」は 1970 年代初頭に確立した．ガス降着に伴って解放された重力エネルギーが効率よく放射エネルギーに転化され，円盤は明るく光るというモデルである．放射でよく冷えるため圧力が下がり，円盤は面に垂直

方向に縮んで幾何学的に薄くなる．標準円盤モデルは，粘性項を含んだ流体の方程式 (ナビエ–ストークス方程式) をもとに基本方程式がたてられ，それを解いて得られる．標準円盤の基本仮定と特徴は，

- 円盤の構造は回転軸のまわりに軸対称．
- 円盤中のガスは，中心天体のまわりを高速回転しながらゆっくりと中心天体に向かって落ちていく．
- 円盤上のガスはケプラー回転する (式 (2.3))．
- 円盤は薄っぺらい．すなわち，円盤の厚みを H として $H \ll r$ である．
- 円盤は黒体放射をする．
- 重力エネルギーは，効率よく放射エネルギーに転化される．
- 運動論的粘性の値は，パラメータ α を用いて，$\nu = \alpha c_\mathrm{s} H$ と書く．ここで c_s は音速であり，α は 1 以下の定数とおく．

である．

これらから，降着円盤モデルでもっとも重要な関係式が得られる．すなわち，ブラックホール質量 M，ガス降着率 $\dot{M}$ とすると，円盤表面からの単位面積あたりのエネルギーフラックス (F) は中心からの距離 (r) の関数として，

$$F \equiv \sigma T_\mathrm{s}^4 = \frac{3}{8\pi}\frac{GM\dot{M}}{r^3}\left(1 - \sqrt{\frac{r_*}{r}}\right) \tag{2.7}$$

で与えられる．ここで σ, T_s, r_* はそれぞれ，シュテファン–ボルツマン定数，円盤表面温度，円盤内縁の半径であり，トルクはゼロという境界条件を採用した．

式 (2.7) の左辺は放射冷却率 (単位面積からの放射量)，右辺は重力エネルギーの解放率であり，この式は，重力エネルギーが効率よく放射エネルギーに転化されることを示している (この式に $4\pi r\, dr$ をかけて r で積分すると，式 (2.5) が得られる)．粘性は一種の触媒としての働きをするが，それ自体がエネルギーを生み出すわけではないので式 (2.7) には粘性の値 (α) は現れない．式 (2.7) から，円盤表面温度は中心から十分離れたところで，$r^{-3/4}$ に比例することが分かる (図 2.3)．さまざまな天体における標準円盤の諸量を表 2.1 にまとめた．

円盤の表面温度が与えられ，円盤の各部分が黒体放射すると仮定すると，円盤全体からのスペクトルが計算できる．標準円盤スペクトルは，さまざま

表 2.1 高密度天体の周りの標準円盤.

天体	中心天体	内縁の半径 r_* (m)	最高温度 $T_{\max}$ (K)	光度 $(L_\odot)$
激変星	白色矮星	$\sim 10^7$	$\sim 10^5$	$\sim 10^{0-2}$
X 線連星	中性子星	$\sim 10^4$	$\sim 10^7$	$\sim 10^{1-5}$
	ブラックホール	$\sim 10^5 M_1$	$\sim 10^7 M_1^{-1/4}$	$\sim 10^{0-5} M_1$
活動銀河核	ブラックホール	$\sim 10^{12} M_8$	$\sim 10^5 M_8^{-1/4}$	$< 10^{13} M_8$

$M_1 \equiv M_{\rm BH}/10\,M_\odot$, $M_8 \equiv M_{\rm BH}/10^8\,M_\odot$ ($M_{\rm BH}$ はブラックホール質量).

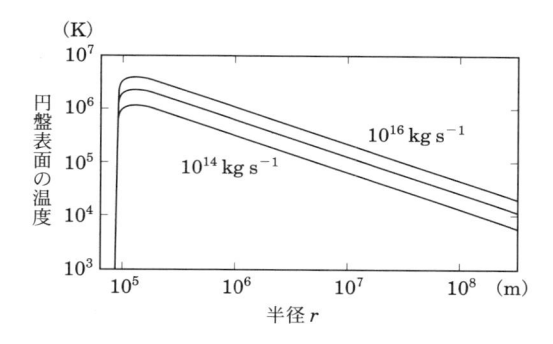

図 2.3 標準円盤の表面温度分布 (ブラックホール連星の場合).
十分に遠方で温度は $r^{-3/4}$ に比例する (式 (2.7)).

温度の黒体放射スペクトルの重ね合わせとなる (図 2.4). 多温度円盤モデル (Multi-Color Disk Model) とも呼ばれるゆえんである. 高周波数側のスペクトルの折れ曲がりは円盤の最高温度 (連星系ブラックホールの場合およそ 10^7 K) で決まり, ソフト[*2]状態に観測された温度 1 keV の X 線黒体放射[*3]を見事に説明する (2.5.3 節).

この標準円盤モデルにも大問題がある. 標準円盤モデルを解くと, 円盤は内側の放射圧が効く領域で熱的に不安定であることが, 1975 年に蓬茨霊運と柴崎徳明によって示された. その結果, 何が起こるのか. 今もって定説はない.

[*2] 一般にスペクトルが長波長側で強いときをソフト (柔らかい), その逆をハード (硬い) という.
[*3] 温度 (T) は通常絶対温度 (K: ケルビン) で定義されるが, 高エネルギー天文学ではエネルギーの単位 (keV) がよく用いられる. 両者はボルツマン定数 (k) で, $k \times 10^7$ K $= 0.86$ keV のように結ばれる.

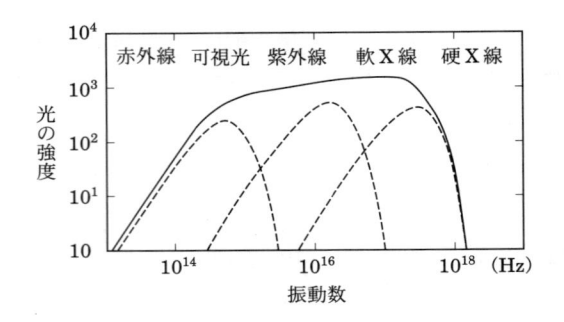

図 2.4 標準円盤の典型的スペクトル．破線は，円盤外縁部 (左)，中間部 (中)，内縁部 (右)，それぞれの部分からの寄与を表わす．放射は低周波数 (低エネルギー) 側で ν^2，中間周波数で $\nu^{1/3}$，高周波数側で $\exp(-h\nu/kT_{\max})$ に比例する．ここで $T_{\max}$ は円盤の最高温度を表わす．

2.2.5 高温降着流モデル

標準円盤モデルは降着円盤の理解に多大な貢献をしてきたが，高エネルギー放射や激しい時間変動など，説明できないことも多い．そこで，高エネルギー放射の起源として相補的な高温降着流のモデルがいろいろと提案されている．現在有望視されているのは，放射が非効率的な降着流というモデルで，英語の頭文字をとって RIAF (Radiatively Inefficient Accretion Flow) とも呼ばれる，高温で低密度 (あまり放射が出ない) のガス流である．放射を出さないと放射冷却が効かないのでガスは高温になる．高温になると，粘性が大きくなり，角運動量の輸送効率が高まり，降着速度は $\alpha \times$ (自由落下速度) くらいまで大きくなる．重力エネルギーの解放により発生した熱は，この高速ガス流にのって，中心天体へと運ばれる．

歴史的には，RIAF の原型は，移流優勢流 (ADAF; Advection-Dominated Accretion Flow) モデルである．一丸節夫によって 1977 年にすでに提唱されたが，一部の人を除いてほどんど知られていなかった．それがナラヤン (R. Narayan) らによって独立に再発見され，真価が評価されたのはじつに 20 年後であった．この ADAF も含め，放射が非効率な流れ全般を統合して，現在は RIAF と呼んでいる．以下，理解の進んだ ADAF モデルを基に，標準円盤モデ

ルと対比させながら，RIAF 全般の特徴をみていこう．

- 円盤の構造は回転軸のまわりに回転対称 (標準円盤と同じ)．
- 円盤中のガスは，中心に向かってらせん状に高速で落ちていく (標準円盤ではガスはゆっくりと落ちていく)．
- ガスはケプラー回転の速度 ($v_{\rm K}$) よりやや遅い速度 (v_φ) で回転する，すなわち $v_\varphi < v_{\rm K}$ (標準円盤はケプラー回転している)．換言すると，中心天体からの重力はつねに遠心力にまさっている．
- 円盤は回転軸方向に膨らむ (標準円盤は薄っぺらい)．
- 円盤はシンクロトロン放射や逆コンプトン散乱など，さまざまな放射過程で光る (標準円盤は黒体放射する)．
- 重力エネルギーは，おもにガスの中に溜められる (標準円盤では，放射エネルギーに転化される)．
- 粘性は α モデル*4を用いる (標準円盤と同じ)．

放射冷却が効かなくとも，円盤温度には上限がある．大まかな目安としてビリアル温度，すなわち重力エネルギーがそのまま原子を暖めたときに達する温度は，

$$T_{\rm vir} = \frac{2}{3}\frac{GMm_{\rm p}}{kr} \sim 4 \times 10^{12}(r/R_{\rm S})^{-1} \quad [{\rm K}] \tag{2.8}$$

である．ここで，$k, m_{\rm p}, R_{\rm S} \equiv 2GM/c^2$ は，それぞれボルツマン定数，陽子質量，シュバルツシルト半径である．式 (2.8) で分かるようにビリアル温度はブラックホール質量によらずブラックホール近傍 (シュバルツシルト半径付近) ではガスは 10^{12} K もの高温になる．ただし電子と陽子の相互作用が弱いと，電子は放射を出してどんどん冷えることができるので，電子温度はずっと低く 10^{10} K 前後となる (図 2.5)．

ADAF においては，電子の最高温度は 10^{9-10} K にも達するので，スペクトルは数百 keV (図 2.6 で振動数 10^{20} Hz あたり) で折れ曲がりを示す．図 2.6 に典型的な ADAF のスペクトルをあげた．電波からガンマ線に至るまで幅広い波長域での放射を示す．低振動数側 (電波領域) のべき型スペクトルは，シンクロトロン放射が自己吸収されてできるレーリー–ジーンズ放射である．この低エネ

---

*4 粘性の大きさをパラメータ (α) で記述する降着円盤モデル．

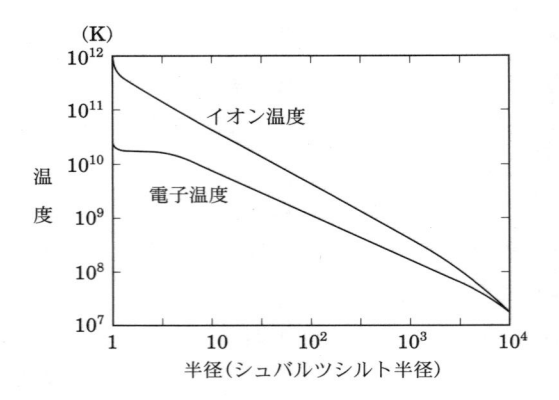

図 2.5 ADAF の温度分布. 十分遠方で温度はほぼ r^{-1} に比例する. ブラックホール近傍ではイオン温度と電子温度の分離が起こる.

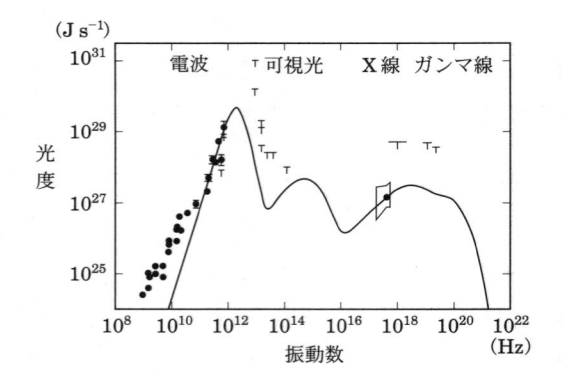

図 2.6 移流優勢流のスペクトル (黒丸はいて座 A^* の観測) (Manmoto *et al.* 1997, *APJ*, 489, 791 をもとに改変).

ギー光子が1回コンプトン散乱されて中央に山をつくり, さらに散乱された光子および熱的制動放射 (Thermal Bremsstrahlung)[*5]が X – ガンマ線を生み出す.

光度が大きくなると, すなわち降着率が大きくなると, 密度が増大し. 放射が効率的になるので, RIAF 解は存在しなくなる. ADAF 解が存在する限界光度

[*5] 高温プラズマ中の電子とイオンが衝突して起こす制動放射をいう.

表 2.2 標準円盤と高温降着流との対照.

円盤の諸量	標準円盤	高温降着流
放射	よく出る	あまり出ない
最高温度	$\sim 10^7 M_1^{-1/4}$ K	イオン温度 $\sim 10^{12}$ K, 電子温度 $\sim 10^9$ K
光度	$\propto$ 降着率	$\propto$ (降着率)^2
幾何学的厚み (H)	$H \ll r$	$H < r$
光学的厚み (τ)	$\tau > 1$	$\tau < 1$
放射機構	黒体放射	シンクロトロン, コンプトン散乱, および熱的制動放射

はエディントン限界光度のおよそ10%と見積もられている. そこで光度が大きいときを標準円盤 (ソフト状態), 小さいときを高温降着流 (ハード状態) とするシナリオが描ける. 標準円盤と高温降着流の対照を表2.2に示した.

RIAFの典型としてADAFモデルを説明したが, このモデルには重大な欠点がある. 第1はADAF内では対流が起きることである. 粘性加熱によりエントロピーが発生するが放射冷却は効かないため, 降着に伴い, ガスのエントロピーはどんどん増加する. 重力の方向にエントロピーが増大することは, 対流発生の条件である.

第2は, ADAFはアウトフロー (3章) が起きやすいことである. 降着ガスが高温になり, その圧力が重力とぎりぎりつりあうほど大きくなるためである. 動径方向の1次元モデルであるADAFでは, このふるまいを取り扱うことはできない. 数値シミュレーションにより, 流体は激しく2次元・3次元運動をしていることが示された. 以上からADAFはもはや現実的な解とはいえない. そこでより一般的な用語である「RIAF」が最近用いられるようになった.

磁場起源の粘性を考えるからには, 円盤磁場のふるまいを解く必要がある. 磁場はさまざまなプロセスで増幅される. 差動回転は[*6]磁場のr成分からφ成分を, 磁気回転不安定性[*7]はφ成分やz成分からr成分を, パーカー不安定性[*8]はr成分やφ成分からz成分を, それぞれつくり出す.

[*6] 半径ごとに回転角速度が異なる回転のこと.
[*7] 差動回転する円盤において, 磁場の動径方向成分が成長する不安定性.
[*8] 重力がかかっている層において, 重力の向きの方向の磁場の成分が成長する不安定性.

激しい時間変動や高速ジェットを説明するためにも，磁場は不可欠である．そこで，今世紀に入ったころから，2–3次元電磁流体 (MHD) シミュレーションが盛んになった．世界で最初の，降着円盤の3次元 MHD シミュレーションは松元亮治によってなされ，磁場は初期に弱くてもすぐ増幅されることや，磁場も流れもじつに複雑なふるまいや空間パターンを示すことが判明した．最近では，一般相対論に基づくシミュレーションや，宇宙ジェット，超新星爆発やガンマ線バースト (5章) に関連したシミュレーションも盛んに実行されている．しかし磁気降着流・噴出流 (ジェット) の総合理解にはまだまだ長い道のりがある．

2.2.6 低温円盤のリミットサイクル

近接連星系の降着円盤は，ときとしてアウトバースト (爆発的増光) を起こす．矮新星は激変星の爆発現象で，数週間から数か月の準周期で，2–5等の可視光域での増光を示す (2.3.2節)．X線新星 (あるいはX線トランジエント) はX線連星系の爆発現象で，可視光域で6等以上，X線領域ではじつに5–7桁もの増光を示すことがある (2.5.7節)．

それらの爆発を起こすメカニズムについては，1970年代から90年代にかけて激しい論争があった．その物理的原因が，質量降着を起こす伴星側にあるのか，降着円盤側にあるのかが論争の焦点で，長年にわたってさまざまな方面からの議論がなされた．激しい論争の結果，現在では，円盤不安定モデルが広く受け入れられている．円盤がガスを溜める状態とガスを流す状態との間を遷移するというモデルであり，1974年に尾崎洋二によって基本アイディアが提唱され，1980年前後に蓬茨やマイヤー夫妻 (F. Meyer, E. Meyer-Hofmeister) によって理論が確立した．

円盤不安定モデルを理解する鍵は，水素の部分電離にある．標準円盤では，円盤は十分高温で，円盤中の水素やヘリウムは完全電離状態が仮定されている．ところが矮新星の円盤の外縁あたりでは円盤温度が数千Kとなり，水素イオンは電子を捉えて中性水素となる．蓬茨は簡単なモデルをたてて，そのような低温円盤の構造を解き，標準円盤とは別に，二つの解の系列 (ブランチ) を発見した (表2.3)．この結果，熱平衡解における降着率と円盤のガス量との関係を描いてみると，その形はS字となる (図2.7)．すると，円盤はリミットサイクルを描く．

表 2.3 　低温円盤の三つのブランチ.

ブランチ	温度	水素の状態	安定性
高温	数万 K	完全電離	安定
中間	1 万 K	部分電離	不安定
低温	数千 K	中性	安定

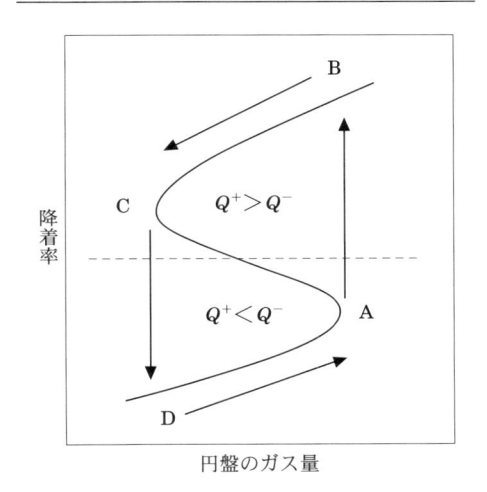

図 2.7 　S 字型熱平衡曲線. 縦軸は円盤から中心天体へのガス降着率, 横軸はガス量 (密度を ρ として $\int \rho\, dz$. ここで z は円盤垂直方向の座標), 破線は円盤へのガス供給率と降着率がつりあう線, Q^+ は粘性加熱率, Q^- は放射冷却率をそれぞれ表わす.

　円盤が下のブランチ (D) にあるとき (静穏時) には円盤から中心天体へのガス降着率は, 伴星から円盤へのガス供給率より小さい状態にある. ガスは円盤に溜められて明るく光らない. 円盤ガス量は増加し, 平衡曲線上を右上へとゆっくり進化する. A 点に達すると, それより先, 下のブランチは存在しないので円盤は $Q^+ > Q^-$ の領域に突入する. ここで円盤温度は急上昇する. これが爆発の始まりである. こうして, やがて円盤は点 B へと達する. 一方, 上のブランチ (B) では, 円盤に溜められたガスがどんどん流れて, 中心天体へと落ちていく. 円盤質量は減少し, 円盤は上のブランチを左下へと辿る. 円盤が点 C に達したところで, 温度が急激に降下し, 円盤は再び下のブランチへと戻ってくる. アウト

バーストの終結である．

この熱平衡曲線をもとに円盤シミュレーションが行なわれ，観測の光度曲線が見事に再現された．また，モデルと観測との比較から，理論的に不明であった粘性パラメータ α の値は，$\alpha \simeq 0.02$–0.1 となった．円盤不安定モデルは，現在のところ，観測との対応で時間依存性が議論できる唯一の円盤モデルである．

2.2.7 超臨界降着流モデル

標準円盤モデルは，低光度の場合のみならず，エディントン限界光度近くの高光度においても破綻する．つまり高降着率，すなわち大きな光学的厚み[*9]を持つ流れでは，その中でつくられた光子は，何回も吸収・散乱がくりかえされ，なかなか表面に出られない．そのうちに光子は降着ガスもろともブラックホールに飲み込まれ (光子捕捉現象)，重力エネルギーから放射エネルギーへの変換効率が悪くなる．

標準モデルを母体に，光子捕捉効果を取り入れたスリム円盤モデルがポーランドのアブラモウィッツ (M. Abramowicz) らにより 1988 年に提唱された[*10]．スリム円盤の構造は光子が出ていきにくいという点で RIAF に似ているが，降着流表面付近からつねに放射が出ている点は大きく異なる．RIAF ほど高温にならないしスペクトルもむしろ標準円盤に近い．

スリム円盤の観測的特徴を図 2.8 に示す．縦軸に光度を，横軸に降着ガスの温度をとり (X 線 HR 図)，その上にいくつかのブラックホール候補天体のデータをプロットした．同じ天体で複数個の点は，複数回の観測結果である．データ点は，円盤光度が上昇してエディントン限界光度 (図 2.8 の $L = L_\mathrm{E}$ の線) 近くになると，見かけ上，内縁の半径が小さくなることを示す．標準円盤の内縁の半径は，ぎりぎり安定である最内縁の円軌道[*11]の半径に一致して一定のはずだが，

[*9] 無次元の単位で吸収・散乱断面積 (単位質量当たり) × 物質の密度 × 長さ，通常 τ で表わす．$\tau > 1$，$\tau < 1$ でそれぞれ「光学的に厚い」，「光学的に薄い」というように区別する．

[*10] (幾何学的に)「薄い」(thin) と「厚い」(thick) の中間という意味で「スリム」と命名したらしい．

[*11] 最小安定円軌道 (ISCO; Innermost Stable Circular Orbit) と呼ばれ，その半径は，回転していないブラックホール (シュバルツシルト・ブラックホール) で $3R_\mathrm{S}$，ブラックホールと粒子が同じ方向に回転している場合はそれより小さくなる．

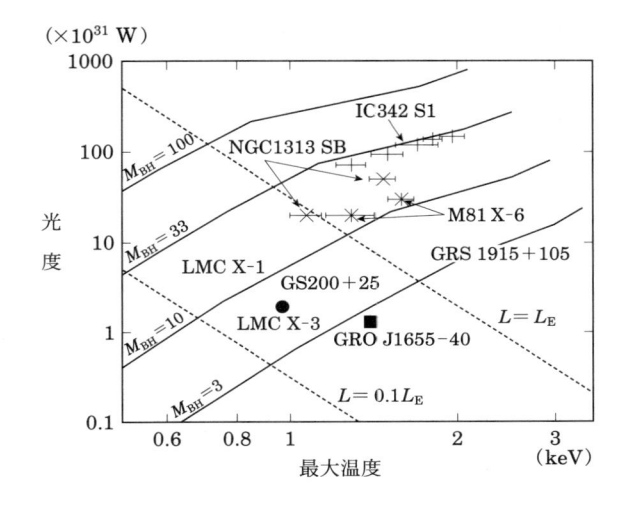

図 2.8 X 線 HR 図. 縦軸は全放射光度, 横軸は X 線温度. 実線はスリム円盤モデルによる, ブラックホール質量 ($M_{\rm BH}$) 一定の線. 破線は降着率一定の線を示す (渡会兼也氏提供).

この原則が高光度になると破れている. これは, 高光度, すなわち降着率が十分に高まると, 安定円軌道の内側で高速落下するガス流の密度も十分に高まって光学的に厚くなり, 黒体放射をするからである.

図 2.8 の左下から右上に走る実線は理論の予測で, たしかに高光度の領域で, 直線からずれて右下がりの方向に曲がっているのが分かる. これは, 光度上昇とともに円盤内縁の半径が小さくなることを表わし, 観測の傾向を再現する. スリム円盤モデルは ADAF と同じく 1 次元モデルである. その多次元性を理解するには, 2 次元, 3 次元の放射流体シミュレーションが必要となる. 今後の進展に期待したい.

2.3 白色矮星への質量降着

シリウスは白色矮星 (B) と普通の星 (A) の連星系である. 明るく輝いているのは普通の星 (A) であり, 白色矮星 (B) は暗い. これに対して二つの星がきわめて接近した軌道をまわっている系 (近接連星系) では, 普通の星 (伴星) の表面

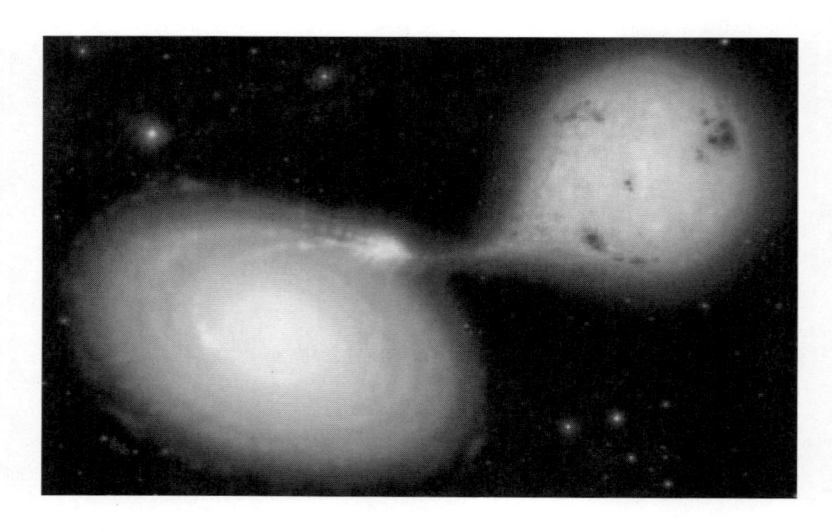

図 2.9 激変星の模式図 (http://www.space-art.co.uk/html/starstwo/fstarstwo.html より転載).

のガスが白色矮星の重力によって引きはがされ，白色矮星に降り積もっている．この現象を質量降着といい，この過程で白色矮星は明るく輝く．

2.3.1 激変星

　激変星 (Cataclysmic Variable) は変光星の一種であり，その名が示すとおり，明るさが数秒から数年の時間スケールで激しく変動するのが特徴である．激変星は白色矮星と普通の星の近接連星系である (2.1 節)．二つの星がきわめて接近した軌道をまわっているために，普通の星 (伴星) の表面のガスが白色矮星の重力によって引きはがされ，白色矮星に降り積もっている．激変星からの放射は，おもにこの質量降着の過程で生み出されており，明るさの激しい変動は，質量降着の割合が時間とともに変化しているためである．

　図 2.9 に激変星の模式図を示す．伴星 (右) の重力圏をあふれ出た物質は，白色矮星 (左) の重力と同時にコリオリ力の影響も受けるため，白色矮星に向かって渦を巻きながらゆっくりと落ちていき，降着円盤を形成する (2.2 節)．降着物質は白色矮星の重力により，まず運動エネルギーを獲得し，これが降着円盤の中での摩擦により熱エネルギーに転換され，最終的には黒体放射の形でエネルギー

```
                    ┌ 白色矮星の  ┌ ヘラクレス座AM型星
                    │ 磁場が強い  └ ヘラクレス座DQ型星
                    │
           激変星 ───┤            ┌ 古典新星
                    │            ├ 再帰新星
                    │ 白色矮星の  ├ 新星様変光星
                    └ 磁場が弱い  ├ 矮新星
                                 └ りょうけん座AM型星
```

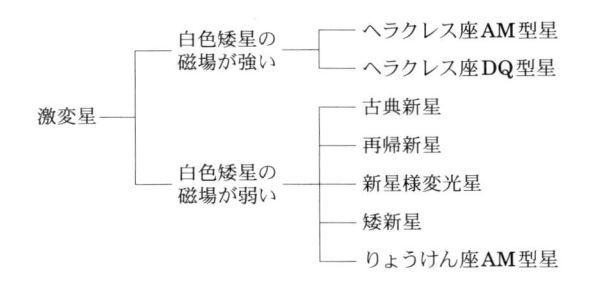

図 **2.10** 激変星の分類.

を解放する．我々が観測している可視光や紫外線はこの黒体放射である．激変星の伴星は，多くの場合，太陽よりも軽い主系列星である．連星の軌道周期は，おおむね 80 分–9 時間と驚くほど短い．二つの星の距離は 10^8–10^9 m 程度しかないので，激変星は連星系でありながら，全体が太陽直径の中にすっぽりと収まってしまうほどのきわめて小さな系である．激変星は，白色矮星の性質や質量降着率の違いなどによって，さまざまな特徴を示す．図 2.10 に，激変星の分類をまとめる．以下の節ではこの分類に従って，激変星の性質をまとめる．ただしこの分類はあくまで大づかみのものであり，次の節以降で述べるとおり，たとえば白色矮星の磁場は強いものの，新星爆発を起こす天体があるなどの例外もある．

2.3.2 磁場の弱い激変星

白色矮星の磁場が弱い場合には，降着円盤は白色矮星の表面にまで達する．このような激変星には古典新星，再帰新星，新星様変光星，矮新星，りょうけん座 AM 型星がある．新星という名前は，あたかも新しい星が誕生したように見えることに由来している．

古典新星

激変星の中で，もっとも古くから知られているのが古典新星 (Classical Nova) である．夜空の何も星がなかった領域に，ある日突然明るい星が現れる現象であり，中国では紀元前 1500 年頃から，日本でも西暦 7 世紀頃から，歴史書に記録が残されている．

新星，すなわち巨大な爆発現象の原因は長い間謎であったが，1960年代に入り，伴星からの質量降着によって白色矮星の表面に降り積もった水素が，白色矮星の強い重力によって高温，高圧の状態になり，暴走的な熱核反応を起こすためであることが明らかになった．近年の観測によれば，増光の幅は可視光の等級で平均的に 8-16 等，明るいものだと 20 等に及ぶものもある．初期の増光はきわめて急激であり，おおむね 3 日以内に最大光度に達する．しかしその後の減光の様子は天体によってまちまちであり，1 か月から数年程度で暗くなり見えなくなる．

同一の天体に限ってみれば，爆発の頻度は，熱核反応を起こすのに必要な水素の量と，それを供給する伴星からの質量降着率の関係で決まり，普通の古典新星の場合には，充分な量の水素が溜まるまでの時間は数千-1 万年と見積もられている．古典新星はその名の通り，新星爆発が過去に 1 回だけ報告されている．原理的には爆発はくりかえし起こりうるが，1 回しか記録がないのは，爆発の間隔が長いためと考えられる．

新星爆発が起きるためには，質量降着によって白色矮星の表面に充分な量の水素が溜まりさえすればよく，白色矮星の磁場の強さにはよらないはずである．実際，ペルセウス座 GK 星，はくちょう座 1500 番星のように，白色矮星が強い磁場を持っているのに新星爆発を起こしたケースもある．

再帰新星

再帰新星，その爆発の原因は白色矮星表面での熱核反応の暴走である．古典新星の中で 2 回目の新星爆発が見つかったものを再帰新星と呼んでいる．再帰新星はこれまでに 10 個ほどが知られており，観測された再帰の間隔は 20-80 年である．これは古典新星で期待される再帰の間隔 ($\sim 10^4$ 年) に比べて非常に短い．再帰新星の軌道周期は一例を除けば 18 時間-460 日と，普通の激変星よりもかなり長い．伴星は主系列星ではなく赤色巨星である．赤色巨星を伴星に持つ軌道周期の長い激変星では，伴星からの質量降着率が普通の激変星に比べて 1 桁以上大きいことが知られている．このため熱核反応に必要な量の水素が溜まるまでの時間が古典新星よりも短く，新星爆発の間隔も短くなっていると考えられる．

矮新星

矮新星 (Dwarf Nova) もアウトバーストを示す激変星である．ただしその増光幅は可視等級で 2-5 等と，新星に比べてかなり小さい．また矮新星爆発の再帰周

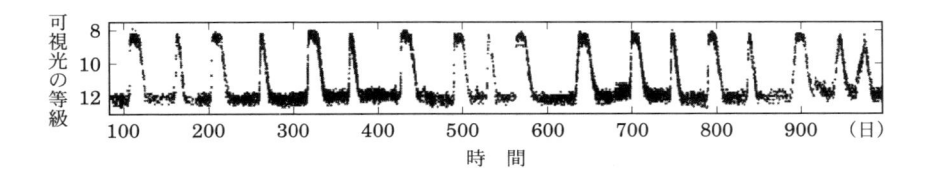

図 2.11 はくちょう座 SS 星の可視等級の変遷 (Wheatley et al. 2003, MNRAS, 345, 49 より転載).

期は 1–3 か月であり，再帰新星よりもはるかに短い間隔で爆発を起こす．図 2.11 に矮新星の代表格であるはくちょう座 SS 星の 2.5 年分の可視等級の変動を示す．

はくちょう座 SS 星では，爆発が起きてから最大光度 8 等級に達するまでの時間はほぼ 1 日であり，その後，数週間かけてもとの 12 等級に戻る．このような振る舞いは矮新星でおおむね共通である．最初に見つかった矮新星は，ふたご座 U 星であり，1855 年のことである．しかしそれから 100 年あまりの間，矮新星爆発の原因も不明のままであった．

1960 年代に新星の爆発のメカニズムが熱核反応の暴走であることが判明すると，矮新星爆発は，それの小型版ではないかと考えられた．しかし，蝕[*12]を起こす矮新星などの詳しい観測の結果，矮新星爆発が起きているときに明るくなっているのは，白色矮星本体ではなく，それを取り巻く降着円盤であることが分かった．

1970 年代に入り，尾崎，蓬茨により，降着円盤の熱不安定モデルが提唱された (2.2.6 節)．このモデルによると，矮新星のような質量降着率が低い円盤の外縁部には，温度が数千 K で水素が中性の状態と，温度が 10^4 K で水素が電離した状態の二つの安定状態がある．外縁部が低温の状態から高温の状態に遷移するときに，円盤を満たしているガスの粘性が上がり，白色矮星への質量降着率が一気に増えることが矮新星爆発の原因である．この考えは，多様な矮新星爆発現象を広く説明できるモデルとして認められている．

上でも述べたとおり，矮新星からの放射はおもに降着円盤から来ている．降着円盤の中のガスは局所的にはケプラー回転をしており，異なる半径では異なる速

[*12] 我々から見て，ある星が別の星を隠す現象をいう．日食 (日蝕) はその例である．

さで回転している (2.2.2 節)．したがってある半径に存在するガスは，その内側と外側のガスとの摩擦で加熱され，その場の温度に対応した黒体放射を出しながら落ちていき，白色矮星の近くに達する頃には温度が 10^5 K ほどになる．この温度の円盤からは強い紫外線が放射される．このように矮新星の降着円盤は，外側では可視光で光り，もっとも内側では可視光よりも波長の短い紫外線を放射している．

ケプラー速度は遠心力が重力とつりあう速度であるから，白色矮星は，表面の回転速度がケプラー速度以下になるように自転しているはずである．実際，もっとも速く自転している白色矮星でも，表面での速度はケプラー速度の高々 1/3 である．したがって，ケプラー速度で回転している降着円盤が白色矮星表面に着陸するときには，円盤内で働いているよりもはるかに強い摩擦力が働く．このため円盤のガスは，一気に 10^8 K 程度まで加熱され紫外線よりもさらに波長の短い X 線を放射する．この X 線を放射する高温領域を境界層 (Boundary Layer) と呼んでいる．境界層の半径方向の厚さは，蝕を起こす矮新星の観測から，白色矮星の半径のせいぜい 15% と見積もられている．

図 2.12 に，はくちょう座 SS 星が矮新星爆発を起こしたときの可視光，紫外線，X 線での明るさの変化を示す．爆発が起きると，可視光，紫外線，X 線の強度はいずれも上昇するが外側の円盤から落ちてくる物質の量がさらに増えると，境界層の粒子の密度は急激に上昇する．冷却効率は，粒子密度の 2 乗に比例して上がるため，境界層の温度は急激に下がって，X 線の代わりに紫外線を放射するようになる．

新星様変光星

伴星からの質量降着率が高い場合には，降着円盤の外縁部はつねに高温の状態となり，矮新星のように二つの状態の間を行ったり来たりせず，常に矮新星の爆発時の状態にあるように見える．このような天体を新星様変光星 (Nova-Like Variable) という．

りょうけん座 AM 型星

りょうけん座 AM 型星は，激変星の中でも特に軌道周期が短く，長いものでも 65 分，もっとも短いものに至っては 5 分で二つの星が連星軌道を 1 周してし

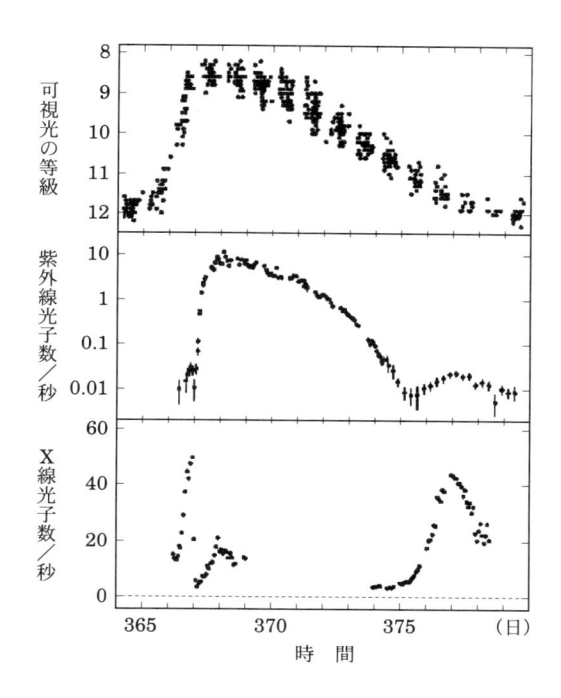

図 2.12 はくちょう座 SS 星の矮新星爆発時の光度曲線．上から，可視等級，紫外線強度，X 線強度の変化を示す (Wheatley et al. 2003, MNRAS, 345, 49 より転載).

まう．これほど軌道周期が短い連星系では，二つの星の距離も小さいため，伴星が普通の水素核燃焼を起こしている主系列星とは考えられない．残された可能性は二つあり，一つは白色矮星 (つまり白色矮星どうしの連星系)，もう一つは水素の核融合が終わった後，中心核でヘリウムの核融合が起きている，いわゆるヘリウム主系列星である．これらの伴星が自分の重力圏を満たし，主星である白色矮星の方へ質量降着を起こすことで激変星として輝いている．りょうけん座 AM 型星は現在までのところ，全天で 13 個ほど見つかっている．

2.3.3 磁場の強い激変星

白色矮星の磁場が 10 T を超える場合，その激変星を強磁場激変星 (Magnetic Cataclysmic Variable) という．磁場が強い場合の質量降着の様子は，弱い場合

とかなり異なる．このグループの激変星は，白色矮星の磁場の強さによって，さらにヘラクレス座 DQ 型星，ヘラクレス座 AM 型星の 2 種類に細分される．

ヘラクレス座 DQ 型星においては，白色矮星の磁場の強さが実際に測定されているものは少ないが，おおよそ 10–10^3 T の範囲と考えられている．一方，ヘラクレス座 AM 型星の白色矮星の磁場は，可視光観測により，磁場による原子のエネルギー準位の歪み (ゼーマン効果) や，降着物質中に含まれる自由電子の運動が磁場中で量子化[*13]される効果 (ランダウ準位，2.4.2 節) を利用して実際に $(1$–$23) \times 10^3$ T と求められている．

ヘラクレス座 DQ 型星

降着円盤の中の物質は摩擦で暖められるため，電子の一部が剥がれて電離している．このような電離ガスが強い磁場に遭遇すると，磁力線の回りに旋回するような運動 (ラーモア運動) をしてしまい，磁力線を横切って白色矮星に近づくことができない．磁場の弱い激変星の場合と異なり，降着円盤は白色矮星表面までたどりつくことができず，磁場の圧力と円盤のガスの圧力がつりあうあたりで終わりになる．このような天体をヘラクレス座 DQ 型星といい，ちょうど図 2.13 (a) のような状態にあると考えられる．行き場を失った降着流は，磁力線に沿って，白色矮星の極方向へ移動し，白色矮星の磁極に集中的に降着する．降着流の形は白色矮星の表面付近で柱状になる．これを降着柱と呼ぶ．降着柱の様子を模式的に表わしたのが図 2.14 である．

物質は降着柱の中ではほぼ自由落下し，白色矮星表面に達する頃には数千 $\mathrm{km\,s^{-1}}$ の超音速流になる．このような流れは，白色矮星の表面に達する前に衝撃波を形成し，自由落下のエネルギーを一気に熱エネルギーに転換する．衝撃波のすぐ下流側の降着物質の温度は 10^8 K を超え，エネルギー 10 keV 程度の硬 X 線[*14]を放射する．放射されたうちの半分ほどは白色矮星表面を照らす．このため降着柱の根元は温度 10^5 K ほどに暖められ，数十 eV 程度の軟 X 線を放射する．ヘ

[*13] 強い磁場では電子は小さい半径で磁力線のまわりを回転するため，あたかも水素原子のような構造になり，量子力学に従って，軌道半径は離散的な値をとる．したがってエネルギー準位も離散的になる．これをランダウ準位と呼ぶ (2.4.2 節)．

[*14] 波長の長い ($\gtrsim 10^{-9}$ m) X 線を軟 X 線 (soft X-ray)，短いもの ($\lesssim 10^{-9}$ m) を硬 X 線 (hard X-ray) という．

(a) ヘラクレス座DQ型星

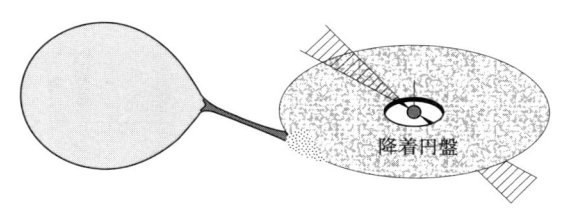

(b) ヘラクレス座AM型星

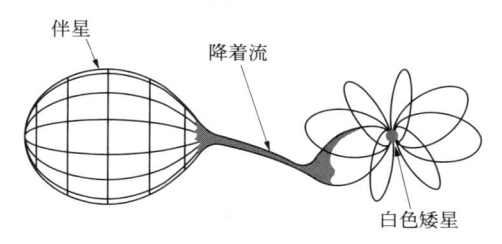

図 2.13 強磁場激変星の模式図 (Patterson 1994, *Publ. Astron. Soc. Pacific*, 108, 209: Figure 1, Cropper 1991, *Space Science Review*, 54, 195 より転載).

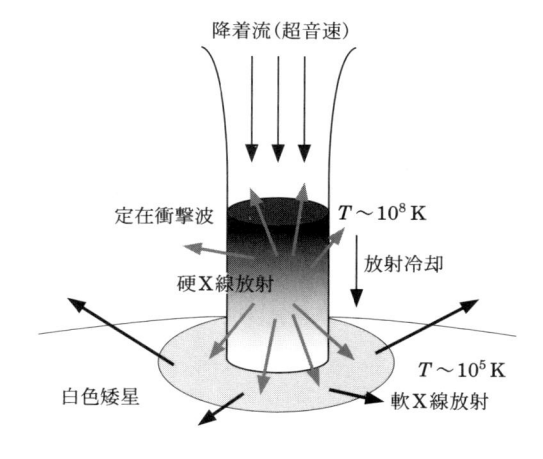

図 2.14 強磁場激変星の模式図.

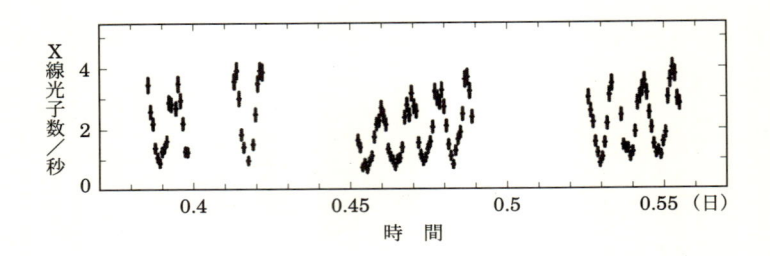

図 2.15 「あすか」が観測した「うお座 AO 星」の X 線強度変動. データがとぎれているのは「あすか」から見て「うお座 AO 星」が地球の影に入ったため.

ラクレス座 DQ 型星は, おもに硬 X 線領域で放射を出しており, 軟 X 線放射は弱いことが知られている.

衝撃波は白色矮星表面のごく近くに形成されるため, 白色矮星の自転によって, 観測者から見え隠れする. このためヘラクレス座 DQ 型星からの X 線の強さは, 白色矮星の自転周期と同期して変動する. 図 2.15 に, ヘラクレス座 DQ 型星 (うお座 AO 星) の X 線の強度変動を示す. この白色矮星の自転周期は 805 秒である. ヘラクレス座 DQ 型星の白色矮星の自転周期は 33 秒から 4000 秒までの範囲に分布している.

ヘラクレス座 AM 型星

ヘラクレス座 AM 型星では, 白色矮星の磁場が強すぎるため, 図 2.13 (b) のように, 伴星の重力圏をあふれ出た物質は, 降着円盤を形成することなく, 白色矮星の磁極へ降着する. そこに降着柱が立ち, 白色矮星表面付近で衝撃波が形成されて強い X 線が放射されること, その X 線の強度が白色矮星の自転周期と同期して変動することはヘラクレス座 DQ 型星と同じである. ヘラクレス座 AM 型星からの放射に見られる大きな特徴は, ヘラクレス座 DQ 型星と違って軟 X 線の強度が非常に強いことである. 図 2.16 に, ヘラクレス座 AM 星の X 線スペクトルを示す. ヘラクレス座 DQ 型星との共通の特徴である, 10 keV 程度のエネルギーの放射 (温度 2 億 K の降着物質からの放射) の他に, 温度 3×10^5 K 程度の黒体放射の形をした別の放射成分が 0.5 keV 以下のエネルギーで卓越する. この黒体放射の光度は, 温度 2×10^8 K の降着物質からの放射の光度に対し

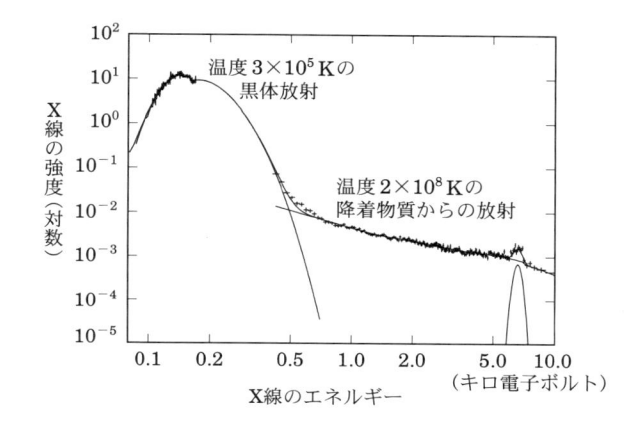

図 2.16 ヘラクレス座 AM 星の X 線スペクトル (Ishida *et al.* 1997, *MNRAS*, 287, 651 より転載).

て 20 倍にも達している.

　ヘラクレス座 AM 型星にはこの他にもヘラクレス座 DQ 型星と異なる点がいくつかある. ヘラクレス座 AM 型星では, 白色矮星の磁場が極端に強いため, 白色矮星と伴星が磁力線で繋がっており, 白色矮星の自転周期, 伴星の自転周期, および連星系の公転周期が同期する. 白色矮星の自転周期 (= 連星系の公転周期) は 1–5 時間の範囲にあり, 半数以上が 2 時間以下に集中している. 可視光が強く偏光しているのもヘラクレス座 AM 型星だけに見られる特徴である.

2.4 中性子星への質量降着

　我々の銀河系には X 線を多量に放射する天体 (X 線星) が数百個ほど存在する. その多くは中性子星と恒星の近接連星系である. 相手の恒星から中性子星に質量が降着すると重力エネルギーを解放して X 線を放射する. したがって X 線連星系ともいう.

2.4.1 中性子星連星系

　中性子星連星系から放射される X 線は典型的には 1–10 keV のエネルギーを持ち, その光度は太陽の全波長を積分した光度の 10^3–10^5 倍にも達する. さらに

短時間 (たとえば 1 ミリ秒以下) で大幅に変動する場合もある．変動の時間幅が 1 ミリ秒とすると，光速 × 1 ミリ秒 = 300 km から，放射源のサイズは 300 km より小さくなる．

相手の星から溢れ出たガスあるいは吹き出たガスの一部は中性子星の重力圏に捉えられ，その重力で加速される．陽子が中性子星表面まで落下したときの運動エネルギーは約 100 MeV, 水素の核融合で核子 1 個あたり解放されるエネルギーは 7 MeV 程度だから，核エネルギーの 10 倍以上の重力エネルギーが解放されている．毎年 $\dot{M}$ の割合でガスが中性子星に落ち込むとき，放出される放射の光度 L は

$$L = \frac{GM\dot{M}}{R}$$
$$= 8.4 \times 10^{30} \left(\frac{M}{M_\odot}\right) \left(\frac{R}{10\,\mathrm{km}}\right)^{-1} \left(\frac{\dot{M}}{10^{-8}\,M_\odot\,\mathrm{y}^{-1}}\right) \quad [\mathrm{W}] \qquad (2.9)$$

となる．

星から放出された放射 (光子) はガス中の電子に散乱され，ガスに外向きの力を与える．一方，星の重力はガスに内向きの力を及ぼす．放射による力 (放射圧という) と重力がつりあう光度をエディントン限界光度と呼び，星はエディントン限界光度 L_E 以上には定常的に光ることができない．L_E は，放射による力と重力とのつりあいから，

$$L_\mathrm{E} = \frac{4\pi c G M m_\mathrm{p}}{\sigma_\mathrm{T}} = 1.2 \times 10^{31} \left(\frac{M}{M_\odot}\right) \quad [\mathrm{W}] \qquad (2.10)$$

で与えられる[*15]．ここで m_p は陽子の質量，σ_T はトムソン散乱の断面積である．光度がわずかでもエディントン限界光度を超えると放射圧が重力を上回り，ガスは外向きの運動をはじめる．つまりガスの降着量が減少する．すると光度も減少しエディントン限界光度以下に戻る．

中性子星連星系は相手の星の質量により二つに大別できる．一つは大質量 X 線連星で，相手の星は太陽質量の 10 倍以上の OB 型星である．OB 型星の年齢

[*15] エディントン限界光度を与えるこの式は，中性子星に限らず，球対称に電磁波を放射する球対称天体になりたつ．したがって観測的にエディントン限界光度が決定できれば，逆にその天体の質量を推定することができる．

は 10^7 年以下であるから，大質量 X 線連星は若い種族といえる．一方，相手の星は暗くて見えないほど小さく，太陽質量以下の場合を小質量 X 線連星という．小質量星の年齢は $(5\text{--}10) \times 10^9$ 年だから，古い種族である．X 線連星はそれぞれのタイプに特徴的な現象を示す．以下ではそのいくつかを紹介する．

2.4.2 X 線パルサー

大質量 X 線連星のほとんどは X 線強度が周期的に変動する X 線パルサーである (図 2.17)．周期は 69 ミリ秒から 1000 秒近くの範囲でいろいろな値に分布している．後で述べるサイクロトロン吸収線の観測からも明らかなように，中性子星は $(1\text{--}10) \times 10^8$ T と強く磁化している．X 線パルサーの構造は次のように理解されている (図 2.18)．降着ガスはケプラー速度で円運動をしながら，円盤に沿い中性子星に向かって流れ込む．磁場の圧力がガスの圧力とつりあう点 r_A (アルヴェーン半径)

$$r_\mathrm{A} = 1.9 \times 10^3 \left(\frac{B}{10^8\,\mathrm{T}}\right)^{4/7} \left(\frac{R}{10\,\mathrm{km}}\right)^{12/7} \\ \times \left(\frac{M}{M_\odot}\right)^{-1/7} \left(\frac{\dot{M}}{10^{-8}\,M_\odot\,\mathrm{y}^{-1}}\right)^{-2/7} \quad [\mathrm{km}] \tag{2.11}$$

で，降着円盤に沿ったガスの流れはせきとめられる．その後，ガスは磁力線に沿って移動し両磁極に流れ込む．磁極付近に落ち込んだ物質は加熱され，X 線を放射する．磁軸が中性子星の回転軸に対し傾いていると，中性子星の回転とともに磁極が見え隠れし，そこから放射される X 線がパルスとして観測される．

図 2.19 は X 線パルサー X 0331+53 のスペクトルである．連続成分は低エネルギー側ではべき関数型であるが，～10 keV 以上では指数関数的に急速に落ちている．これを再現する放射メカニズムは，まだよく分かっていない．20–40 keV あたりのへこみ構造は，サイクロトロン共鳴散乱による吸収と解釈されている．磁力線の周りをまわる電子のエネルギーは強磁場中では量子化される．可能なエネルギーは離散的な準位，いわゆるランダウレベル E_n となる．

$$E_n = 11.6 n \left(\frac{B}{10^8\,\mathrm{T}}\right) \quad [\mathrm{keV}] \quad (n = 0, 1, 2, 3, \cdots) \tag{2.12}$$

基底状態と励起状態の差に相当するエネルギーの X 線は吸収され，へこみの構

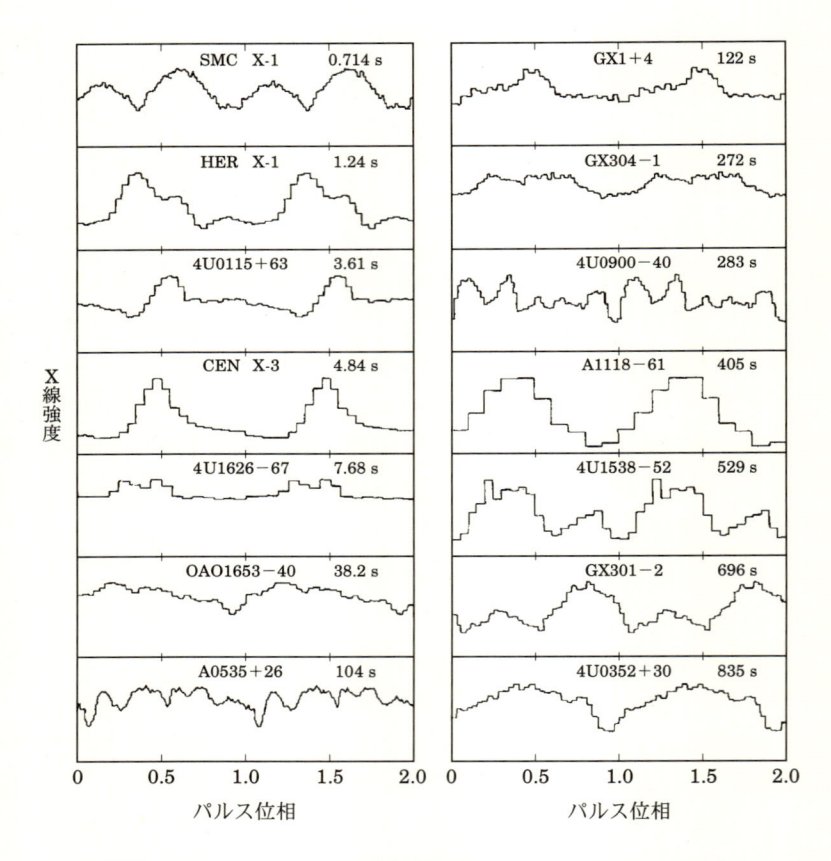

図 2.17　X 線パルサーの X 線強度の周期的変化の例 (Rappaport & Joss 1981, X-ray Astronomy with the Einstein Satellite, Reidel より転載).

造を与える．これがサイクロトロン吸収である．そのエネルギーから中性子星の磁場を求めることができ，その値は標準的な電波パルサーと同様 $(1\text{--}3) \times 10^8$ T である．

　小質量 X 線連星では中性子星の磁場が弱く，降着物質を磁極付近に集めることが困難なため，X 線パルサーになりにくい．X 線パルスがあっても，その振幅は小さく，検出は難しいと考えられてきた．しかし，最近，観測器の感度，時間分解能が向上し，微弱で速い変動も捉えられるようになってきた．その結果，

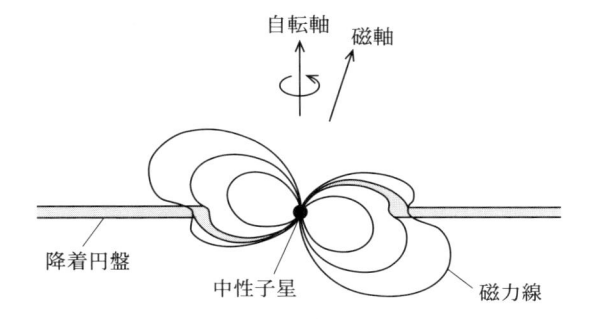

図 2.18 降着円盤と X 線パルサーの概念図. 強い磁場を持つ中性子星へ質量降着するガス (灰色の部分) は円盤からやがて強い磁力線 (実線) にガイドされ, 中性子星 (黒丸) の磁極に落ち込む. 自転につれ熱い磁極が見え隠れし, X 線パルサーとなる.

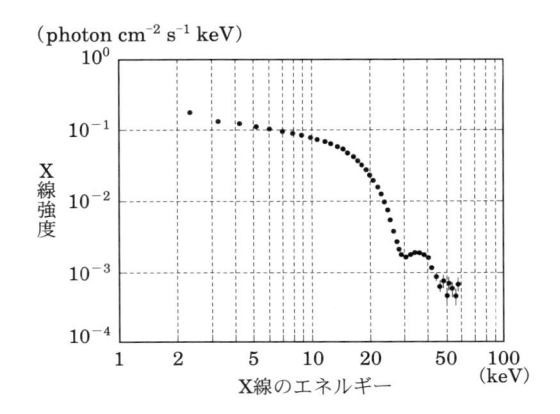

図 2.19 X 線パルサー X 0331+53 の X 線スペクトル (Makishima *et al.* 1990, *ApJ* (Letters), 365, L59 より転載).

すでに5個の小質量 X 線連星から, その X 線強度に周期的な振動が検出されている. X 線のパルス周期は 2–5 ミリ秒で, 中性子星は高速で回転している. これは, ミリ秒パルサー成因のリサイクル説 (1.2.5 節) が期待する小質量 X 線連星のパルス周期に一致する.

2.4.3 X線バースト

小質量X線連星では中性子星のまわりに降着円盤ができる (2.2節). 降着ガスは重力エネルギーを解放しながら円盤に沿って流れ込む. 解放された重力エネルギーは熱に変換され円盤の表面から黒体放射として放出される. 円盤は中性子星の表面近くまで延び, 中性子星に近づくにつれその温度は高くなる. 円盤中を中性子星の表面すれすれまで降着してきたガスは最初持っていた重力エネルギーの半分を黒体放射として解放している. 最後に表面へ落下すると残りの半分の重力エネルギーが解放され星表面の降着ガスは一気に加熱, そして黒体放射でX線を放出する. 小質量X線連星のスペクトルは星表面と円盤表面からの黒体放射の重ね合わせで説明できる.

中性子星の小質量X線連星に特有な現象にX線バーストがある. 数秒から数十秒の間, X線で爆発的に輝く現象である (図2.20). 典型的なバーストの間隔は数時間から1日の範囲にある. バーストのスペクトルは黒体放射のスペクトルによく合う. 黒体の温度はバーストのピーク時で $(2–3) \times 10^7$ K に達し, X線強度が弱くなるにつれ温度も下がる. 1回のバーストで放出されるエネルギーは,

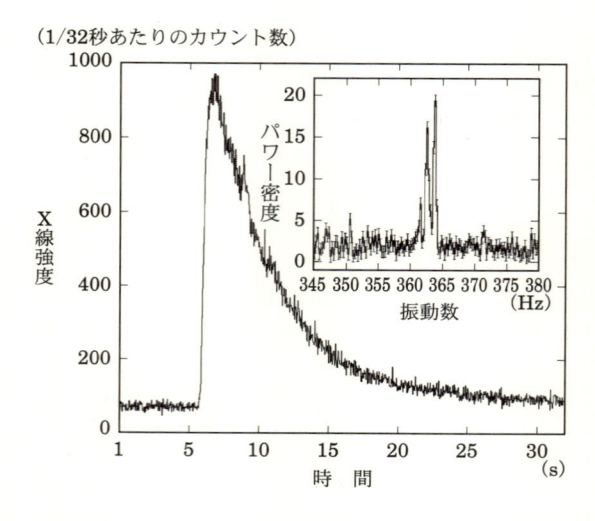

図 **2.20** 4U 1728–34 から観測された X 線バースト. 挿入図はバーストのフーリエパワースペクトル (Strohmayer *et al.* 1996, *ApJ* (Letters), 469, L9 より転載).

10^{32} J にも及ぶ．観測された黒体の温度 T, X 線強度 F_X を用いると，

$$R = d \left(\frac{F_\mathrm{X}}{\sigma T^4} \right)^{1/2} \tag{2.13}$$

から黒体のサイズ R が導出できる．ここで d はバースト源までの距離，σ はシュテファン–ボルツマン定数である．距離が推定できるバースト源で R を求めると，どれもほぼ 10 km という値になった．中性子星の半径と同じである．

X 線バーストの原因は中性子星表面で起こる熱核融合反応である．降着した水素とヘリウムが星表面に堆積していくにつれ，堆積物質はその上に新たに加わる物質の重みで圧縮される．圧縮が進むと堆積物の温度，密度が上昇し，ある臨界点に達したとき，熱核融合反応に火がつく．この着火が引き金となり，核融合反応が暴走し多量の熱を瞬時に発生させる．加熱された表面層から X 線が放射され，X 線バーストとなる．

関与する核融合反応は，水素燃焼 (4H ⟶ He) およびヘリウム燃焼 (3He ⟶ C) である．質量降着率により，核融合反応の進行は次の三つの場合に分類される．

(1) $\dot{M} < 2 \times 10^{-10} M_\odot \mathrm{y}^{-1}$. まず熱的に不安定な水素燃焼が着火し，それが引き金となり水素燃焼とヘリウム燃焼が同時に進行する．

(2) $2 \times 10^{-10} M_\odot \mathrm{y}^{-1} < \dot{M} < 4.4 \times 10^{-10} M_\odot \mathrm{y}^{-1}$. 水素が安定に燃え，反応生成物のヘリウムが水素層の下に蓄積していく．ヘリウムの量がある臨界値に達すると，温度にきわめて敏感なヘリウム燃焼に火がつき核融合反応が暴走する．

(3) $\dot{M} > 4.4 \times 10^{-10} M_\odot \mathrm{y}^{-1}$. 熱的に不安定なヘリウム燃焼が着火し，それが引き金となり水素燃焼とヘリウム燃焼が同時に進行する．

核融合反応で核子 1 個あたりに解放されるエネルギーは約 1 MeV である．したがって観測された X 線バーストのエネルギー量から，1 回のバーストで約 10^{18} kg の降着物質が燃焼したことになる．

明るい X 線バーストでは中性子星の大気に膨張がみられる．バーストの立ち上がり直後，黒体の半径 (光球半径) が急速に増大し，続いて徐々に減少して一定値に落ち着く．黒体温度は大気の膨張とともにいったんは急速に下がり，その後は大気が収縮するにつれ上昇する．この間，X 線光度はほぼ一定値のエディン

トン限界光度に保たれている．エディントン限界光度を超過した放射のエネルギーは星の大気の膨張と質量放出に費やされ，結局はエディントン限界光度になってしまう．

X線パルスを示す大質量X線連星ではX線バーストは起きない．中性子星が強く磁化しているためであろう．磁場が強いと降着物質は磁力線に沿って狭い磁極域に集まるので，降着ガスの温度，密度が高くなり，水素やヘリウムが安定に燃えてしまうためと考えられる．小質量X線連星ではミリ秒X線パルサーでありながら，X線バーストを示すものが2例報告されている．磁場が弱く降着物質の絞り込みが不十分なため，バーストが起きうるのだろう．

図 2.20 の挿入図は X 線バーストの時間変動を周波数成分で表示したものでフーリエパワースペクトル[16]という．振動数 363 Hz のピークは周期的な振動の存在を示している．このようなバースト中の周期振動はすでに10個を超えるバースト源から報告されており，振動数は 272–619 Hz にわたっている．ミリ秒 X 線パルサーでかつバーストを起こした2例では，バースト中の振動数はパルス振動数と一致している．バースト中の周期振動は中性子星の回転に違いない．中性子星の回転は質量降着で加速が進み，ほぼ平衡回転の状態に達している．ここでも，リサイクル説の正しさを証明している．

2.4.4 準周期的振動

図 2.21 はさそり座 X-1 (Sco X-1) の X 線強度のフーリエパワースペクトルである．振動数が 600 Hz と 900 Hz あたりにかなりの幅を持ったピークが二つみられる．ピークは X 線強度のうちその周波数成分が強いことを意味する．電波パルサーや X 線パルサーのように変動が完全に周期的であれば，ピークは針のように鋭いものになる．図 2.21 のピークは幅がある．これは周期振動の周期がその幅内で変動しているか，周期振動がわずかな回数しかくりかえしていないことを意味する．そこでこの現象を準周期的振動 (QPO; Quasi-Periodic Oscillation) と呼ぶ．QPO は X 線で特に明るい小質量 X 線連星から見つかっており，その振動数は mHz–kHz にわたっている[17]．

---

[16] ある周波数バンド内の振動エネルギーをフーリエパワー，周波数あたりのエネルギーをフーリエパワー密度，その周波数分布をフーリエパワースペクトルという．なおフーリエは省略されることもある．

[17] 同様の振動現象はブラックホールにも見られる (2.5.5 節)．

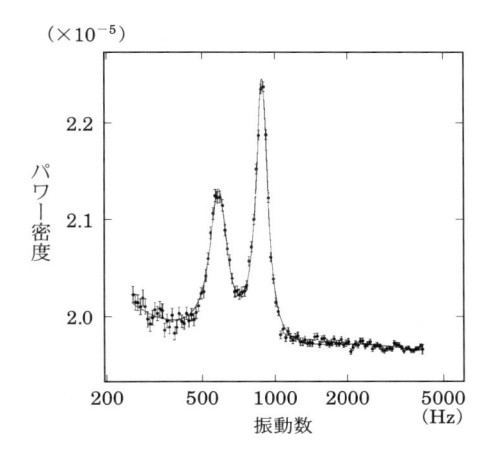

図 2.21 さそり座 X-1 の X 線強度のフーリエパワースペクトル (van der Klis *et al.* 1997, *ApJ* (Letters), 481, L97 より転載).

QPO の起源についていろいろな可能性が指摘されている．その多くは降着円盤内のガスの運動やそこに励起される波に求めている．振動数の大きな QPO (kHz-QPO という) は，中性子星の円盤内縁付近のケプラー回転の周期に近い．

2.5 恒星質量ブラックホールへの質量降着

ブラックホールは単独では輝かず，質量が降着して初めて高エネルギー光子を激しく放出する．この高エネルギー光子を用いてブラックホールとその近傍の物理にせまることが現代の天文学の大きな課題であり，本節の目的である．

2.5.1 ブラックホール連星

白色矮星や中性子星の存在は疑う余地はなく，多くの天体が同定されている．しかし恒星質量ブラックホール (1.3.3 節) に関しては，まずその候補天体を発見し，それが真にブラックホールか否かを検証すること，これを用いてブラックホールとその近傍の物理にせまることが重要な課題である．この目的のためブラックホールと恒星との近接連星系,「ブラックホール連星」(あるいはその候補)を用いることが，以下に述べる三つの意味で最適である．

- 銀河系内の強い X 線源の多くは，高密度天体 (白色矮星，中性子星，ブラックホール) が恒星と近接連星をなし，星のガスがそこに降着している系である (2.1 節)．高密度天体のなかにはブラックホールが含まれるから，X 線はブラックホールを探し出す効率よい手段となる．

なぜ質量降着に伴う放射は X 線域に現れるのだろうか．いま質量 $M = 10\,M_\odot$ のブラックホールが，2.4.1 節，式 (2.10) のエディントン限界光度 $L_\mathrm{E} = 1.2 \times 10^{32}(M/10\,M_\odot)$ W で放射しているとする．放射域の大きさとして，1.3.1 節，式 (1.15) のシュバルツシルト半径の 3 倍にあたる，$R = 3R_\mathrm{S} = 87(M/10\,M_\odot)$ km をとり，放射が黒体放射だとすると，シュテファン–ボルツマンの法則により，放射域の温度 T は

$$4\pi R^2 \sigma T^4 = L_\mathrm{E} \quad (\sigma \text{ はシュテファン–ボルツマン定数}) \qquad (2.14)$$

となる．これを解けば，$T = 1.2 \times 10^7 (M/10\,M_\odot)^{-1/4}$ K となる．X 線を放射する温度である．

- ブラックホール連星では，X 線の位置を手がかりに光学同定を行ない，恒星の軌道運動を測定することで，ブラックホールの質量が精度よく推定できる．

1.3 節で述べたように，約 $3\,M_\odot$ より質量の大きな高密度天体は，ブラックホールである．1.3 節の図 1.15 で示した約 20 個の天体は，こうした研究を通じほぼ確実にブラックホール連星と考えられる．

- ブラックホール連星はブラックホールの大きな特徴である「物質を吸い込む」という性質をくわしく調べることができる．

近接連星系は高密度天体への質量降着の典型である．前 2 節で述べたように白色矮星や中性子星への質量降着の研究も進んでいる．この結果とブラックホール連星系との類似点と相違点を検証することは，高密度星のなかでも，もっとも謎を秘めたブラックホールの持つ特異性を浮かび上がらせる．

2.5.2　X 線スペクトルの概論

はくちょう座 X-1 に代表されるブラックホール連星は，図 2.22 に模式的に示すように，ハード状態とソフト状態という，二つの典型的なスペクトルの状態を

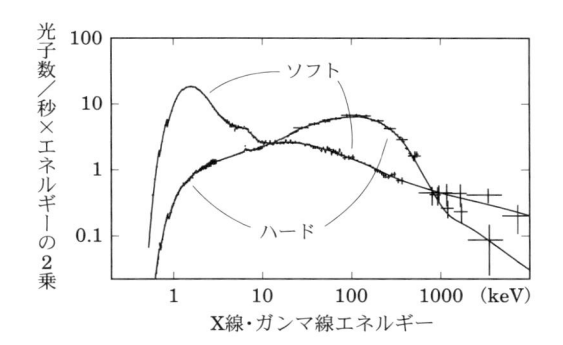

図 2.22 はくちょう座 X-1 の X 線・ガンマ線スペクトル．観測データを理論的モデルで合わせたもので，ソフト状態，ハード状態を示す．縦軸は，式 (2.15) の光子フラックス f_p にエネルギーの 2 乗を掛けたもの (Zdziarski & Gierlinski 2002, *Prog. Theor. Phys.*, 155, 99 より転載).

持つ[*18]．ハード状態は，質量降着率が低くて X 線光度が L_E の数%未満のときに出現する．この状態のブラックホール連星は，各種の宇宙 X 線源のなかでもとりわけ硬いスペクトルを持ち，その光子数スペクトル $f(E)$ はエネルギー E の関数として，$\sim 1\,\mathrm{keV}$ から数百 keV の範囲で，

$$f(E) \propto E^{-1.7}\exp(-E/kT), \quad kT = 50\text{--}150\,\mathrm{keV} \qquad (2.15)$$

と近似できる．これは $E = 1$–$20\,\mathrm{keV}$ 程度の領域では単純な「べき関数」の形を持ち，数十 keV を超える硬 X 線からガンマ線にかけて，緩やかな折れ曲がりを示す．

ハード状態では，ブラックホール周りの降着円盤は，シュバルツシルト半径 R_S (1.3.1 節，式 (1.15)) の数百倍より内側では，幾何学的に厚く，光学的に薄いと考えられる (詳細は 2.2.5 節)．円盤中のイオンは，ビリアル温度 (半径 $100R_\mathrm{S}$ で数 MeV すなわち温度にするとほぼ数百億 K) に近い高温に達する．クーロン散乱で電子はイオンからエネルギーを受けとる (加熱される) が，同時に円盤外

[*18] 波長の長い ($\gtrsim 10^{-9}\,\mathrm{m}$) X 線を軟 X 線 (soft X-ray)，短いもの ($\lesssim 10^{-9}\,\mathrm{m}$) を硬 X 線 (hard X-ray) という．ソフト状態とハード状態という呼び名はそこからきている．「軟い」，「硬い」と表現される場合もある．

側などから来る紫外線などとのコンプトン散乱でエネルギーを失うため，イオンよりずっと低温である．これが式 (2.15) に現れる温度パラメータ T と解釈でき，観測される硬 X 線は，低エネルギーの光子が熱的電子により散乱され，硬 X 線領域までエネルギーを獲得した結果と考えられる．

降着率が上がり X 線光度がエディントン限界光度の数％を超えると，ブラックホール連星はソフト状態へ遷移する．図 2.22 のように，$\sim 10\,\mathrm{keV}$ 以下の軟 X 線領域で，強い超過成分が出現し，非常に軟いスペクトルを示す．いっぽう $\sim 10\,\mathrm{keV}$ 以上では，光子指数は約 2.3 (式 (2.15)) のハード成分が見られる (ハードテイル)．いわゆる「ハード状態」よりやや傾きが急だが，数 MeV までほぼ真直ぐに延びる (図 2.22)．

ソフト状態を特徴づける強いソフト成分は，起源がはっきりしている．降着率が上がると，降着円盤の密度が上がり放射冷却が効くため，円盤は平たく潰れ，幾何学的に薄く光学的に厚い，標準降着円盤 (2.2.4 節) となる．ビリアル定理によれば，降着物質が解放した重力エネルギーのうち，半分は円盤の温度に応じた黒体放射として放射され，残り半分は，物質のケプラー回転の運動エネルギーに蓄えられたまま，事象の地平線のかなたに消える．この黒体放射を円盤の全面で集めた「多温度黒体放射」が，ソフト成分の正体である (詳しくは 2.5.3 節)．

弱磁場の中性子星連星でも，スペクトルには，降着円盤からの多温度黒体放射が見られる．この場合は，物質のケプラー回転のエネルギーは，最後に中性子星の表面にぶつかって熱化し，その表面からやや高温 ($\sim 2\,\mathrm{keV}$) の，単一温度の黒体放射として放射される．

満田和久らは X 線衛星「てんま」を用いて，中性子星連星のスペクトルを，円盤からの多温度黒体放射と中性子星の表面からの黒体放射とに分解することに成功し，ビリアル定理の予言どおり，2 成分がほぼ等しい光度を持つことを示した．ソフト状態のブラックホール連星では，円盤からの成分は強いが，温度 $\sim 2\,\mathrm{keV}$ の黒体放射の成分はない．これはブラックホールが硬い表面を持たないこと，つまり事象の地平線の存在を，間接的に支持する．

2.5.3 標準降着円盤からの X 線スペクトル

ブラックホール連星の X 線ソフト成分は，標準降着円盤からの多温度黒体放射と考えられる．2.2.4 節で説明したように，標準降着円盤は重力ポテンシャル

の深い中心部ほど高温になり，ブラックホールから半径 r における円盤の温度 $T(r)$ は，近似的に

$$T(r) = T_{\rm in}(r/R_{\rm in})^{-3/4} \tag{2.16}$$

と表わされる．ここに $R_{\rm in}$ は円盤の内縁半径，$T_{\rm in}$ はそこでの温度である．以下では簡単のため，真上から 30° 傾いた方向から円盤を観測しているとして話を進める．

いろいろなブラックホール連星のスペクトルのソフト成分は，よく似た形を持ち，両対数で表示し，上下左右に平行移動すると，互いにほぼ重なる．上下の平行移動は，円盤の放射光度 $L_{\rm disk}$ の高低を表わし，質量降着率が上がって光度が高くなれば，スペクトルは上に移動する．左右の移動 (すなわちスペクトルの形状) は，円盤の最高温度，すなわち式 (2.16) の $T_{\rm in}$ で決まり，それが高いほどスペクトルは右にずれる．こうして X 線スペクトルから，相手の距離を既知として，$T_{\rm in}$ と $L_{\rm disk}$ の二つの物理量が求まる．

ブラックホール連星 LMC X-3 は，X 線衛星「RXTE」で多数回観測された．それらのデータから $T_{\rm in}$ と $L_{\rm disk}$ を求めると，図 2.23 (左) のようになる．円盤の温度は $T_{\rm in} = 0.5$–$1.5\,{\rm keV}$ であり，$T_{\rm in}$ と $L_{\rm disk}$ は，$L_{\rm disk} \propto T_{\rm in}^4$ という関係になる．一方，標準降着円盤の $T_{\rm in}, L_{\rm disk}$，および円盤の内縁半径 $R_{\rm in}$ の間には，式 (2.14) と同じく，

$$4\pi R_{\rm in}^2 \sigma T_{\rm in}^4 = L_{\rm disk} \tag{2.17}$$

の関係がなりたつ．したがって図 2.23 (左) での LMC X-3 の挙動は，式 (2.17) で $R_{\rm in}$ がほぼ一定であることを意味する．実際に LMC X-3 の $R_{\rm in}$ を求めてみると，図 2.23 (右) に示すように，1 桁以上も光度 (すなわち降着率) が変動しても，円盤の内縁半径は約 $50\,{\rm km}$ で一定に保たれている．

降着円盤の物質は，放射を出しつつゆっくり落下するが，ブラックホールに近づくにつれ一般相対論の効果が効きはじめ，3 倍のシュバルツシルト半径 ($3R_{\rm S}$) より内側では安定な円軌道は存在しなくなる (最小安定円軌道[*19]という)．直感的には，一般相対論的効果が効くと，ニュートン力学の場合に比べて，より重力が強くなるため，ついには重力に負け，ブラックホールに落ち込むと理解できる．

[*19] 52 ページの脚注 11 参照．

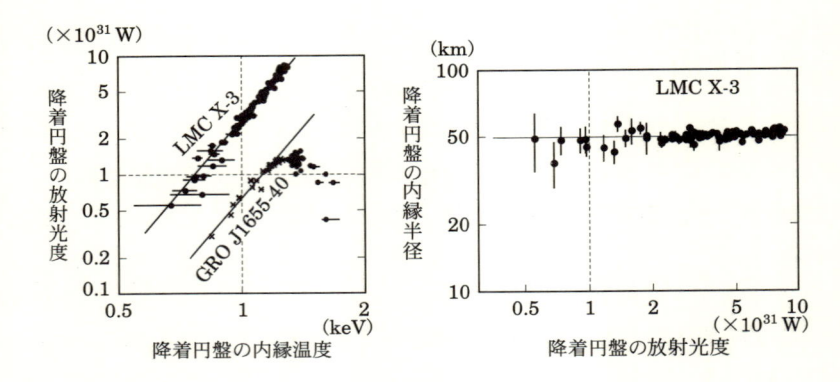

図 2.23 (左) X線衛星「RXTE」(Rossi X-Ray Timing Explorer) で観測されたブラックホール連星 LMC X-3 および GRO J1655−40 のスペクトルから，降着円盤の内縁温度 $T_{\rm in}$ および円盤の放射光度 $L_{\rm disk}$ を求め，図示した (Kubota *et al.* 2001, *ApJ* (Letters), 560, L147 より転載). 右上がりの直線は $L_{\rm disk} \propto T_{\rm in}^4$ を示す．(右) 左図のデータから，LMC X-3 の降着円盤の内縁半径 $R_{\rm in}$ を式 (2.17) で求め，円盤の放射光度に対して図示した．

さて物質は半径 $3R_{\rm S}$ に達すると，X線放射をする暇もなく事象の地平線めがけて落下するから，X線で見ると降着円盤の $3R_{\rm S}$ より内側は穴があいたように見える．つまり，

$$R_{\rm in} = 3R_{\rm S} \tag{2.18}$$

である．図 2.23 (右) で求めた $R_{\rm in} \sim 50\,{\rm km}$ から式 (2.18) により $R_{\rm S} \sim 17\,{\rm km}$ が求まる．これを 1.3.1 節，式 (1.15) に代入するとブラックホールの質量として，$M \sim 6\,M_\odot$ が導かれる．これは光学観測から推定された LMC X-3 の質量 (6–9) $M_\odot$ (1.3.3 節，図 1.15) と矛盾しない．こうしてX線のデータと相手の距離だけから，ブラックホールの質量を推定することが可能になった．1.3.3 節で述べた「あすか」のX線データからはくちょう座 X-1 のX線天体の質量を推定したのは，この手法によるものである．

2.5.4 回転するブラックホール

図 2.23 (左) で，ブラックホール連星 GRO J1655–40 の光度は，同じ円盤温度での LMC X-3 の値に比べ 1/5 ほどしかない．式 (2.17) からは，円盤の内縁半径が約 $1/\sqrt{5} = 0.45$ 倍となる．すると式 (2.18) から，GRO J1655–40 のシュバルツシルト半径，したがってブラックホール質量は，LMC X-3 のものの約 45% となる．ところが光学観測によれば，この二つの天体に含まれるブラックホールの質量は，ともに $7\,M_\odot$ で大差なく，また円盤を見込む角度も軸方向から約 $30°$ と，ほぼ同じと考えられている．

そこで光度の違いはブラックホール質量の違いによるのではなく，状態の違い，すなわち，LMC X-3 は角運動量ゼロのブラックホール，すなわちシュバルツシルト・ブラックホールであり，他方 GRO J1655–40 は大きな角運動量を持つブラックホール，すなわちカー・ブラックホール (1.3.1 節) であるという可能性が考えられた．式 (2.18) は，シュバルツシルト・ブラックホールについてのみなりたつ関係であり，角運動量の大きなカー・ブラックホールでは，それと同じ向きで回転運動する質点は，最大 $0.5R_\mathrm{S}$ まで安定にブラックホールに接近できる．直観的には，カー・ブラックホールの周辺では時空そのものが回転しているため，それと同じ向きに回転する質点の速度は，遠方の観測者が見るより実質的に遅くなり，遠心力の限界に達しにくくなる．

GRO J1655–40 は電波ジェットを放射する特異な天体であり，ジェットは回転と密接に関係している (3 章) ので，カー・ブラックホールの可能性に説得力がある．図 2.23 (左) でもう一つ注目すべきなのは，GRO J1655–40 のデータ点が高温になると，$L_\mathrm{disk} \propto T_\mathrm{in}^4$ の関係から大きくずれることである．このときはハードテイルがソフト成分を覆い隠すほど強くなる．おそらく光度がエディントン限界光度に近づいて，円盤の状態が標準状態から変化したためであろう (2.2.7 節).

2.5.5 X 線光度と変動

1.3.3 節で述べたように，ブラックホールと中性子星のもっとも単純な差は質量であり，質量を推定する最強の方法は連星系で相手の恒星の運動を光学測定することである．しかし X 線源が必ずしも光学同定できるとは限らないため，X 線の性質だけから，ブラックホールと中性子星を区別したい．その一つに X 線

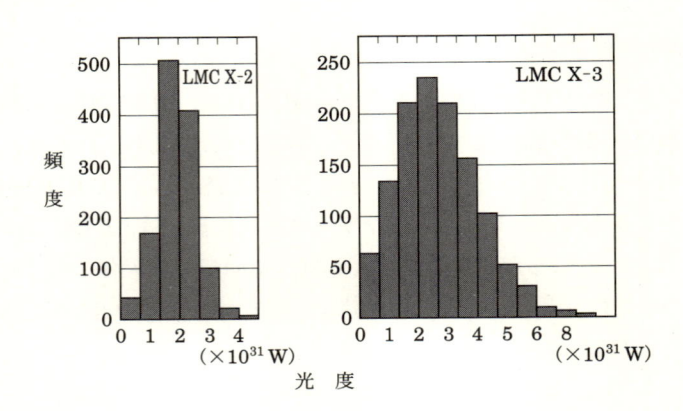

図 2.24 「RXTE」に搭載された全天モニター装置 (ASM) が，数年にわたり観測した LMC X-2 と LMC X-3 の光度の頻度分布．ASM の 1.5–6 keV のカウント数を，全放射光度 (W) に換算してある．

光度がある．質量降着する天体の光度は一般に，エディントン限界光度 L_E を大きく上回ることは難しい．L_E は天体の質量に比例する．したがって，ある天体の X 線光度が，$\sim 3 M_\odot$ のエディントン限界光度に対応する，$\sim 4 \times 10^{31}$ W を大きく超えていれば，ブラックホールの可能性が高い．

銀河系内の天体は距離が不確かなことが多いが，大マゼラン雲は距離が約 50 kpc と確定しているので，観測のみから X 線光度が正確に推定できる．大マゼラン雲には三つの明るい X 線源，LMC X-1, LMC X-2, LMC X-3 があり，いずれも光学同定されている．LMC X-1 と LMC X-3 は図 1.15 のように，質量 $\sim 4 M_\odot$ を超える高密度天体を擁し，ブラックホール連星と考えられるのに対し，LMC X-2 は中性子星と考えられている．これら 2 天体の X 線光度は，降着率の変動に応じて変わるが，図 2.24 で見るように，LMC X-2 では境界となる $\sim 4 \times 10^{31}$ W をほとんど超えておらず，一方，LMC X-3 では超えており，たしかに予想どおりである．大マゼラン雲の例では，光学観測で高密度天体の質量がすでに測定されているので，X 線光度を用いた議論は単なる確認に過ぎない．しかし 1.3.5 節で述べた銀河系外の中質量ブラックホール候補 (ULX 天体) の議論では，「ブラックホール連星の X 線光度は L_E を大きく超えない」という考えが根拠となっている．

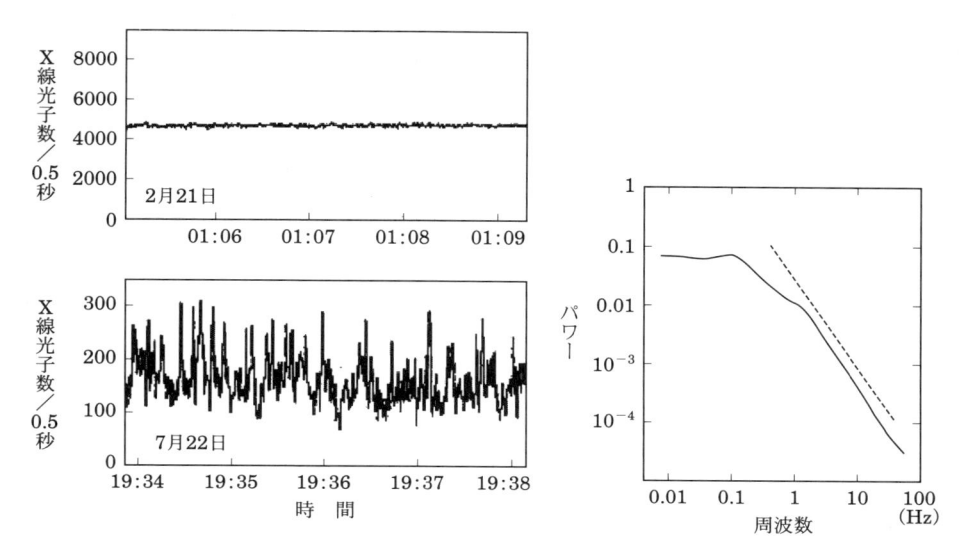

図 2.25 (左) X 線衛星「ぎんが」の観測で得られた, 新星型ブラックホール連星 GS 1124–68 の X 線光度曲線. 上はソフト状態, 下はハード状態である (Ebisawa et al. 1994, *Publ. Astr. Soc. Japan*, 46, 375 より転載). (右)「ぎんが」による観測で得られた, はくちょう座 X-1 の 2–20 keV でのパワースペクトル (Negoro et al. 2001, *ApJ*, 554, 528 より転載). 右下がりの破線は参照のため, 周波数の -1.5 乗を示す.

ブラックホール連星からの X 線は一般にミリ秒から数時間の広いタイムスケールで, 強いランダム (非周期的) な変動を示す (1.3.3 節, 図 1.14 (左)). 図 2.25 (左) はその一例で, 一般にソフト状態に比べ, ハード状態では変動が顕著になる.

時間変動するデータをフーリエ変換し, どの周波数 (または周期) で変動が大きいかを示す量をパワースペクトルと呼ぶ. 宮本重徳らは, X 線衛星「ぎんが」で観測されたブラックホール連星の X 線変動を, パワースペクトルを用いて, 詳しく研究した. 図 2.25 (右) にその一例として, ハード状態で観測されたはくちょう座 X-1 のパワースペクトルを, 両対数で表示した. 変動は非周期的であり, 100 Hz を越える速い周波数まで延びる. パワースペクトルは約 0.1 Hz (周期およそ 10 秒) という特徴的な値で明確な折れ曲がりを示し, それより高周波では, パワー密度は近似的に周波数の -1.5 乗で減衰する赤色雑音, 低周波側で

白色雑音となっている[*20]．この他，異なるエネルギー帯での変動に，位相のずれが見えたり，いろいろな周波数帯に，2.4.4節で述べた準周期的変動が出現したりすることもある．

　速い変動の原因は，まだよく理解できていない．$10\,M_\odot$ のブラックホールから半径 $10R_S$ のところでは，円盤のケプラー回転の周期はわずか 25 ミリ秒であり，それに比べると，パワースペクトルの折れ曲がる特徴的な時定数は，長過ぎる．図 2.25 (左) のように，ランダムな変動はハード状態で顕著になり，そのとき円盤は光学的に薄く幾何学的に厚い (2.5.2節) と考えられるので，円盤内部でのさまざまな乱流状態が，X線の変動として現れているのかもしれない．最近ではいくつかのブラックホール連星から，X線だけでなく可視光や赤外線などでも，X線の変動によく似た速い変動が検出され始めている．これらは光学的に薄い降着円盤の中で，高温の電子が出すサイクロトロン放射かもしれない．

2.5.6　ブラックホール連星の形成過程

　中性子星やブラックホールは，大質量星の超新星爆発で中心部が重力崩壊した産物だが，超新星残骸と位置的に対応している中性子星は 10 例ほどで，ブラックホールにいたってはまだ見つかっていない．この謎は未解決で，たとえば星の中心部がブラックホールへ崩壊しても，外層部が放出されない場合 (超新星残骸がない) があるのかもしれない．

　ブラックホールの親星は，若い種族に属する，大質量で短寿命の星のはずである．ところが銀河系やマゼラン雲にあるブラックホール連星 (図 1.15) は，はくちょう座 X-1, LMC X-1, LMC X-3 の三つを除き，小質量 ($< 1\,M_\odot$) で長寿命の，古い種族の星と連星をなしている．初めから，異なる種族の星が連星を組む可能性は低く，またそうした連星系は，先に大質量星が潰れる際に壊れてしまう．ブラックホール連星は，単独のブラックホールが潮汐力で小質量星を捕獲し，連星系をつくった結果という説明が考えられる．ところが，星の密度が高くて捕獲の確率の高いはずの球状星団の中には，これまでブラックホール連星は一つも発見されていない．ブラックホール連星の形成は，捕獲説で完全に説明できたわけではない．

　　[*20] 雑音をフーリエパワースペクトルに分解したとき．低周波で強い成分を赤色雑音，すべての周波数に一様に現れる成分を白色雑音と呼ぶ．

2.5.7 ブラックホールのX線トランジェント

図 1.15 に示したブラックホール連星は，はくちょう座 X-1，LMC X-1，LMC X-3，GX 339–4 の四つを除き，ふだんは X 線をほとんど放射しないが，数年ないし数十年ごとに X 線で数千倍から数万倍も明るくなり，その照り返しで可視光でも増光する「突発（トランジェント）天体」である（図 2.26）．X 線トランジェント天体の出現頻度から推定すると，銀河系にはざっと 1000 個程度のブラックホール連星が存在し，その大部分が休眠状態にあると考えられる．X 線トランジェント現象は，相手の星からの物質が降着円盤の周辺に蓄積され，ある段階で不安定性が起きて一気に降着が起きるとして説明できる (2.2.6 節)．中性子星連星に比べ，ブラックホール連星はなぜか高い確率でトランジェント天体になる．これは，中性子星の場合，その表面からの放射が円盤を暖めてガスをつねに電離させることにより，円盤の熱不安定性を抑えるためだと説明されるが，詳しいことはまだ分かっていない．

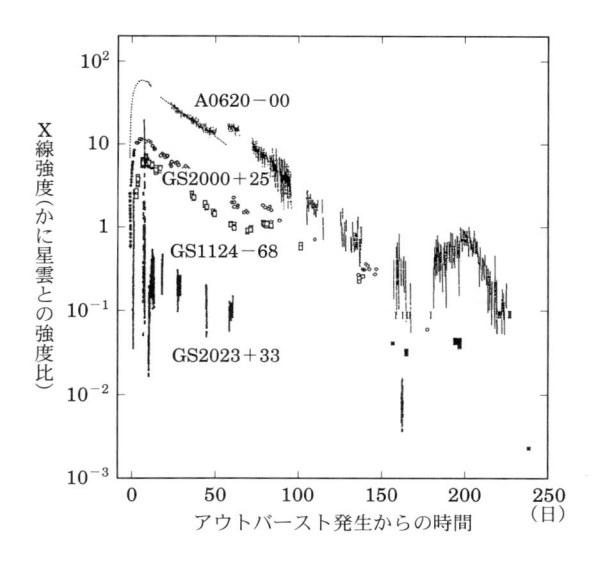

図 2.26 ブラックホールを含む X 線トランジェント（X 線新星）の X 線光度曲線．「ぎんが」などで測定されたもの (Tanaka 1992, in Ginga Memorial Symposium, *ISAS*, p.19 より転載)．

2.6 大質量ブラックホールへの質量降着

大質量ブラックホールは多くの銀河の中心に存在する．そこに質量が降着すると，明るく輝く活動銀河核になる (1.3.4 節)．その X 線強度は 10^{34} – 10^{40} W にもなり，母銀河の全波長の光度すらしのぐものもある．この節では近傍の活動銀河核を例にとり，その周辺の物質分布や空間構造と関連させながら，大質量ブラックホールへの質量降着現象を概観する．

2.6.1 I型セイファート銀河

セイファート銀河核は，我々から数千万光年と比較的近傍にも存在する活動銀河核である．I 型と II 型の二つに分類され，前者は銀河核からの放射に大きな減光がないので，銀河核の中心部分の特徴を調べるのに適している．I 型セイファート銀河核の X 線光度は 10^{34}–10^{37} W である．スペクトルはエネルギー (E) のべき関数 ($E^{-\alpha}$, $\alpha = 1.9$) で表わすことができ，α の天体ごとのばらつきは 0.1 と小さい．このべき関数は数十 keV (たとえば NGC 4151)，あるいは 100 keV 以上で折れ曲がりを持ち，この成分以外に銀河核の構造を反映した，いくつかの成分が付け加わる．

図 2.27 (上) は，「ぎんが」で観測した I 型セイファート銀河 12 個を集め，それを平均したものである．X 線衛星「あすか」と「すざく」等の結果も総合すると，I 型セイファート銀河からの放射成分は次のようになる．

(i) エネルギー (E) のべき関数 ($E^{-\alpha}$) で特徴づけられる連続成分．
(ii) 10 keV 以上で見られる高エネルギー側の連続成分 (反射成分)．
(iii) 低電離した鉄元素からの輝線．
(iv) 1 keV 以下の低エネルギー側で見られる超過成分．

成分 (ii) は，成分 (i) が光学的に厚い低温物質によって反射されたものである (反射成分)．X 線が物質の中に入ると，一部は原子に光電吸収されるが，吸収されずに，散乱されて出てきたものが反射成分である．散乱の確率はエネルギーに依存しないトムソン散乱の断面積でほぼ決まる．しかし，吸収の確率はエネルギーに大きく依存し，低エネルギー側で大きい．このため，エネルギーの低い X 線ほど吸収されやすく，反射成分のスペクトルは図中のような形状になる．

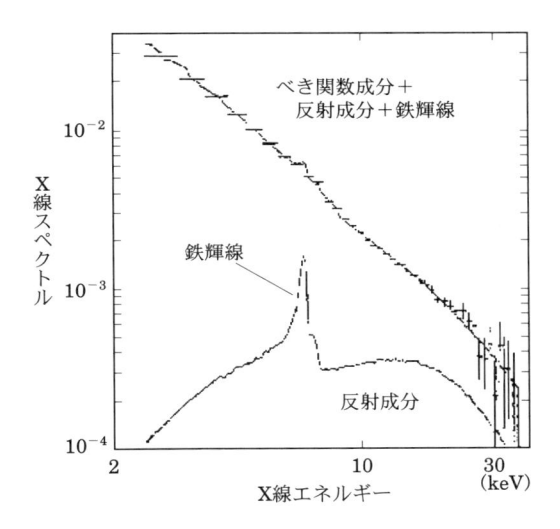

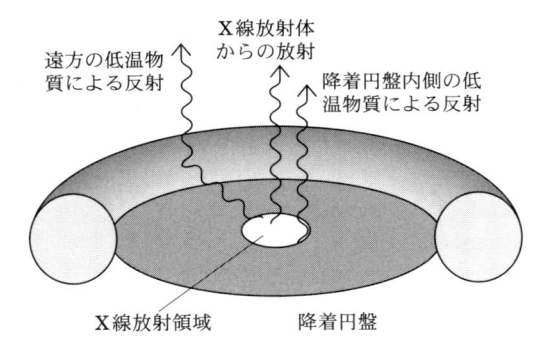

図 2.27 I 型セイファート銀河の平均 X 線スペクトル（上）と放射領域の概念図（下）．平均 X 線スペクトルの中に占める鉄輝線と反射成分のスペクトルを図示してある (Pounds et al. 1990, Nature, 344, 132). Copyright© 1990, Nature Publishing Group

原子はX線を光電吸収すると，内殻電子を空席にする．その席に，ある確率(蛍光収率)で外殻電子が落ち込み，蛍光X線が放射される．この蛍光収率は原子番号が大きいほど高い．また鉄元素は宇宙元素組成量が大きいため，それからの輝線が目立つ．これが成分 (iii) である．鉄輝線の中心エネルギーはほぼ 6.4 keV であり，低電離の鉄原子から放射されている．強度は等価幅[*21]にして 100–200 eV であり，大量の低温物質がX線放射体を大きく覆っていることを示唆する．この輝線は本来単色であるが，輝線を放射している物質の運動やブラックホールの重力場等によってその形状が変化するので，輝線の形状を調べることで低温物質の存在場所が推定できる．

「あすか」，「チャンドラ」，「XMM-Newton」，「すざく」などのX線衛星は，強い重力場によって輝線の形状が非対称にゆがめられた鉄輝線 (2.6.5 節) と幅の狭い ($\sigma \sim 30$ eV) 鉄輝線を発見し，低温物質がブラックホールのごく近傍と 0.1 pc またはそれ以上離れた場所に大量に存在していることを明らかにした．図 2.27 (下) に概念図を示す．

成分 (iv) の起源については，いくつか説があるが，有力な説は，降着円盤からの黒体放射 (紫外線超過成分) の高エネルギー側とするものである．この紫外線超過は，降着円盤が存在している証拠となっている．

放射以外にも，視線方向にある高電離した酸素 (O VII, O VIII)[*22] による吸収構造が見つかっている．中心からの強い放射によって電離した周辺の原子による吸収と考えられる．したがって，「暖かい吸収体 (Warm Absorber)」と呼んでいる．この構造は，MCG–6-30-15 の 1 keV 以下のスペクトルで顕著に見られる．

2.6.2 II 型セイファート銀河

II 型セイファート銀河は，可視分光観測で幅の狭い輝線のみが検出されるセイファート銀河である．軟X線帯で I 型セイファート銀河核に比べ，1 桁以上暗い．粟木久光らは透過力の優れた高エネルギーX線を「ぎんが」で観測し，II 型セイファート銀河，Mkn 3 から濃い物質によって隠された明るい銀河核を発見した．そのX線光度 2×10^{36} W は I 型セイファート銀河とほぼ同じである．

[*21] 輝線や吸収線の強度を，そのエネルギーでの連続成分の強度比で表わしたもの．

[*22] O VII, O VIII はそれぞれ 6, 7 階電離の酸素原子を表わす．

そのような明るい銀河核が，水素の柱密度[*23]で $7 \times 10^{27} \mathrm{m}^{-2}$ にもなる濃い物質によって隠されていたのである．見かけ上のスペクトルのべき α は 1.5 と小さいが，これは I 型セイファート銀河で見られた成分 (i) が減光により小さくなり，高エネルギー側で強度の大きい成分 (ii) が相対的に目立ったためである．さらに非常に強い鉄輝線 (成分 (iii)) も検出された．濃い物質が視線方向だけでなく，X 線の放射領域周辺を覆うように存在していることを表わしている．

その後の「あすか」による 0.5–10 keV の広帯域分光観測で，吸収を受けた銀河核の観測例がさらに増え，II 型セイファート銀河が隠された銀河核を持っているという描像が確立してきた．この描像に従えば，中心核からの強い放射場によって光電離したプラズマが周辺に存在するはずである．「あすか」は微弱な軟 X 線成分の分光観測に成功し，中心核からの X 線がこのプラズマによって散乱された様子を浮かび上がらせた．

図 2.28 (上) は「すざく」がとらえた Mkn 3 の X 線スペクトルである．吸収を受けた成分に加え，反射成分，光電離したプラズマによる散乱成分と，それを起源とする高電離元素からの輝線が検出されている (図 2.28 (下) 参照)．これらの成分を同時にとらえたのは「すざく」が初めてで，X 線スペクトルから II 型セイファート銀河核の構造を明らかにした (図 2.28 (下))．

さらに $1.5 \times 10^{28} \mathrm{m}^{-2}$ を超えるような，吸収体を持つ II 型セイファート銀河も存在する．この量になるとコンプトン散乱により 10 keV 以下の X 線は透過できなくなるので「コンプトン厚 (Compton Thick)」天体と呼び，この値より柱密度の小さい天体を「コンプトン薄 (Compton Thin)」天体と呼ぶ．「コンプトン厚」天体の 10 keV 以下の X 線には，銀河核からの直接放射 (成分 (i)) はほとんどなく，その他の成分が目立つ．特に等価幅 1 keV 以上の非常に強い鉄輝線が検出される．

どのような天体が「コンプトン厚」になるのであろうか？この問題は活動銀河核の構造や進化，さらには宇宙 X 線背景放射 (2.7.2 節) を説明する上でも重要である．これまで知られている「コンプトン厚」天体には NGC 1068, コンパス座銀河，NGC 4945, NGC 6240 など活発な星生成活動を伴っているものが多

[*23] ある方向の物質量を単位面積を底面とした仮想的な柱の中に入る水素原子の個数．標準的な単位は m^{-2} である．

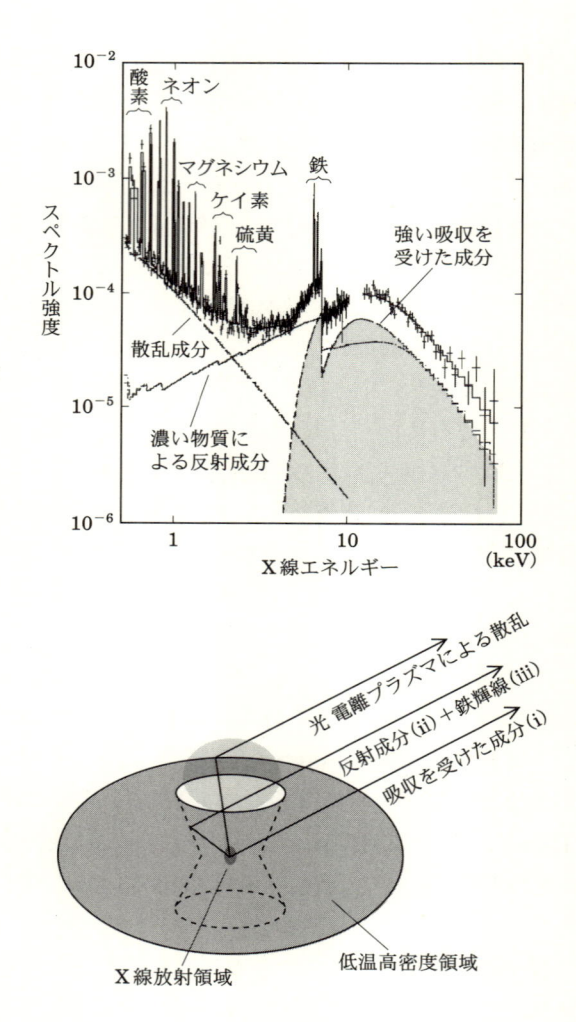

図 2.28 「すざく」による II 型セイファート銀河 Mkn 3 の X 線スペクトル (上) と II 型セイファート銀河からの X 線放射の概念図 (下).

い．また，「コンプトン厚」から「薄」状態に数年間で変化する II 型セイファート銀河 (NGC 6300, Mkn 1210 など) も発見され，吸収物質の構造が単純ではないことも分かってきた．いずれにせよ「コンプトン厚」天体の観測例はまだ少なく，謎の多い天体である．

2.6.3 狭輝線 I 型セイファート銀河

I 型セイファート銀河のうち Hβ 線[*24]の輝線幅が通常より狭く 2000 km s^{-1} 以下のグループを狭輝線 I 型セイファート銀河という．これらは [O III]λ5007[*25] と Hβ の強度比 ([O III]λ5007/Hβ) が 3 以下，強い Fe II 輝線を持つ，等の特徴がある．この銀河の 2–10 keV 領域の X 線スペクトルも $E^{-\alpha}$ で表わすことができるが，α は 2.2 であり，I 型セイファート銀河に比べて有意に大きい．1 keV 以下のエネルギー帯の超過が検出されており，そのスペクトルを黒体放射モデルで再現すると温度は約 100 万度になる．また通常の I 型セイファート銀河に比べて速い時間変動があり，わずか数百秒の間に強度が 2 倍も変化する．このような短時間で強度が変動することから，中心のブラックホール質量は小さいと予想される．これらスペクトル，時間変動の特徴は銀河内ブラックホール連星のソフト状態の特徴と似ている (2.5 章)．

ブラックホール連星の場合，ソフト状態はブラックホールへの降着率が多くなった状態であると考えられている．狭輝線 I 型セイファート銀河の降着率とエディントン限界光度をつくる降着率 $\dot{M}_\mathrm{E}$ との比は 0.3 以上になり，セイファート銀河よりも大きい．狭輝線 I 型セイファート銀河では，降着可能な限界に近い大量の物質がブラックホールへ落ち込んでおり，そのブラックホールの質量が現在小さいこともあわせると，ブラックホールが成長途中にあるといえる．

2.6.4　X 線光度の時間変動

活動銀河核の X 線は短時間で強度変動する．図 2.29 (上) は，「あすか」と「RXTE」で観測した活動銀河核 MCG–6-30-15 の X 線強度変動である．約 1 時間程度 (図 2.29 の横軸で $\leq 10^5$ 秒) で強度が 2 倍変化している．このように

[*24] 水素元素のバルマー系列の一つ．主量子数 $n=2$ と $n=4$ の遷移．

[*25] O III は 2 階電離酸素イオンを表わし，[ ] は禁制線を示す．λ5007 は波長 (500.7 nm) を表わす．

短い時間での強度変化は他の波長では見つかっていない．情報の伝達速度の上限は光速だから，強度変動の時間とエネルギーを放射する領域の大きさには次の関係がある．

$$\text{放射領域の大きさ} < \text{光速} \times \text{変動の時間} \tag{2.19}$$

光速で 1 時間進む距離はおよそ 1×10^{12} m，太陽から木星と土星の中間の距離に相当する．つまり MCG–6–30–15 の X 線放射領域は太陽系よりも小さいことが分かる．この観測事実は，活動銀河核のエネルギー源は大質量ブラックホールに物質が降着するときに解放される重力エネルギーであるという考えを支持している．

時間変動を定量化するパラメータには，X 線強度の分散を平均強度の 2 乗で割った規格化分散 (σ_{rms}^2) と，時間変動曲線をフーリエ変換し，周波数ごとの変動の強度を示したパワー密度がある (2.5.5 節参照)．通常，このパワー密度を平均強度の 2 乗で割ったものが使われる．図 2.29 (下) は MCG–6–30–15 の X 線強度のパワースペクトルである．これは振動数 f に対し $1/f^\beta$ ($\beta = 1.5$–2.0) の形をしており，低周波数側で折れ曲がっている．$1/f$ は，我々の身のまわりの自然界でも，よく見られる変動のパターンである．また図 2.25 の恒星質量ブラックホールの時間変動パターンと酷似している．この形の変動がどうして生じるのか，いまだ明らかになっていないが，磁場活動がこの変動に寄与している可能性が指摘されている (2.2 節参照)．

一方，パワースペクトルの形 (たとえば，折れ曲がりが生じている周波数) や変動の大きさ (たとえば同じ σ_{rms}^2 を与える周波数) から，ブラックホールの質量を推定することが試みられている．これはブラックホール質量がそれらの値の大きさに比例しており，X 線の放射領域がブラックホールの近傍であるという考えに基づいている．この手法は，他のブラックホール質量の推定法と 1 桁程度の範囲内で一致している．

2.6.5 膨大なエネルギーをつくる

活動銀河核は，太陽系ほどの大きさから，銀河全体に匹敵するほどの莫大なエネルギーを放射していることが分かった．中心にブラックホールを考えることでこれが可能だろうか？ 2.2.3 節で述べたように，円盤光度はおよそ $L_{\text{disk}} =$

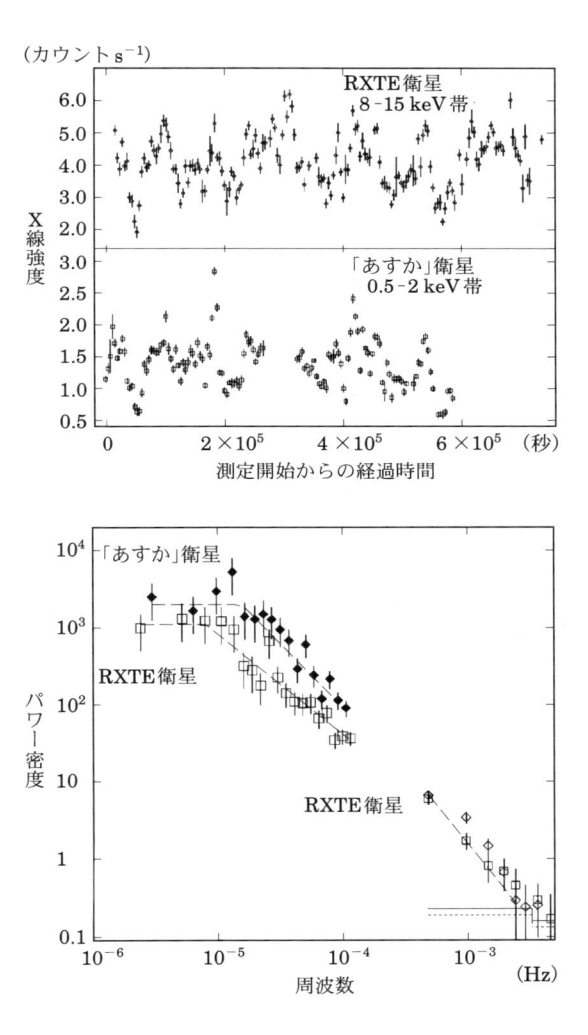

図 **2.29** 活動銀河核 MCG–6-30-15 の強度変動 (上) とそのパワー密度 (下). パワー密度は平均強度の 2 乗で割ってある (Nowak & Chiang 2000, *ApJ* (Letters), 531, L13 より転載).

$\eta\dot{M}c^2$ ($\eta \sim 0.1$) と書ける．一つの銀河と同程度の明るさで輝くには，ブラックホールに毎秒 4.3×10^{21} kg の物質が降着すればよい．この量は 1 時間に地球 2.6 個がブラックホールに飲み込まれることに相当する．太陽の 1 億倍の質量を持つ大質量ブラックホールのシュバルツシルト半径は 2.95×10^8 ($M_{\rm BH}/10^8\,M_\odot$) km となり，太陽–火星間の 1.3 倍の距離に相当する．時間変動から予想される放射領域の大きさと矛盾しない．

このように活動銀河核の活動源としてブラックホールを考えると都合はよいが，ブラックホール存在の証拠はあるのであろうか？ブラックホールは強い重力場を持っているため，周辺から出る光子のエネルギーは低い方に移動する．重力赤方偏移である (1.3.1 節参照)．田中靖郎らは，「あすか」を使い活動銀河核から出る鉄の特性 X 線を観測し，低エネルギー側にずれた幅の広い輝線を検出した．図 2.30 は「すざく」が捉えた I 型セイファート銀河 MCG–6-30-15 の鉄輝線である．鉄輝線は非対称な形をしており，かつ低エネルギー側に裾を引いている．この裾は重力赤方偏移によって生じたものかもしれない．もしそうなら，この裾の位置から降着円盤がどれくらいブラックホールの近傍にまで迫っているかが分かる．そしてこの降着円盤の内縁半径とブラックホールの回転との密接な関係が分かる (2.5.4 節参照)．

2.6.6 放射のメカニズム

活動銀河核からの高エネルギー領域で連続放射成分の物理過程にはおもに次の三つが考えられている．

(1) 高エネルギー電子の制動放射 (核子と電子の相互作用)．

(2) 高エネルギー電子と磁場の相互作用によるシンクロトロン放射 (磁場と電子の相互作用)．

(3) 低エネルギー光子が，高エネルギー電子と逆コンプトン散乱した放射 (光子と電子の相互作用)．

電波の弱い活動銀河核の場合，(3) の放射が X 線の領域で主となる．低エネルギー光子が複数回逆コンプトン散乱することで，X 線光子になる．$\gamma m_e c^2$ のエネルギーを持つ電子に低エネルギー光子が 1 回散乱した場合，光子に移る平均エネルギーは約 γ^2 倍である．ここで，$m_e c^2$ は電子の静止質量エネルギー，γ は

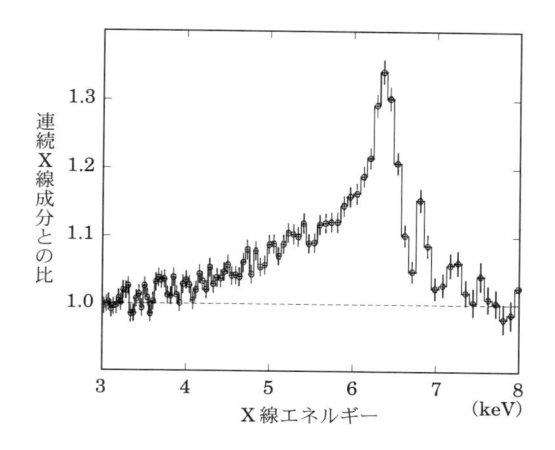

図 2.30 「すざく」で観測した I 型セイファート銀河 MCG–6-30-15 の鉄輝線 (Miniutti *et al.* 2007, *PASJ*, 59, S315 より転載).

ローレンツ因子[*26]である.熱的な分布を持つ高エネルギー電子がブラックホールの近傍に存在すると仮定しよう.低エネルギー光子がこの電子と逆コンプトン散乱する場合,散乱後に出てくる放射は電子温度と散乱回数の積で決まる.その結果,放射のスペクトルは電子温度で折れ曲がりを持つべき関数となる.このモデルは観測結果をうまく説明する.

2.7 活動銀河核と X 線背景放射

近傍宇宙の銀河の中心には大質量ブラックホールが普遍的に存在し,その質量はバルジの質量または光度と強く相関する.この事実は,過去においてブラックホール形成と星形成が密接に関係して起こったことを強く示唆する.大質量ブラックホールの形成史の解明は,銀河形成の全体像を理解するうえで欠かすことのできない,現代天文学に課された重要課題の一つである.

[*26] 光速 (c) に近い速度 (v) の運動体に関わる時間と空間の相対論的変換因子.$\beta = v/c$ とすると $\gamma = 1/\sqrt{1-\beta^2}$ である.本書では,マクロな物体には Γ,電子や陽子などミクロな粒子には γ を用いる.

2.7.1 活動銀河核の宇宙論的意義

活動銀河核 (AGN) とは銀河中心ブラックホールへの降着現象であり，その光度は質量降着率を反映する．質量降着の結果ブラックホール質量は増加する．活動銀河核の数が赤方偏移パラメータ (z)[*27]とともにどのように変化してきたか，それは質量降着による大質量ブラックホール成長史を解き明かすことである．活動銀河核は強いX線源であり，硬X線観測は，塵やガスに埋もれた活動銀河核を探し出すために非常に強力な手段となる (2.6 節)．宇宙に存在するすべての活動銀河核からのX線放射の総和は，次の節で述べるX線背景放射 (X-Ray Background あるいは Cosmic X-Ray Background) として観測される．X線背景放射の起源を理解することは，構成する活動銀河核の宇宙論的進化を知ることである．

2.7.2 X線背景放射

X線天文学の幕開けとなったジャコーニ (R. Giacconi) らによる 1962 年のロケット実験は，X線で空がほぼ一様に明るく光っていることを発見した．これをX線背景放射と呼ぶ．X線背景放射の強度は非常に大きく，全天からの総放射強度は銀河系内天体からのX線強度の総和の 10 倍にも達する．2 keV 以上で見たX線背景放射の強度分布は，銀河面付近を除けばきわめて一様である．この等方性は，X線背景放射が銀河系外起源であることを意味する[*28]．

マーシャル (F. Marshall) らはX線衛星「HEAO-1」を用いてX線背景放射のスペクトルの形を 3–100 keV の範囲で精度よく測定し，その形が 40 keV の光学的に薄いプラズマからの熱的制動放射に酷似していることを発見した．そのためX線背景放射の起源を，宇宙を一様に満たす温度 40 keV のプラズマとする説が提案された．「HEAO-1」の観測結果を図 2.31 に示す．ところが，マザー (J.C. Mather) らは宇宙背景放射観測衛星「COBE」を用いて宇宙マイクロ波背景放

[*27] 光の波長の赤方偏移の割合を示し，赤方偏移 z の天体観測は，宇宙が現在の大きさの $1/(1+z)$ だったころの天体を見ていることに相当する．

[*28] 2 keV 以下になると，この等方的な成分に加え，銀河系内に存在する高温プラズマからの放射の影響が無視できなくなる．

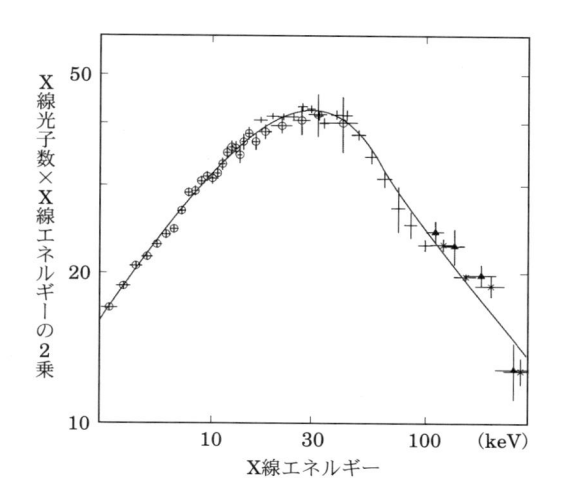

図 **2.31** X 線背景放射のエネルギースペクトル (Gruber *et al.* 1999, *ApJ*, 520, 124 より転載).

射[*29]を精密測定し，そのスペクトルは 2.7 K の黒体放射に一致することを確定した．もし X 線背景放射が高温プラズマによるものなら，プラズマ中の高速電子による逆コンプトン散乱で宇宙マイクロ波背景放射の黒体放射スペクトルはゆがむはずである (スニヤエフ–ゼルドビッチ効果という)．こうして高温プラズマ説は否定され，X 線背景放射は個々の X 線源の重ね合わせとする説が有力になった．

図 2.32 は，それぞれアメリカの「チャンドラ」および欧州の「XMM-Newton」で撮像された，ハッブルディープフィールド北およびロックマンホール領域の X 線画像である．ここでは X 線背景放射の大部分が個々の X 線源に分解されて見えている．現存するもっとも深い X 線広域探査観測で検出された X 線源 (そのほとんどは活動銀河核) の空間数密度は $\approx 7200\,{\rm deg}^{-2}$ に達する．

2.7.3 銀河系外 X 線広域探査の歴史

X 線背景放射の起源を解明し，それを構成する X 線源の宇宙論的進化を知るには，まず X 線で広く天空を観測する．次に X 線背景放射を個々の X 線源の放

[*29] 宇宙背景放射ともいう．3 K (正確には 2.7 K) の黒体放射のスペクトルを持つので，3 K (2.7 K) 放射ともいう．

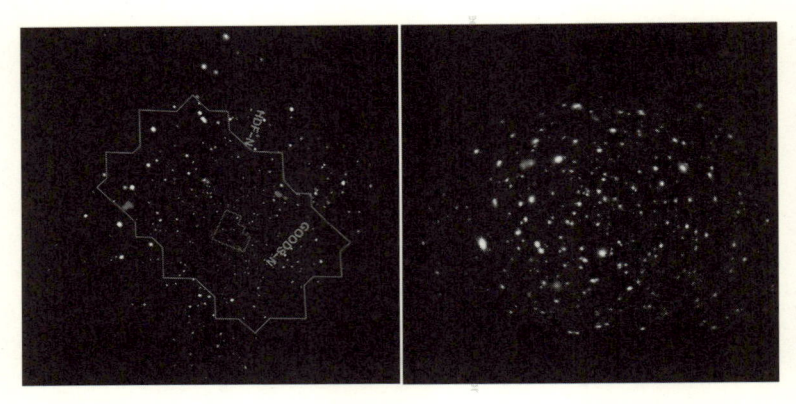

図 2.32 (左) ハッブルディープフィールド北領域の「チャンドラ」による X 線画像，(右) ロックマンホール領域の「XMM-Newton」による X 線画像 (口絵 3 参照，Brandt & Hasinger 2005, *Ann. Rev. Astr. Ap.*, 43, 827 より転載).

射に空間的に分解し，それら X 線源を一つひとつ可視光などで追加観測してその性質 (種族や赤方偏移) を決定する．X 線強度に対して，それより明るい天体の表面数密度を両対数で表示した関係を $\log N$-$\log S$ 関係 (いわゆる「数かぞえ」) と呼ぶ．検出感度が向上するほど，より表面密度の大きな，暗い X 線源まで検出できるようになり，X 線背景放射の強度のうち個々の X 線源の和として説明できる割合 (分解された割合) が増える．

おもに技術的な理由により，X 線広域探査はまず軟 X 線において大きく進展した．ジャコーニらはアメリカの「アインシュタイン」を，ハージンガー (G. Hasinger) らはドイツの X 線衛星「ROSAT」を用いて軟 X 線バンド (3 keV 以下) で深い観測を行ない，それぞれ軟 X 線背景放射の 35%, 80%近くを個々の X 線源に分解した．シュミット (M. Schmidt) らはロックマンホール領域で見つかった軟 X 線源を光学同定し，それらの大部分が I 型活動銀河核であることを明らかにした．明るい X 線源では銀河系内の星や銀河団の寄与も無視できない．

これらの軟 X 線だけで X 線背景放射の謎が解かれたわけではない．図 2.31 に示したように，X 線背景放射のスペクトルエネルギー分布はおよそ 30 keV に強度ピークを持ち，2 keV 以上の硬 X 線帯における放射 (硬 X 線背景放射) がその大部分のエネルギーを占めている．2–10 keV の範囲での単位エネルギーあ

たりの光子数は指数 1.4 (式 (2.15)) のべき関数で近似される．いっぽう X 線衛星「EXOSAT」や「ぎんが」などによる明るい I 型活動銀河核の観測では 2–10 keV 帯域での X 線スペクトルは X 線背景放射のそれよりずっと軟らかく，光子指数が 1.7–2.0 程度であることが分かった．つまり，この種族の足し合わせで，X 線背景放射の主要成分である硬 X 線背景放射の起源を説明することは不可能である．これをスペクトル・パラドックスと呼ぶ．X 線背景放射を再現するには I 型活動銀河核よりも硬いスペクトルを持つ X 線源が必要である．

粟木久光らは「ぎんが」を用いて近傍の II 型セイファート銀河から大きな吸収を受けた X 線スペクトルを検出し，II 型の活動銀河核が X 線背景放射に寄与している可能性を示した．コマストリ (A. Comastri) らのモデル計算によると，X 線背景放射のスペクトルを説明するためには，いままでに知られていた I 型活動銀河核よりもずっと多く II 型活動銀河核が存在しなければならない．

これら吸収を受けた X 線源を検出するために，硬 X 線バンドでより感度の高い観測が必要である．「あすか」は，多重薄板型 X 線反射鏡を採用し，2–10 keV のエネルギー範囲で撮像能力を有した世界初の X 線天文衛星であり，以前の X 線衛星「HEAO-1」の 3 桁上の検出感度を持つ．上田佳宏らは「あすか」を用い 2 keV 以上のバンドで撮像観測を行ない，その 30% を X 線源に分解することに成功し，同時に，X 線背景放射の主要な構成要素と考えられる硬い X 線スペクトルを持つ種族を発見した．秋山正幸らは光学観測から，それらがおもに近傍宇宙に存在する II 型活動銀河核であることを明らかにした．

その後，「チャンドラ」，「XMM-Newton」は「あすか」の 2 桁上回る感度で観測を行ない，「あすか」で分解できなかった残りの硬 X 線背景放射 (2–6 keV) についても，その大部分を個々の X 線源に分解することに成功した．一部の X 線源については，可視光では非常に暗いため光学同定は難航しているが，本質的には，X 線背景放射が吸収を受けていない活動銀河核 (I 型活動銀河核) と吸収を受けた活動銀河核 (II 型活動銀河核) とで構成されている事実が確認された．

X線トモグラフィーでブラックホールを診断する

私たちはX線の強い透過力を用いて，人体内部のいろいろな方向から透視写真をとって，たとえば癌細胞の有無，大きさや形を診断する (X線トモグラフィー)．一つの活動銀河核をいろいろな方向からX線観測するのは不可能だが，幸い，私たちから見ていろいろな向きにいる多くの活動銀河核がある．したがってこれらの活動銀河核を系統的に観測すれば，一つの活動銀河核をいろいろな方向から観測するのと等価である．つまりガス雲や銀河本体に隠された活動銀河核 (ブラックホール) の素顔をさぐるのにX線トモグラフィーが応用できる．そのX線診断の結果，I型とII型セイファート銀河は下図のような統一的な構造を持つことが分かった．

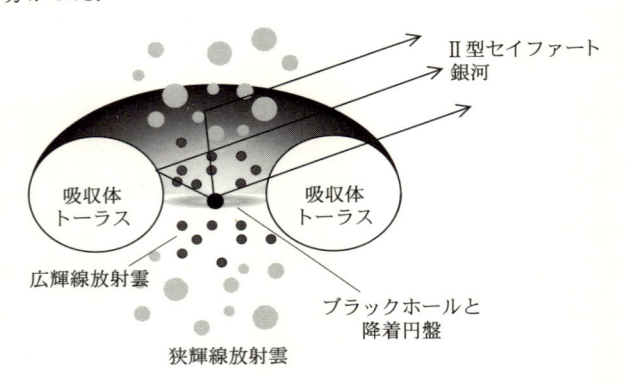

図 2.33 活動銀河核の中心部分とその周辺構造．I型とII型の二つのセイファート銀河は，この活動銀河核を見る方向による違いであると考えられる．上から見た場合はI型，トーラス越しに見た場合がII型である．

X線の放射領域は，太陽系程度の大きさであるが，非常に強い放射により周辺が電離され，光電離領域や輝線放射雲がつくられる．そして，この周りには降着トーラスと呼ばれる低温で光学的に厚い物質が分布している．この銀河核の中心部分を上から，あるいはトーラス越しに観測していると考えると，I型とII型セイファート銀河，それぞれの観測的特徴をうまく説明できる．この描像はクェーサーなどにも普遍化でき，I型とII型活動銀河核の統一描像が描ける．X線トモグラフィーの威力であろう．

2.7.4 活動銀河核の宇宙論的進化

　活動銀河核の宇宙論的進化を記述するもっとも基本的な観測量が，光度関数，すなわち活動銀河核の空間数密度を光度および赤方偏移 (z) の関数として記述した量である．上田らは「あすか」，「HEAO-1」，「チャンドラ」の硬 X 線で検出された活動銀河核の硬 X 線光度関数の宇宙論的進化を初めて定量的に導いた．図 2.34 は，I 型と II 型を含めた活動銀河核の空間数密度を，三つの異なる光度範囲において，赤方偏移パラメータ (z) の関数として示している．現在から過去へ時代をさかのぼっていくと，活動銀河核の数密度はほぼ $(1+z)^4$ に比例して増加していくが，ある赤方偏移で頭打ちとなる．大光度の活動銀河核 (2–10 keV の X 線光度にして $L_\text{X} > 10^{37.5}$ W) では $z \approx 2$ でピークに達するが，中光度の活動銀河核 ($L_\text{X} = 10^{36}$–$10^{37.5}$ W) では $z \approx 0.7$ で最大となり，光度が小さいほどピーク赤方偏移が低いことが分かる．ハージンガーらは「ROSAT」，「チャンドラ」，「XMM-Newton」による軟 X 線 (0.5–2 keV) 広域探査の結果を用い，I

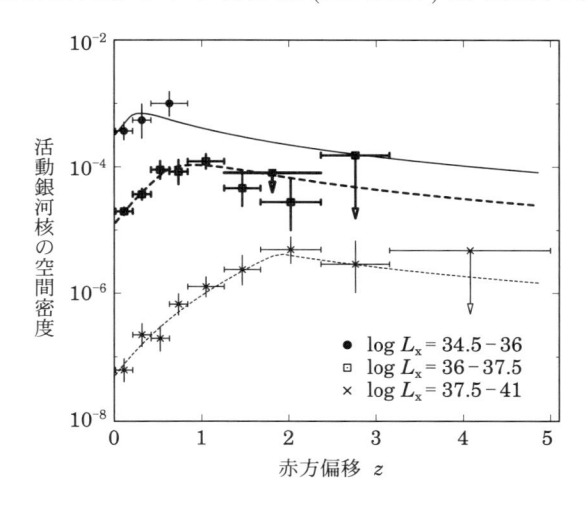

図 **2.34** 活動銀河核の空間数密度の赤方偏移パラメータ (z) 依存性．上から：低光度活動銀河核，中光度活動銀河核，大光度活動銀河核 (それぞれ図中で示した硬 X 線光度の範囲で積分したもの．X 線光度は吸収補正されている)．図中の X 線光度 L_X の単位は W (ワット) (Ueda *et al.* 2003, *ApJ*, 598, 886 より転載).

型活動銀河核のみの X 線光度関数を $z \leq 5$ の範囲で導出し，それらがやはり光度に依存した進化を示すことを確認した．

一般に X 線光度はブラックホール質量を反映するため，上の結果は，宇宙の歴史において大きな質量のブラックホールほど早く形成され，小さい質量のブラックホールほど後につくられたことを示唆する．この傾向をダウンサイジング (あるいは反階層的進化) と呼ぶ．一方，宇宙の構造形成論では，小さな天体が最初に作られ，それらが合体によって徐々に大きな天体がつくられる「ボトムアップ」説が主流である．活動銀河核の進化は，ブラックホールの成長が一見，このシナリオとは逆に見えることを意味する．類似の結果が，銀河形成についても報告されている．ダウンサイジングを，星とブラックホールの共進化の観点から解明することは現代天文学に残された大きな課題である．

上田らは，I 型活動銀河核と II 型活動銀河核の存在比を光度の関数として定量化し，吸収された活動銀河核 (II 型活動銀河核) の割合は，光度が大きくなるほど減ることを発見した．これはトーラスの形状が活動銀河核光度に依存することを示唆し，単純な活動銀河核統一モデルの描像 (コラム「X 線トモグラフィーでブラックホールを診断する」) に修正が必要であることを意味している．

吸収量の分布と，硬 X 線光度関数とを組み合わせることで，X 線背景放射のスペクトルの形を再現でき，その起源の大部分は定量的に説明がつく．光度で分けると $L_X \approx 10^{37}$ W 程度の活動銀河核が，赤方偏移で分けると $z \approx 0.6$ 程度の活動銀河核が，2–10 keV の X 線背景放射にもっとも多く寄与していることが分かった．10 keV 以上の X 線背景放射に関しては，「コンプトン厚」(2.6.2 節) になる，水素柱密度が 10^{28} m^{-2} を越える吸収を受けた活動銀河核が寄与するだろう．このような活動銀河核の存在量を知るためには，将来の 10 keV 以上での高感度観測を待たなければならない．

2.7.5　大質量ブラックホール成長史

活動銀河核のボロメトリック光度 (全波長で積分した光度) L_{bol} は，放射効率 η を通して質量降着率 $\dot{M}$ に

$$L_{\mathrm{bol}} = \eta \dot{M} c^2 \tag{2.20}$$

と関係づけられる．シュバルツシルト・ブラックホールのまわりの標準降着円盤の場合，$\eta \approx 0.1$ である (2.2.3 節)．質量降着率はブラックホールの質量増加率を表わす．よって，光度関数を用いて単位体積あたりの全活動銀河核の光度 (光度密度) が計算できると，ブラックホール質量密度の増加率が分かり，それを時間積分することで，ブラックホール質量密度を赤方偏移の関数として得ることができる (ブラックホール成長曲線)．

降着質量全体には数の多い II 型活動銀河核がもっとも大きく寄与するため，宇宙における降着史を正しく理解するには，II 型活動銀河核も含めた光度関数を用いることが本質的である．図 2.35 は，上の硬 X 線光度関数を用いて得られたブラックホール成長曲線を示す ($\eta = 0.1$ を仮定)．低赤方偏移で暗い II 型活動銀河核が多く存在するため，明るい活動銀河核の数が急減する $z < 1.5$ においても，ブラックホール質量密度が増加し続ける様子が分かる．

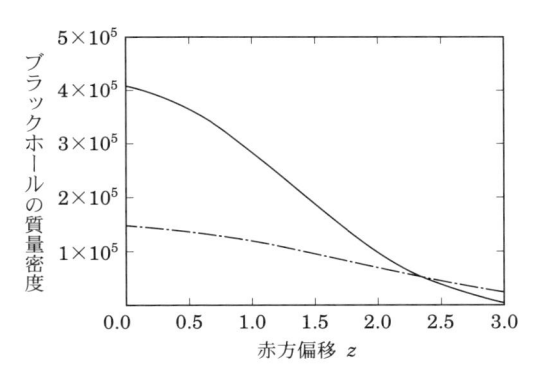

図 **2.35** 大質量ブラックホールの成長曲線 (赤方偏移の関数として，ブラックホール質量密度を示したもの)．実線：硬 X 線光度関数 (I 型活動銀河核＋II 型活動銀河核) による計算結果．一点鎖線：可視広域探査観測に基づいて I 型活動銀河核のみの寄与を考えた場合 (Shankar *et al.* 2004, *MNRAS*, 354, 1020 より転載)．

ブラックホール質量とバルジ光度の相関を用いることで，近傍銀河の数の統計からブラックホール質量密度を求めることができる．シャンカー (F. Shankar) らによる見積りでは，その値は $(4.2 \pm 1.1) \times 10^5 M_\odot \mathrm{Mpc}^{-3}$ である．上のブラックホール成長曲線で得られた値は，この値ときわめてよく一致している．さ

らにくわしい計算によると，ブラックホールの質量分布の形までよく説明できることが分かった．これらの事実は，平均的には標準降着円盤の仮定が妥当であり，銀河中心の大質量ブラックホールが，質量降着によって成長してきたことを強く裏付ける．質量降着の歴史はX線で追跡された．

第3章
高密度天体からの質量放出

3.1 宇宙ジェット

ブラックホールを代表とする高密度天体は，物質を吸い込み，輝くだけではない．意外なことに，高速噴流が吹き出している (アウトフロー；Outflow)．電波から可視光，さらには X 線にいたる観測機器の進歩に伴って明らかになってきたのが，宇宙ジェット (Astrophysical Jets) と呼ばれる天体現象である．

3.1.1 宇宙ジェットとは

「宇宙ジェット」とは，中心の天体システムから双方向に吹き出している，細く絞られたプラズマのアウトフローである (図 3.1)．その中心には，原始星，白色矮星，中性子星やブラックホールなど重力を及ぼす天体が存在し，中心天体のまわりにはガスでできた降着円盤が渦巻いていると推測されている．宇宙ジェット天体としては，星間分子雲の深部で生まれたばかりの原始星から双方向に吹き出す十数 $\mathrm{km\,s^{-1}}$ の速度をもった冷たい分子ガスの流れ「原始星ジェット」，X 線連星中のブラックホール近傍から噴出し相対論的速度で星間空間を貫く「系内

表 3.1 宇宙ジェットの類別.

物理量	活動銀河ジェット	系内ジェット	原始星ジェット
母天体	活動銀河核	近接連星系	原始星
中心天体	大質量ブラックホール	コンパクト天体	原始星
サイズ	数光年–数百万光年	数光年	数光年
主速度	相対論的 ($> 0.1c$)	相対論的 ($> 0.1c$)	数十–数百 $km s^{-1}$
成分	通常プラズマ	通常プラズマ	通常ガス
	電子・陽電子プラズマ	電子・陽電子プラズマ	
例	クェーサー 3C 273	特異星 SS 433	分子流 L 1551
	電波銀河 M 87	GRS 1915+105	HH 30
	電波銀河はくちょう座 A	GRO J1655–40	おうし座 T 型星

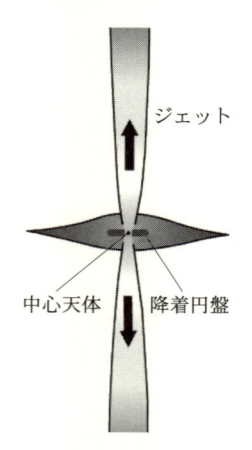

図 3.1 宇宙ジェットの模式図. 中心には重力を及ぼす天体が存在し，そのまわりに降着円盤が渦巻いている．宇宙ジェットは降着円盤の円盤面に垂直な方向に吹き出している．

ジェット」，そして 100 万光年もの長さにわたって銀河間の虚空に伸びる「活動銀河ジェット」などが知られている (図 3.2, 表 3.1).

宇宙ジェットは，クェーサーや電波銀河などのいわゆる活動銀河においてはじめて発見された．最初の発見はかなり古く，1918 年，おとめ座銀河団の中心に位置する巨大楕円銀河 M 87 の光学ジェットをリック天文台のカーティス (H.D. Curtis) が見つけている．第 2 次世界大戦後に電波干渉計が発明されて，1950 年代に「電波ローブ」(二つ目玉電波源) が発見された．その後，大型電波干渉計

(a)

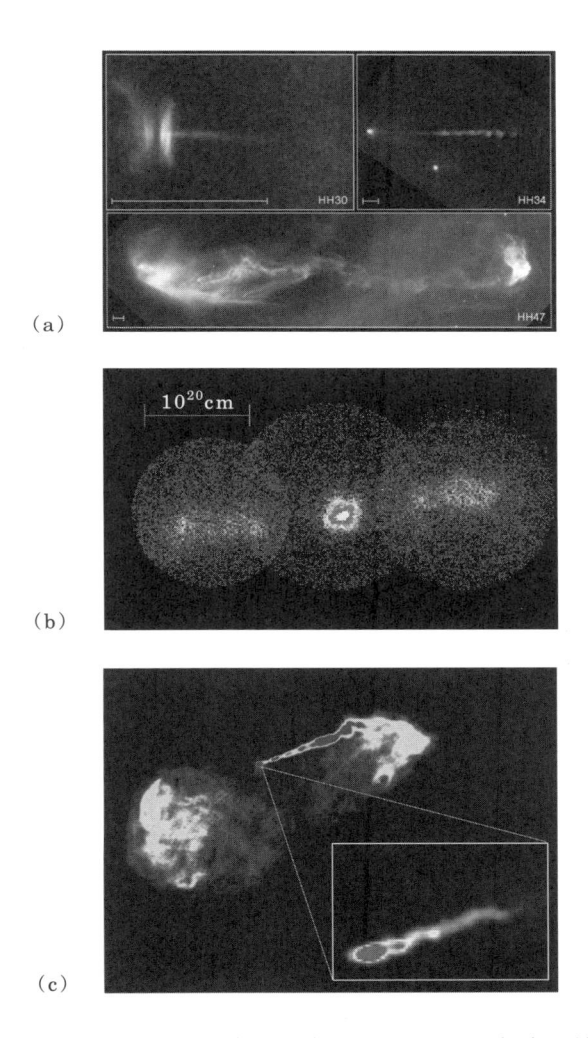

(b)

(c)

図 **3.2** (a) ハッブル宇宙望遠鏡で撮像した可視光で見た原始星ジェット (http://hubblesite.org/gallery/), (b)「あすか」が撮像した特異星 SS 433 の相対論的ジェット (http://www-cr.scphys.kyoto-u.ac.jp/), (c) 電波干渉計で見た巨大楕円銀河 M 87 のジェット. 中心部は「はるか」衛星による (http://www.oal.ul.pt/oobservatorio/vol5/n9/M87-VLAd.jpg) (口絵 4 参照).

VLA が稼働した 1970 年代末頃から，電波銀河の中心と電波ローブを結ぶ銀河間空間の細い橋「電波ビーム（ジェット）」が続々発見され，100 万光年もの長さにわたる「活動銀河ジェット（AGN Jets）」の全体像が明らかになった．

銀河系内では，電波観測によって，さそり座 X-1 やみずがめ座 R 星などでジェットが発見されていたが (1970 年頃)，1978 年にマーゴン (B. Margon) らによって発見された SS 433 の詳細な解析によって，一挙に観測的・物理的な理解が進んだ．SS 433 は通常の恒星と高密度天体からなる近接連星系で，ジェットは降着円盤から吹き出している．その速度は光速の 26% にもなる．

その後，銀河系中心の X 線源やその他の系内ブラックホール天体からもジェットが見つかってきた（マイクロクェーサー (Microquasar); 3.1.4 節）．激変星や超軟 X 線源など，白色矮星を含む近接連星系からも，$3000\,\mathrm{km\,s^{-1}}$ から $5000\,\mathrm{km\,s^{-1}}$（白色矮星の脱出速度程度）の速度のジェットが何例も見つかっている．銀河系内の高密度星を含む近接連星系から噴出するジェットを系内ジェット (Galactic Jets) と呼ぶ．

一方，スネル (R.L. Snell) らにより，おうし座分子雲中に双極流天体 L 1551 が発見された．この L 1551 原始星ジェットの根元には，原始星と考えられる赤外線源 IRS 5 が存在している．原始星ジェットは，原始星（の近傍）から双方向に流れ出る高速のガス流である．原始星ジェットは，ミリ波 CO スペクトル観測によって，その後つぎつぎと発見された．くわしく観測され物理量もよく分かっている系内ジェットの例を表 3.2 に示す．

最後に，ガンマ線バーストは，核実験探知衛星「VELA」により 1960 年代に発見された．1991 年に軌道投入されたガンマ線観測衛星「CGRO」(Compton Gamma-Ray Observatory) によって詳細な研究が始まり，1997 年になって，X 線，可視光や電波の領域で残光を伴っていることが発見された．このガンマ線バースト現象は，なんらかの理由によって高温のプラズマがジェット状に吹き出るのではないかと推測されている．

3.1.2 宇宙ジェットの特徴

宇宙ジェット天体は，天体のさまざまな階層に存在し多岐にわたっているが，その特徴には共通点も多い．SS 433 ジェットでは，水素ガスや他の元素のスペク

表 3.2 系内ジェット天体 (柴田他『活動する宇宙』より転載).

名前	距離 [kpc]	光度 [W]	速度	特徴	中心[†]
Sco X-1	0.5	10^{30}		電波ジェット	NS
Cir X-1	6.5	10^{31}		電波ジェット	NS
Cyg X-3	8.5	10^{30}	$0.3c$[††]		?
SS 433	4.85	10^{32-33}	$0.26c$	歳差ジェット	BH
1E 1740.7−2942	8.5	3×10^{30}	$0.27c$?	$e^{\pm}$ ジェット ?	BH
GRS 1915+105	12.5	3×10^{31}	$0.92c$	超光速現象	BH
GRO J1655−40	4	10^{30-31}	$0.92c$	超光速現象	BH
GRS 1758−258	8.5	2×10^{30}			?
RX J0513.9−6951	50	10^{31}	$3800\,\mathrm{km\,s^{-1}}$	超軟 X 線源	WD
RX J0019.8+2156	2	10^{30}	$815\,\mathrm{km\,s^{-1}}$	超軟 X 線源	WD

[†] NS：中性子星，BH：ブラックホール，WD：白色矮星.
[††] c は光速.

トル線が観測されていることから，ジェット自体は電子と陽子 (イオン) からなる通常のプラズマガスであることは間違いない．白色矮星周辺の降着円盤から吹き出す流れも通常プラズマである．マイクロクェーサーなど他の系内ジェットや活動銀河のジェットについては，通常のプラズマガスなのか，電子とその反粒子の陽電子からなる電子・陽電子プラズマなのか，まだよく分かっていない．クェーサー 3C 279 や 3C 345 では電子・陽電子プラズマが優勢だと考えられている．

原始星など通常の恒星から吹き出すジェットは数十 $\mathrm{km\,s^{-1}}$ から数百 $\mathrm{km\,s^{-1}}$ 程度の低速だが，高密度天体からのジェットは軒並み高速である．たとえば，中心天体が白色矮星である超軟 X 線源では，ジェットの速度は，数千 $\mathrm{km\,s^{-1}}$ もあり，これは白色矮星の脱出速度ぐらいである．

中心天体がおそらくブラックホールだと考えられているマイクロクェーサーのうち，SS 433 ジェットの速度は光速の 26% (ローレンツ因子 $\varGamma$ で 1.04) で，中程度に相対論的である．マイクロクェーサー GRS 1915+105 や GRO J1655−40 では，ジェットの速度は光速の 92% ($\varGamma = 2.55$) にもなり，かなり相対論的な領域に入る．

活動銀河などのジェットについては，強い吸収線の存在する BAL クェーサー[*1](3.3.2 節) では，比較的低速で光速の 1 割ほどだが，他の多くの場合，電

[*1] Broad Absorption Line Quasar のこと．N V, C IV など高電離原子の幅が広くかつ大きく赤方偏移した吸収線が見られる．高速 (約 $0.1c$) でアウトフローしているガスを通して本体 (クェーサー) を観測している．

波観測による統計的な性質から，しばしば光速の 99% ($\Gamma \sim 10$) ぐらいが推定され，超相対論的である．ガンマ線バーストにいたっては，光速の 99.99% ($\Gamma \sim 100$) の速度が推測され，極度に超相対論的といえる．

ジェットガスの噴出の仕方については，つねに定常的にガスを噴出しているもの，規則正しく周期的にガス塊を吹き出しているもの，爆発的・間欠的にガスを吐き出しているものなど，いろいろなパターンがある．

観測的な事実から，細かいことは別にして，ジェットの加速機構，収束機構，そしてエネルギー源に対して，いくつかの制約が課せられる．

(1) **加速機構**：宇宙ジェットの噴出速度は光速に近いことも珍しくない．どうしてそのような高速にまでプラズマガスを加速できるのか．ジェットを駆動するメカニズムが第一の謎である．

(2) **収束問題**：宇宙ジェットでもう一つの重要な問題は，その細長い形状である．宇宙ジェットはきわめて細く絞られていて，ホースで水を撒くとすれば，長さ 10 km もの水流の先端で 10 m から 100 m ぐらいしか広がっていない勘定になる．どうしたらそんなことが可能なのだろうか．ジェットの収束をいかにして説明するかという点は理論モデルの要となる．

(3) **エネルギー源**：宇宙ジェットのエネルギー源に重力エネルギーが関与していることは確実である．すなわち宇宙ジェットの中心には重力天体が存在していて，それが周辺領域からガスの供給を受けて，重力エネルギーを解放し，同時に熱エネルギー，放射エネルギーあるいは電磁エネルギーなどに転換している．そして一部を排気ガス＝ジェットとして外界に放出している．いわば重力エネルギー転換炉である (図 3.3)．

3.1.3 宇宙ジェットの意義

宇宙ジェットはその存在自体が不可思議で面白い天体現象だが，宇宙的にはどのような意義があるのだろうか．まず，宇宙ジェットの駆動源だと考えられている降着円盤は，周囲の環境から低エントロピーのガスを吸収し，降着円盤の内部でガスの重力エネルギーを変換処理して，高エントロピーの熱や放射として外界に捨てている．降着円盤の中心がブラックホールの場合は，ガスは最終的にブラックホールに吸い込まれてしまうので，ガスがもともと持っていただろう情報

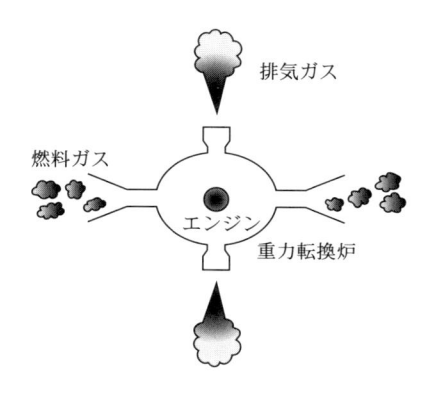

図 **3.3** 宇宙ジェット中心の重力エネルギー転換炉.

のほとんどは失われてしまう (質量と角運動量だけが残される). このような状況のなかで, 宇宙ジェットは唯一, 多くの情報を持ったガスとして環境に戻される実体なのである. しかも元素の組成や磁場などの情報だけでなく, ジェットの形態や太さなどいろいろな情報を担う.

降着円盤からはさまざまな波長の電磁波が放射されており, そのスペクトルも膨大な情報を担っているが, ジェットは実体を持ったものなので, 直接的な影響が大きい. 実際, 活動銀河ジェットは数百万光年の長さにわたって銀河間空間に伸びており, 銀河と銀河の間の虚空に影響を与えている. SS 433 ジェットでは, 周囲の超新星残骸 W 50 の形を変えるほどの影響を与えている (図 3.2 (b)). そして原始星の周辺では, 原始星ジェットが星間分子雲の構造と進化に多大な影響を与えている. 宇宙ジェットが宇宙環境に与える影響は, まだ十分には調べられていないが, 予想以上に大きなものがあるだろう.

相対論的天体現象としての宇宙ジェットの重要性も指摘しておきたい. 後の章で述べるように, 中心の天体が高密度天体の場合は, 高速の宇宙ジェットを形成することはそれほど難しくはない. しかし, 光速の 99.99% にもなる超高速の宇宙ジェットを生み出す方法は, まだまったく不明なのだ. その謎を解き明かすためには宇宙流体力学, 宇宙電磁流体力学や宇宙放射流体力学などを駆使して臨まなければならないだろう.

3.1.4 マイクロクェーサー

SS 433 は約 $2° \times 1°$ と東西に双葉状に広がった電波超新星残骸 W 50 の中心天体である．マーゴンらは SS 433 からの水素 Hα 線の両側にあった未同定輝線の位置が日ごとに変わることを発見した．その位置は 164 日の周期で元にもどる．これらは Hα 線を放出するガスが SS 433 から双方向に光速の 26% もの速度でジェット状に飛び出し，ドップラー効果で一方のジェットは長波長側に他方は短波長側にずれる．それらジェットの方向は 164 日周期の「味噌すり」運動をしている．このように考えるとすべてが見事に説明できる．銀河系内の相対論的ジェットの最初の発見になった．

「あすか」でみた SS 433 の X 線ジェットを図 3.2 (b) に示した．中心の SS 433 から左右に飛び出たジェットが約 40 分角 (50 pc) にもおよぶ空間を走り，超高温に熱した軌跡が X 線放射として見られる．その運動エネルギーは太陽の全放射エネルギーの 10^7 倍以上に達する (10^{34} W)．中心天体がブラックホールか，中性子星かはまだ決着はついていないが，SS 433 は発見後 13 年間にわたり，相対論的 ($v > 0.1c$) ジェットが確認された唯一の銀河系内天体だった．したがって，例外的に特異な天体とみなされていた．

ところが 1990 年代になって，ミラベル (I.F. Mirabel) らはブラックホール連星 1E 1740.7–2942 と GRS 1758–258 から電波ジェットを発見した．これを皮切りに，X 線で発見された天体を他の波長 (おもに電波) で追求観測が行なわれ，続々と銀河系内 X 線連星から相対論的ジェットが発見された．現在，10 個以上の銀河系内ジェット天体が確認されている (表 3.2)．

活動銀河核からしばしば観測される相対論的ジェットが銀河系内ブラックホール天体においても存在する事実は，太陽質量の数倍から 10 億倍，8 桁以上の質量範囲にわたって共通の物理が働いていることを強く示唆する．これらの銀河系内ジェット天体は，活動銀河核との類似性からクェーサーのミニチュア版という意味で「マイクロクェーサー」と呼ばれる．オリジナルの命名はミラベルらによる．厳密な意味ではブラックホールに限られるが，実際は中性子星も含めて，相対論的ジェット天体の総称として用いられることが多い．

ミラベルとロドリゲス (L.F. Rodriguez) は，X 線衛星「GRANAT」で見つかった X 線トランジェント天体 GRS 1915+105 から対方向に放出された電波ブ

ロッブが広がっていく様子をとらえ，銀河系内での初めての超光速運動を検出した (図 3.4)．超光速運動とは，観測者の方向に向かって放射源が相対論的速度で動いているときに，光速が有限なため生じる見かけの現象である．双対ジェットの性質が対称であると仮定すると，両者の速度と光度の比から，ジェットの真の速度は $0.92c$，見込み角は 70 度と推定される．同じような超光速運動が 1997 年にも観測された．グライナー (J. Greinter) らは赤外線バンドで伴星の運動を観測して連星パラメータを求め，主星を $14 \pm 4\,M_\odot$ のブラックホールと決定した．

GRS 1915+105 に引き続き，ブラックホール連星 GRO J1655–40, XTE J1748–288 と XTE J1550–564 から，そして中性子星連星コンパス座 X-1 からも超光速運動が報告された．また，これらの大規模ジェットとは別に，ハード状態 (2.5.2 節参照) のブラックホール連星にはほぼ普遍的に，光学的に厚いコンパクトなジェット (10 AU 程度のサイズ) が付随していることも分かってきた．

マイクロクェーサーは，質量降着とジェット放出との関連を探るうえで理想的な実験場を提供する．X 線・ガンマ線領域では降着円盤の最内縁部からの放射が，電波・赤外領域ではジェットからのシンクロトロン放射が卓越するため，多波長同時観測を行なうことで，質量降着と放出の関係を調べることが可能である．ブラックホール周囲の物理現象は，シュバルツシルト半径で規格化して議論することができる．その変動のタイムスケールはブラックホール質量に比例する．よって，マイクロクェーサーでは降着円盤とジェットの時間発展を，クェーサーよりも現実的な時間内で効率的に調べることができる．たとえば，M 87 銀河で 1000 年かかる現象も，マイクロクェーサーでは数分で追跡できる勘定である．

GRS 1915+105 は，もっとも詳しく研究されているマイクロクェーサーであり，他のブラックホール連星には見られない際だった特徴を持つ．この天体は X 線でさまざまなパターンの特異な変光を示す．ベローニ (T. Belloni) らは，現象論的にそれらが三つの基本状態の間の行き来として理解できることを指摘した．その 3 状態は，普通のブラックホール連星の標準的な状態 (2.5 節参照) とは必ずしも対応しない．図 3.5 に X 線光度曲線の例を示す．1 分程度のタイムスケールでくりかえされる振幅の大きな変動 (振動) と，それに続く強度の落ち込み (ディップ) のパターンが，準周期的に見られる．強度変動に対応してスペクトルも変化し，ディップ状態においてはスペクトルが硬くなる．

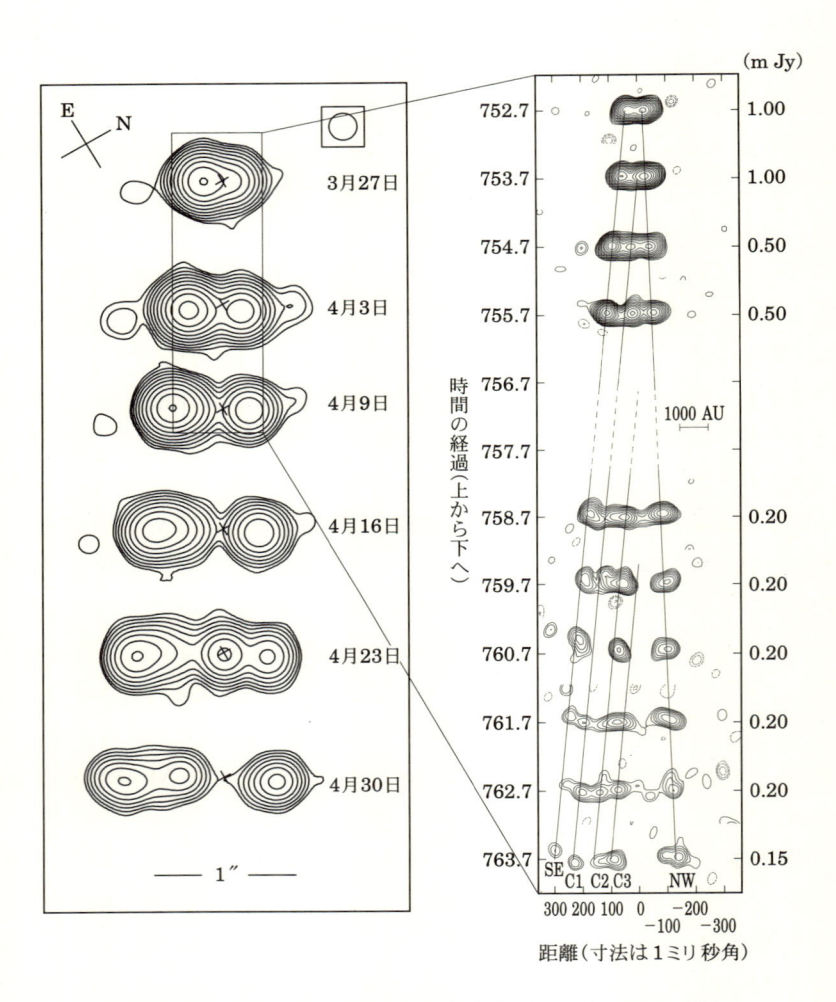

図 **3.4** GRS 1915+105 からの超光速ジェット．電波の等強度線図の時間発展 ((左) 1994 年の増光，(右) 1997 年の増光) (Fender & Belloni 2004, *Ann. Rev. Astr. Ap.*, 42, 317 より転載).

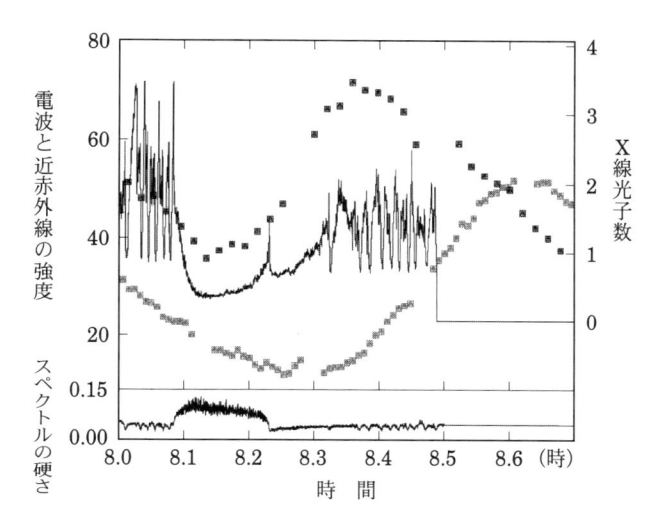

図 3.5 GRS 1915+105 の電波 ($\lambda = 3.6$ cm; 薄い四角)，近赤外 ($\lambda = 2.2\,\mu$m; 濃い四角)，X 線 (2–60 keV; 実線) の強度の時間変化 (Mirabel *et al.* 1998, *Astr. Ap.*, 330, L9 より転載).

GRS 1915+105 の光度はエディントン限界光度に近く，非常に高い質量降着率を持つ系であると考えられる．その結果，降着円盤の内縁部で熱的な不安定が生じ，降着ガスがある場所で溜り，密度が臨界点に達した段階で一気に落ちるというプロセスのくりかえし (リミットサイクル) が起こっているものと推察される[*2].

さらに重要なことに，円盤の状態遷移がジェット放出の引き金になっているようだ．図 3.5 は電波と近赤外の強度曲線も重ねて示している．X 線と同じ周期で，増光 (フレア) が観測されている．電波のピークが近赤外よりも遅れているのは，シンクロトロン放射を出すプラズマがジェットの運動とともに広がっていくために，放射強度が最大となる波長がだんだん長くなっていると考えればだいたい説明がつく．ミラベルらは，ディップから回復して X 線スペクトルがソフトになった瞬間 (光度曲線上にスパイクが現れている) にプラズマ放出が起きてい

[*2] これは 2.2.6 節で述べた低温円盤のリミットサイクルとは別もので，標準円盤と 2.2.7 節のスリム円盤との間の振動が原因である．

ると解釈している．さらにエネルギーの大きな超光速ジェットについて調べてみると，やはりX線スペクトルがハードな状態からソフトな状態に移行するタイミングで放出されていることが分かってきた．同様の傾向は，他の超光速天体についても当てはまる．この状態遷移のメカニズムが，ブラックホールからの相対論的ジェット生成の謎を明かす鍵を握っているといえそうである．

3.1.5 活動銀河核からのジェット

前節で，相対論的ジェットが，質量によらず普遍的にブラックホールに付随する現象であることを述べた．実際，大質量ブラックホールをエンジンとする活動銀河核の約1割は電波で明るく，強力な相対論的ジェットを持つ．条件によっては，しばしば超光速運動が観測される．何らかのメカニズムでジェット中に衝撃波が発生すると，粒子加速が起き，べき型のエネルギー分布を持つ非熱的粒子が生成される．それら高エネルギー電子が磁場と相互作用することでシンクロトロン放射が，光子と相互作用することで逆コンプトン散乱成分が放射される．ジェットの持つ運動エネルギーは莫大である．しかし，衝突などによってエネルギー散逸が起きない限り，それが電磁波を通して観測されることはない．活動銀河核 (AGN) ジェットの成分がバリオン (陽子) か電子・陽電子対かという基本問題はまだ決着がついていない．

活動銀河核ジェットの速度 v は光速 c にきわめて近く，大きなローレンツ因子 $\Gamma = 1/\sqrt{1-(v/c)^2}$ (典型的には ~ 10) を持つ．よってジェット内部での現象を理解するには，相対論的ビーミング (前方の $\sim 1/\Gamma$ ラジアン方向に，放射が集中する効果) を考慮することが不可欠である (詳細は3.2.2節)．

電波銀河は，ジェットをほぼ横方向から見ていると考えられる．ここでは100 kpc に渡る，大スケールのジェット構造が観測される．ジェットが銀河間ガスの密度の濃い場所に衝突することで電子加速がおこり，ノットと呼ばれる場所が広い波長で明るく輝く．ノットでは電波からX線にわたってシンクロトロン放射が出ているとする説が有力である．これは電子が 10–100 TeV というエネルギーまで加速されていることを示唆する．活動銀河核ジェットは終端でホットスポットとなってひときわ明るく輝く．そこで衝撃波加速された粒子は，ローブと呼ばれるプラズマの袋に閉じ込められる (3.2.6節)．ローブからは，電波領域で

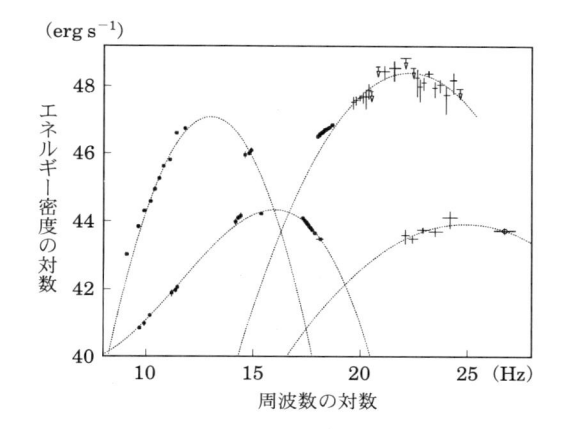

図 3.6　ブレーザー天体のスペクトルエネルギー分布 (Kubo 1997 PhD thesis, University of Tokyo より転載).

シンクロトロン放射が，X線領域では，マイクロ波背景放射を種とするコンプトン散乱成分が観測される．

　ジェットをほぼ真正面から見ていると考えられる天体には，とかげ座 BL 型天体，可視激変光クェーサー，高偏光クェーサー，フラットスペクトル電波クェーサーらがある．これらを総称して，「ブレーザー」と呼んでいる．ブレーザーは，激しい短時間変動と強いガンマ線放射を特徴とする．ジェットがきわめて明るいため，ジェットからの連続成分が，他の放射成分 (降着円盤や可視輝線領域からの放射) に比べて卓越する．ブレーザーは，ジェットの根本 (1 pc 以下のスケール) で起きている加速現象を研究するのに最適な対象である．

　図 3.6 は，光度の異なる典型的な二つのブレーザーのスペクトルを示している．電波から TeV ガンマ線に渡る広い放射があり，それらが二つの山に分かれていることが分かる．電波から UV (X線) までの低エネルギー成分はシンクロトロン放射であり，X線からガンマ線の高エネルギー成分は，同じ高エネルギー電子によるコンプトン散乱成分に対応している[*3]．それぞれの山のピーク波長は，電子の最大加速エネルギーを反映している．これは放射による冷却率と，加

[*3] コンプトン成分の種光子は，同じ場所で放射されたシンクロトロン光子の場合 (シンクロトロン自己コンプトン; SSC) と，外部からの光子 (たとえば降着円盤からの散乱光子) の場合がある (3.2.5 節)．

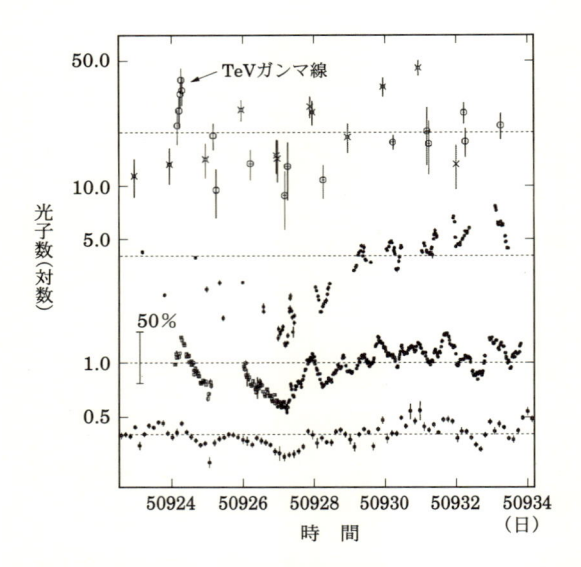

図 3.7 Mkn 421 の多波長強度曲線. 上から, TeV ガンマ線, 硬 X 線, 軟 X 線および紫外線の強度 (Takahashi *et al.* 2000, *ApJ*, 542, L105 より転載).

速率とのつりあいで決定される. 光子密度がより大きいと, コンプトン散乱による冷却が効くために電子の最大加速エネルギーが抑えられ, 山のピークはより低波長側にずれる. こうして, SSC (シンクロトロン自己コンプトン) を仮定すると, 観測されたスペクトルの形から, ジェットの物理量を一意的に求めることができる (3.2 節に詳細).

図 3.7 は, Mkn 421 の多波長同時観測で得られた強度曲線である. ほぼ 1 日ごとに大きな増光 (フレア) と減光をくりかえしている. また, TeV ガンマ線 (図の一番上の点) は統計がわるいのでやや見にくいが, X 線 (図の上から 2, 3 番目) と TeV ガンマ線強度変動はほぼ相関している. これは同一の高エネルギー電子がそれぞれシンクロトロン放射, コンプトン散乱に寄与していることを反映している. ジェットの根本での粒子加速メカニズムとしては, 速度が微妙に異なるプラズマがジェットの中で互いに衝突することで生じる「内部衝撃波」モデルが有力である. 観測結果は, その速度は 1% 程度のばらつきで非常によく揃っており, このプロセスで散逸されるエネルギーが全体の運動エネルギーに対してきわめて微量であることを示唆している.

3.2 ジェットのダイナミクス

すでに触れられているように,さまざまな観測によってブラックホール連星や活動銀河核から相対論的ジェットが噴出していることが知られている.本節では,ジェットの形成モデルが説明すべきジェットの物理的な性質を観測事実に即して述べる.ジェットは相対論的な速度で運動しているので,その理論的説明には特殊相対論が必要となる.

3.2.1 超光速運動

まず,超長基線電波干渉法 (VLBI) で観測されている超光速運動を説明してみよう.これは,中心核近くのジェットの電波構造が光速以上で中心核から遠ざかって運動しているように見える現象である.ジェット中の電波で明るく輝くコンパクトな領域をノットと呼ぶことにする.ノットは視線方向に対し角度 θ をなす向きに,速度 $V \equiv \beta c$, ローレンツ因子 $\Gamma = 1/\sqrt{1-\beta^2}$ で動いているとしよう.時刻 0 に原点にいたノットは時刻 t には $(x, y) = (Vt\cos\theta, Vt\sin\theta)$ まで進む.ここで,x は視線方向,y は天球面内の座標軸である.時刻 0 にノットから視線方向に放出された電磁波は,時刻 t には $x = ct$ に到達している.したがって時刻が 0 から t の間に放出された電磁波は $x = Vt\cos\theta$ と $x = ct$ の間に存在しており,光速 c で進んでいる.静止した観測者はこの電磁波を時間間隔

$$\Delta t_{\rm ob} = t(1 - \beta\cos\theta) \tag{3.1}$$

の間に観測する.この間にノットは天球面上で $Vt\sin\theta$ だけ動くので見かけの移動速度は

$$V_{\rm app} = \frac{V\sin\theta}{1 - \beta\cos\theta} \tag{3.2}$$

となる.容易に分かるように $V_{\rm app}$ は $\cos\theta = V/c$ のとき最大値 ΓV をとる.$\Gamma \gg 1$ のときこの速度はほぼ光速の Γ 倍となる.観測される典型的な速度が光速の 10 倍程度であることは,ジェットがローレンツ因子 10 程度で運動していることを意味している.超光速運動が観測されるのは,中心核から放出されたジェットがほぼ視線方向に向いているときである.これと反対向きにも同様なジェットが放出されていると予想されるが,このカウンタージェット中のノットの見かけの速度を $\cos\theta = -V/c$ とすると $V_{\rm app} = V/(2\Gamma)$ となって光速の数%程度でしかない.

3.2.2 相対論的ビーミング

超光速運動が観測される天体では一方向のみのジェットしか観測されていない．これはカウンタージェットの見かけの速度が小さいこととともに，相対論的速度の運動により，見かけの明るさが大きく変化するからである．特殊相対論のよく知られた時間の遅れの効果から，実験室系での時間間隔 Δt に対し，ノットの固有系での経過時間は $\Delta t_s = \Delta t/\varGamma$ となる．この時間は観測者の経過時間と

$$\Delta t_{\rm ob} = \frac{\Delta t_s}{\delta}, \tag{3.3}$$

$$\delta \equiv \frac{1}{\varGamma(1-\beta\cos\theta)} \tag{3.4}$$

という関係にある．ここで δ はビーミング因子と呼ばれる量である．たとえば $\cos\theta = V/c$ ならば $\delta = \varGamma$ と大きいが，$\cos\theta = 0$ だと $\delta = 1/\varGamma$ と小さい．ジェットを真正面近くから観測するとジェットで起こった時間を短縮して観測することになる．もしノットの明るさが時間変動したとすると，それより δ 倍短い時間での変動が観測されることになる．この効果は電磁波の振動数のドップラー効果

$$\nu_{\rm ob} = \delta\nu_s \tag{3.5}$$

として現れ，正面近くから観測するとより高振動数の電磁波として観測される．

見かけの明るさを求めるためには電磁波の進む向きのローレンツ変換を考慮する必要がある．相対論的ビーミングはもともと運動する物体から放出される電磁波が運動方向に集中するという効果を指している．ノットの運動方向に対して角度 χ の向きに進む電磁波を考える．電磁波の進行方向のローレンツ変換は

$$\cos\chi_s = \frac{\cos\chi_{\rm ob} - \beta}{1 - \beta\cos\chi_{\rm ob}} \tag{3.6}$$

であり，$\chi_{\rm ob} = \theta$ なので

$$\Delta\cos\chi_{\rm ob} = \delta^{-2}\Delta\cos\chi_s \tag{3.7}$$

となる．ノットの固有系で一定の立体角に放射された電磁波は実験室系で見るとノットの運動方向近くでは δ^2 だけ小さい立体角に放射されることになり，電磁波は運動方向に集中する．

ノットの固有系で放射が等方に起こるとして観測される放射流束を求めてみよ

う．光子の個数が両方の系で見て同じであるということから，観測者と天体の間の距離を d として

$$\frac{L_{\nu_s}}{h\nu_s}\Delta\nu_s\Delta t_s 2\pi\Delta\cos\theta_s = 4\pi d^2 \frac{S_{\nu_{\rm ob}}}{h\nu_{\rm ob}}\Delta\nu_{\rm ob}\Delta t_{\rm ob} 2\pi\Delta\cos\theta_{\rm ob} \tag{3.8}$$

が成立する．したがって

$$\nu_{\rm ob}S_{\nu_{\rm ob}} = \delta^4 \frac{\nu_s L_{\nu_s}}{4\pi d^2} \tag{3.9}$$

となる．ここで h はプランク定数である．S_ν や L_ν は単位振動数あたりの量なので，振動数を乗じた量はその振動数の対数あたりの流束や光度を表わす．この式は振動数の対数あたりの光度が δ^4 倍だけ明るく見えることを意味している．たとえば $\Gamma = 10$ という相対論的速度で運動する放射源を正面から見ると 10^4 倍明るく見え，反対側から見ると 10^4 倍暗くなり，そのコントラストは 10^8 にも達する．このことからもいかにカウタージェットが見えにくいかが分かる．

3.2.3 統一モデル

ジェットの向きは観測者からみるとランダムであるはずである．たまたま観測者の向きに向いているときには一方向の明るいジェットが観測され，超光速運動や激しい時間変動が観測されることになる．ジェットからの放射は相対論的エネルギーの電子が磁場中を旋回運動するときに放射するシンクロトロン放射と考えられるので偏光も強い．このような特徴を示す活動銀河核を「ブレーザー」と呼んだ (3.1.5 節)．ブレーザーはジェットの運動方向が視線方向と角度 $1/\Gamma$ 以内にあるものと考えられる．

物理的にはまったく同じだがジェットの向きと視線方向のなす角がこれより大きい天体はどのように観測されるだろうか？このような天体はジェットからの放射は弱くしか観測されないが，ジェットが遠方まで達して周囲の物質と衝突し，その運動エネルギーを散逸し非相対論的な運動をするようになると明るく見えるはずである．これが電波銀河である．その数はブレーザーの数の Γ^2 倍程度あるはずである．これも観測と一致している．このようにして，電波銀河のジェットが相対論的な運動をしていると，いろいろな観測的事実が統一的に説明できる．ジェットの性質をより詳しく調べるためには，ブラックホール近傍での様子はブレーザーを，全体的な制限は電波銀河を調べるとよい．

3.2.4 内部衝撃波モデル

中心核付近のジェットの様子は，電波 VLBI 以外に，相対論的ビーミング効果で明るく見えるブレーザー天体の観測から分かる．それをもとに放射領域の物理量を推定しよう．ブラックホール内縁付近で生成された相対論的流れは時間的に変動しており，流れのローレンツ因子も時間とともに変化するであろう．遅い流れの後に速い流れが生まれると，速い流れはやがて遅い流れに追突し衝撃波を生成する．衝撃波は遅い流れの中を伝播するものと速い流れの中を伝播するものとの対をなして発生する．このように流れ内部の非一様性によって発生する衝撃波を内部衝撃波と呼ぶ．

もっとも単純に考えて，速度の異なる二つの殻が衝突するものと近似してみる．実験室系で見た殻の厚さや殻の間の間隔 ℓ は，ジェット生成領域の力学的タイムスケール[*4]で決まると考えられる．$10^8 M_\odot$ のブラックホールのシュバルツシルト半径の 10 倍の大きさはおよそ 3×10^{12} m であるが，これを光速の約 10% で運動することでタイムスケールが決まっているので，典型的な変動のタイムスケールはおよそ 10^5 秒，ほぼ光速で噴出するジェットの典型的な長さのスケールは $\ell \approx 3 \times 10^{13}$ m $= 10^{-3}$ pc 程度と考えられる．二つの殻のローレンツ因子を $\Gamma_{\rm f} \gg 1, \Gamma_{\rm s} \gg 1$ とすると衝突が起こる距離 d は

$$d = V_{\rm f} t = \ell + V_{\rm s} t \tag{3.10}$$

から

$$d = \ell \frac{V_{\rm f}}{V_{\rm f} - V_{\rm s}} \approx 2\ell \frac{\Gamma_{\rm s}^2}{1 - \frac{\Gamma_{\rm s}^2}{\Gamma_{\rm f}^2}} \tag{3.11}$$

である．これはジェット生成領域のサイズのほぼ Γ^2 倍であり，典型的には 10^{-1} pc となる．殻の厚さは実験室系から見るともとのサイズとあまり変わらないが，殻の固有系から見ると元のサイズの Γ 倍，典型的には 10^{-2} pc 程度である．

ブラックホール近傍でジェットが形成されるときには，$\Gamma = 1$ から $\Gamma \approx 10$ まで加速されるが，ファイアボールモデル (5.2 節のガンマ線バースト参照) の立場では，固有系から見るとほぼ光速で熱膨張しサイズが大きくなるのに対し，実験

[*4] 領域の大きさを構成する粒子の速度 (音速) で割った値．

室系ではローレンツ収縮の効果でこれを打ち消すことにより元のサイズを保つと理解すればよい.

衝撃波が殻を通過する時間は殻の固有系では 10^6 秒程度だが, 観測者はこれを 10^5 秒程度の間に観測する. 中心核からはかなり遠方で起こっているにもかかわらず, 時間変動はジェットの生成領域でのタイムスケールで観測される. このような距離やサイズの推定は観測的な推定とよく符合しており, ジェット形成機構に大きな示唆を与えている. 一般的にはジェットの運動エネルギーの大部分は内部衝撃波では散逸されず, 運動エネルギーとしてより大きなスケールまで運ばれる. 内部衝撃波モデルの詳細は5章のガンマ線バーストで述べる.

3.2.5 放射領域の物理量

散逸されたエネルギーは殻を構成する物質を加熱するだけではなく, 磁場を強めたり, 衝撃波統計加速などによって一部の粒子を非常に高いエネルギーまで加速したりする. 個々の電子のローレンツ因子を γ として, そのエネルギー分布関数は $\gamma_{\min}$ と $\gamma_{\max}$ の間で

$$n(\gamma) \propto \gamma^{-p} \tag{3.12}$$

のべき型の形をとる. 物質の組成はまだよく分かっていないが, 通常の陽子・電子プラズマとともに電子・陽電子対を主成分とするプラズマの可能性も高いと考えられている. いずれにせよ, 電子が加速されると磁場中でシンクロトロン放射を放出する. べき型スペクトルの電子が放出するシンクロトロン放射のスペクトルもやはりべき型であり, そのスペクトル指数 α は $(p-1)/2$ となる. 観測的には α は大体 0.5 から 1 の間にある. このとき p は 2 から 3 となる. もっとも単純な場合の衝撃波粒子加速の予言は $p=2$ であり, よく一致しているといえる. 観測的には, 高振動数側ではべき指数 α が大きくなる傾向があるが, 理論的にも電子の放射冷却の影響が効く高エネルギー側では p は 1 だけ, α は 0.5 だけ大きくなる (4.2 節参照).

ビーミングを考慮したシンクロトロン放射の振動数は

$$\nu_{\rm syn,ob} \approx 10^{10} B \gamma^2 \delta \quad [{\rm Hz}] \tag{3.13}$$

であり, $B = 10^{-8}$ T, $\delta = 10$ とすると $\gamma = 10^3$ の電子は 10^9 Hz の電波を, $\gamma =$

10^5 の電子は 10^{13} Hz の赤外線を，$\gamma = 10^7$ の電子は 10^{17} Hz の X 線を放射する．1 個の電子の放射率は

$$\frac{4}{3}\sigma_{\rm T} c U_{\rm mag} \gamma^2 \tag{3.14}$$

で与えられる．ここで，$\sigma_{\rm T}$ はトムソン散乱断面積，$U_{\rm mag} = B^2/(2\mu_0)$ は磁場のエネルギー密度である (μ_0 は真空の透磁率)．これをすべての電子について足し合わせればシンクロトロン放射のエネルギースペクトルが得られる．ごく大雑把に言ってシンクロトロン放射の光度は磁場のエネルギー密度と電子のエネルギー密度に比例する．したがって，シンクロトロン放射の観測からは両者の寄与が分離できないという問題がある．

電子はまた逆コンプトン散乱によって X 線やガンマ線を放出する．逆コンプトン散乱はエネルギーの低い光子を散乱することによって高いエネルギーの光子を生み出す過程である．種光子 (散乱の標的となる光子) の振動数を $\nu_{\rm seed}$ とすると散乱された光子の振動数は

$$\nu_{\rm Com,ob} \approx \nu_{\rm seed} \gamma^2 \delta \quad [{\rm Hz}], \tag{3.15}$$

1 個の電子のエネルギー損失率は

$$\frac{4}{3}\sigma_{\rm T} c U_{\rm seed} \gamma^2 \tag{3.16}$$

となる．シンクロトロン放射のサイクロトロン振動数の代わりに種光子の振動数が，磁場のエネルギー密度の代わりに種光子のエネルギー密度 ($U_{\rm seed}$) が入る形となっている．したがって逆コンプトン散乱の光度とシンクロトロン放射の光度の比は，種光子のエネルギー密度と磁場のエネルギー密度との比になる．

種光子としてシンクロトロン光子自身が寄与する場合をシンクロトロン自己コンプトン (SSC) と呼んだ (3.1.5 節)．この場合，両者の光度は観測量なので，これから磁場のエネルギー密度と電子のエネルギー密度が決まることになる．種光子としてシンクロトロン光子以外のもの，たとえば降着円盤からの熱放射やそれが周囲の物質と相互作用した結果の光子が寄与する場合を外部コンプトンと呼んでいる．このときは外部種光子のエネルギー密度の観測は困難ではあるが，ある程度の推定はできる．

観測的には光度の低いものはシンクロトロン自己コンプトンが主，光度の大き

なものは外部コンプトンが主となっている．いずれにせよ，コンプトン散乱におけるクライン–仁科効果 (高いエネルギーの電子・電磁波散乱では，散乱される電磁波のエネルギーは減少する．18 ページのコラム「電磁放射のプロセス」参照) などがあるので実際には数値的に放射スペクトルを計算し，観測ともっともよく合うパラメータを決めることになる．たとえば Mkn 421 の例 (3.1.5 節) では，$\delta \approx 10$, $B \sim 10^{-5}$ T, 放射領域の大きさ ~ 0.01 pc, 電子の最大加速エネルギー ~ 0.1 TeV 程度と見積もられる．

もっとも重要な結果は磁場のエネルギー密度は相対論的電子のエネルギー密度より 1 桁程度低いことである．先に述べたように，内部衝撃波モデルでは，散逸された内部エネルギー密度より静止質量のエネルギー密度は 1 桁程度大きいので，中心核から放出されるジェットのパワーの大部分は物質の運動エネルギーが担っており，磁場のエネルギーは数％程度にすぎない．このことはジェットの磁気圧加速モデルへの大きな制限になっている (3.3.3 節)．

3.2.6 電波ローブ

中心核から放出された相対論的ジェットは，中心核の近くで非一様な部分を内部衝撃波で散逸し，平均的な流れはやはり相対論的な速度で残り，さらに遠方まで伝播する．そして最終的には周囲の物質と衝突して衝撃波を形成する．この衝撃波は外部衝撃波と呼ばれる．具体的な相互作用の仕方はジェットを構成する物質の密度と周囲の物質の密度の比によって異なる．ジェットの物質密度が比較的大きいときジェットは質点のようにふるまい，周囲の物質中をあまり減速されず，速い速度で突き進む．ジェットの物質密度が比較的小さい (比にすると 10^{-2} から 10^{-3} 以下) ときジェットは先端で強く減速される．

観測される電波ローブの年齢はさまざまの方法で推定されるが 10^6 年から 10^8 年とされている．もしジェットの先端が光速で進むと，電波銀河の大きさは 300 kpc から 30 Mpc の大きさになる．またその形状は非常に細長いはずである．ところが，電波銀河の大きさは 100 kpc 程度であり，また形状も卵型でかなり球に近い．このことはジェットの物質密度がかなり低いことを示している．

実際に電波銀河ではジェットの先端近くのホットスポットと呼ばれる明るい領域が存在するが，これが衝撃波の位置を表わしていると考えられる．ジェットそ

のものは相対論的速度で進むが，ホットスポットの進行速度は光速の10分の1から100分の1程度になる．衝撃波ではジェットの運動エネルギーが散逸されジェットの物質の加熱や粒子の加速がおこる．密度の薄さを反映してジェット中にたつ衝撃波は相対論的な衝撃波であり，プラズマの温度も高い．したがって衝撃を受けた物質はジェットの軸に垂直方向にも熱膨張する．これはまた周囲の物質を押して衝撃波をつくる．

このようにしてジェットの物質はコクーンと呼ばれる卵型の領域に閉じ込められた高圧の領域をつくる．コクーンの圧力は周囲の物質の圧力よりも高く，熱膨張しながら周囲の物質中に衝撃波を伝播させる．この様子は，物質の状態が相対論的だという点を除いて，超新星残骸の進化と類似したものと考えればよい．

ホットスポットやローブも相対論的電子と磁場で満たされているので，シンクロトロン放射や逆コンプトン散乱で放射する．コンプトン散乱の種光子として宇宙背景放射が重要になる．ブレーザーの場合と同様なやり方で磁場や相対論的電子のエネルギー密度を求めることができる．やはり物質のエネルギー密度の方が磁場のエネルギー密度より1桁程度大きいという結果が得られている．

重要なことは，後の時刻に放出されるジェットは高圧のコクーン中を伝播するため横方向には広がらないことである．すなわち，ジェットの閉じ込めが自分自身で行なわれる．したがって，よくいわれるジェットの閉じ込め問題はこのような大きなスケールでは存在しないことに注意しておこう．ジェットの運動学的光度が小さかったり，時間が経過して熱膨張が進んだりすると，コクーンは周囲と圧力平衡になり，膨張の様子も変わってくる．なお，この描像はFRII型の電波銀河についてであり，FRI型と呼ばれる電波銀河ではジェットの減速がホットスポットではなくより内側で起こり，比較的速度の遅いジェットが進行していると考えられている[*5]．

3.3　宇宙ジェットのモデル

宇宙ジェットの観測が進むにつれ，さまざまなモデルが提案されてきた(表3.3)．ブラックホールなど高密度天体の重力はガスを引き寄せる引力だから，重

[*5] FRI, FRIIはファナロフ(B.L. Fanaroff)とリレー(J.M. Riley)による電波銀河の形態学的分類名．電波強度が中心で強いものをFRI，縁で強いものをFRIIとした．後者のほうが電波は強い．ジェットによるエネルギー移送効率が高い(FRII)か低い(FRI)かの差により，あるいは母銀河の環境により，ジェットが早く減速する(FRI)か遅く減速する(FRII)．

表 3.3 宇宙ジェット・アウトフローのモデル.

駆動源 (降着流)	高温気体の圧力	放射の力	磁場の力
標準円盤	降着円盤熱風 電子・陽電子対風	放射圧加速風 線吸収加速風	磁気遠心力風 磁気圧加速風
超臨界降着流	降着円盤熱風	ファンネル放射風	ファンネル磁気風
その他		線吸収固定機構	カー・ブラックホール のエルゴ圏†

† カー・ブラックホールは, 回転のため, 粒子が静止できない領域 (静止限界面) をつくる. 静止限界面と事象の地平 (ブラックホール半径) の間の空間をいう.

力にあらがう形での外向きのジェットが存在することは意外な感じもする. しかしそこには, ジェットを引き起こす特有の力が働いている.

3.3.1 宇宙ジェットのモデルの概要

ジェットの加速 (駆動) 機構は, 中心天体の重力エネルギー転換炉の働き方によって, (1) 熱的なガスの圧力によるもの, (2) 放射圧 (光の圧力) によるもの, そして (3) 磁場の圧力 (や遠心力) の関与したもの, に大きく分けられる. また収束機構の方は, もともと等方的な流れが外的な環境によって収束される場合と, 降着円盤のような非対称な天体から噴出する場合, に分けられる. これらのうち, 宇宙ジェットの起源を説明するモデルとして有望なのは, 中心にある降着円盤を直接に利用することである.

現在, 宇宙ジェットモデルの二大潮流は, 降着円盤の放射場によって加速する「放射圧加速モデル (Radiative Acceleration)」と, 降着円盤を貫く磁場によって加速する「磁気力加速モデル (Magnetic Acceleration)」である. 前者では, ブラックホールなど高密度天体の周辺に 2 章で紹介した降着円盤が形成されているとき, その降着円盤から放射される光の圧力によって, ジェットのガスを駆動・加速する. 後者では, 降着円盤周辺に存在する磁場の力によって, 電離したプラズマガスを駆動・加速する.

二つの代表的なモデルを説明する前に, その他のモデルについて簡単に触れる. 降着円盤は, その形状からして, 非対称である. 円盤面の上下方向には対称だが, 球対称 (中心対称) ではない. したがって, 円盤の表面から放出されたガ

スが，何らかの原因によって加速されれば，非等方的な双方向の流れを形成する．たとえば，円盤状にガスをどかっと落としてやれば，中心の高密度星がブラックホールだとしてもガスのすべてを即座に吸い込むことはできず，ガスの一部あるいは大部分は吹き飛ばされてアウトフローを形成するだろう．また条件によっては，円盤の内部領域が100億度もの高温状態になることがある．そのような高温のプラズマ内部では，光子と光子の衝突や光子と電子の衝突などから，電子と陽電子ペアが生成され，外部に流れ出していくこともあり得る．そのような低密度で超高温のガスは大きな内部(熱)エネルギーを有しているため，円盤の軸方向に吹き出していくだろうと予想される．

このような「降着円盤熱風」においては，高密度天体の重力場が流れに沿って単調に変化しないし，降着円盤の回転に伴う遠心力が働いているため，星からの単純な球対称風に比べると，降着円盤風のふるまいは複雑になっている．たとえば「線吸収固定機構(ラインロッキング)」があるが，これは，後述する線吸収加速風の一種で，線吸収で加速されると光源の連続光がドップラー偏移していき，ついには光源の連続光成分を受けられなくなった段階で，加速がストップしてアウトフローの速度が固定されるものである．超新星爆発の残骸の加速など，いくつかの天体のアウトフローで働いていると考えられている．また，磁場を使って回転ブラックホールの自転エネルギーを取り出し，ジェットを加速するというメカニズムも考えられている．この機構はブラックホールから吹き出す相対論的ジェットでは機能しているかもしれない．

3.3.2　放射圧加速モデル

ブラックホールなど高密度星周辺に形成された降着円盤が放射する強烈な光の圧力によって，ジェットのプラズマガスを駆動するメカニズムが「放射圧加速」である．放射圧加速モデルは，明るいクェーサーやX線星のジェットを説明するために，1970年代から考えられてきたが，1980年にイッケ(V. Icke)が，標準降着円盤モデルの放射場を用い，光学的に薄い(透明な)場合に対して，初めて定量的な計算を行なった．光学的に薄い放射圧加速ジェットは，その後，放射抵抗の働きや円盤形状の違いなど，さまざまな問題が詳細に調べられた．また光学的に厚い(不透明な)場合に対しては，福江純がファンネルジェットモデルを

提案している．しかし光学的に厚い領域から薄い領域にまたがる相対論的放射流体の計算は困難なため，最近になってようやく，より詳細な計算やシミュレーションが端緒についた段階である．

放射圧加速の仕組み

中心の光源から大量の光が放射されているとき，それらの光の流れが，周辺のプラズマに当たってプラズマを加速する (図 3.8 (上))．これが「放射圧加速」の素過程である．光子が中性原子に吸収される場合でも基本的には同じである．放射圧の働きにはいくつかの側面がある．ここでは放射抵抗も含めて，放射圧加速の物理過程を説明する (図 3.8)．放射圧加速には，円盤や風を構成するガスの温度が 1 万 K 程度で有効に働く「線吸収加速」と，もっと高温でガスがほぼ完全電離している場合に働く「連続光加速 (コンプトン加速)」がある．

線吸収加速

高密度星の周辺に形成された降着円盤の内部では，差動回転に伴う摩擦によってガスが加熱され，さらには大量の光子が発生する．光子は円盤表面から放射されるが，光子の流れ —— 光子流，放射流 (Radiative Flow) —— は外向きの運動量を持っている．ガスが光子を線吸収することで，光子流の運動量を受け取り加速されるメカニズムが「線吸収加速」である．

たとえば光子を放射している円盤表面近傍に水素ガスがあったとしよう．ガスの温度があまり高くなく，電離していなければ，水素ガスは放射光の中の特定の波長の光を線吸収して励起状態になる．バルマー系列と呼ばれるものでは，656.3 nm の光を吸収して，原子の状態は第 1 励起状態から第 2 励起状態に遷移する．励起した原子は，やはり特定の波長の光を線放射して，もとの状態に戻っていくので，エネルギー的にはある種の平衡状態になっている (放射平衡と呼んでいる)．ところが，ガスが線吸収した際には，光子が持っていた外向きの運動量を受け取るが，次にそのガスはあらゆる方向に均等に線放射するために，特定の方向への運動量を失うわけではない．結果として，ガスは最初に受け取った外向きの運動量を得る．

線吸収加速は意外に有効なメカニズムで，適用できる天体も多い．白色矮星と通常の恒星からなる激変星では，白色矮星周辺の降着円盤は中心付近の温度が 1

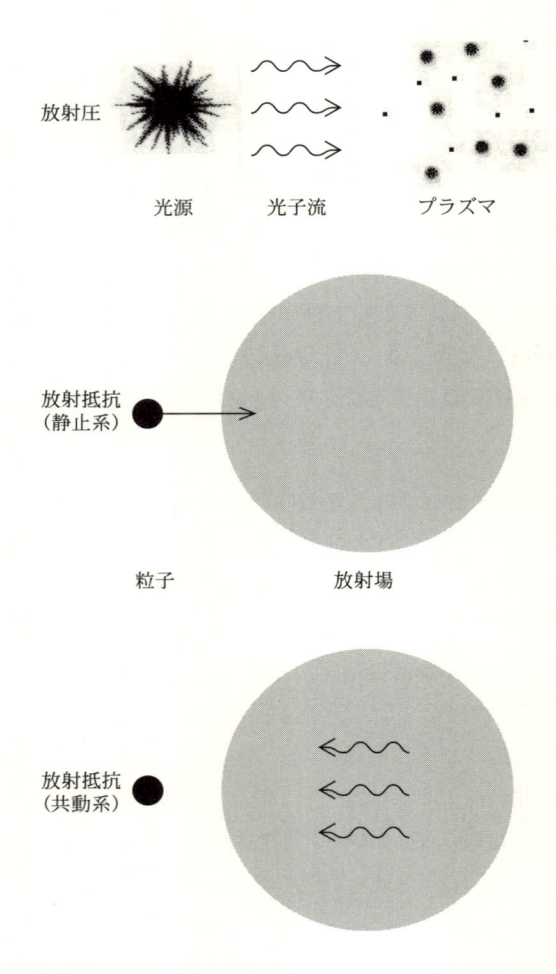

図 3.8 放射圧と放射抵抗．プラズマは光源から放たれた光子によって加速される一方，大量に存在する光子によって抵抗を受ける．前者が放射圧 (上) で，後者が放射抵抗 (中：静止系，下：共動系).

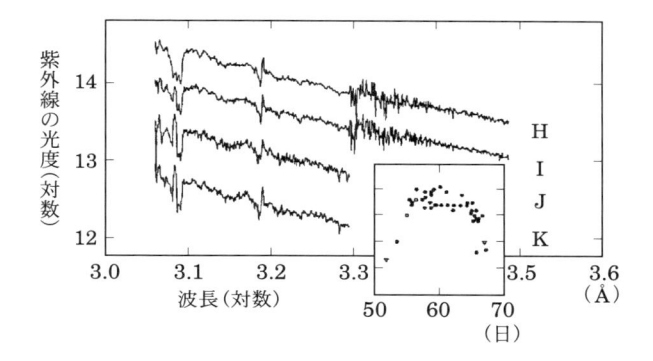

図 **3.9** 国際紫外線衛星「IUE」で観測した矮新星おおいぬ座 HL 星の紫外線領域のスペクトル (Mauche & Raymond 1987, *ApJ. Suppl.*, 130, 269 より転載). 横軸はÅ 単位で測った波長 λ を, 縦軸は光の強さを, ともに対数で表示してある. 矮新星爆発の後期における四つの時期 (H, I, J, K) のどのスペクトルにも, $\log \lambda \sim 3.095$ に強い吸収線, $\log \lambda \sim 3.235$ に, いわゆる, P Cyg プロファイルが見られる. 前者は NV($\lambda = 1240$ Å) に, 後者は CIV($\lambda = 1550$ Å) に対応している. 小さく挿入した図は, 可視光の光度 (等級) 変化を示す. 紫外線スペクトルの観測が爆発の後期であることが分かる.

万 K 程度で線吸収が効きやすい. 激変星の一種, 矮新星おおいぬ座 HL の紫外線スペクトル (図 3.9) には, 4 階電離窒素 NV[*6]による吸収と 3 階電離炭素 CIV による構造が (P Cyg プロファイル[*7]という) が観測されている. その構造は質量放出している高温度星でよく見られ, アウトフロー (外向きのガス流) の存在を強く示唆する. また伴星が降着円盤風を隠す掩蔽の観測によって, 激変星からのアウトフローは, 球対称ではなく絞られた流れになっていることが指摘されている.

BAL クェーサー (3.1.2 節) でも線吸収加速は有望視されている. クェーサー

[*6] 元素とその電離状態を表わす. たとえば NV は窒素 (N) の 4 階電離 (V) をあらわす. 中性の場合は NI である.

[*7] 視線方向に近づく星風中の元素 (またはイオン) は背後の星の連続光のドップラー偏移した波長で吸収するので短波長側に吸収線を持ち, 視線以外の方向に飛ぶ元素 (イオン) は偏移のない光を出すので長波長側に輝線構造を示す.

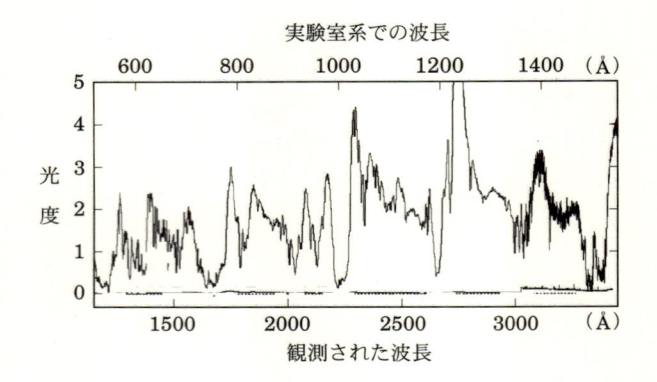

図 3.10 ハッブル宇宙望遠鏡で観測した BAL クェーサー PG 0946+301 のスペクトル (Arav et al. 2001, *ApJ*, 561, 118 より転載). 横軸は Å 単位で測った波長で, 下側が観測された波長, 上側が実験室系での波長になっている. 縦軸は光の強さ. 高階電離した原子による青方偏移した強く幅広い吸収線が多数見られる.

の 10%程度は, N V, C IV, Si IV などの高階電離した原子のスペクトルで, 強い吸収線を示し, しかも大きく青方偏移していて, 対応する速度は光速の 1 割にもなる. このような BAL クェーサーの観測事実は, 現在では以下のように解釈されている. クェーサーの中心に存在する降着円盤からは $0.1c$ (c は光速) もの高速ガス流があり, そのガスが降着円盤からの放射を吸収して強い吸収線をつくっている (図 3.10). ガス流は降着円盤から上下方向対称に吹き出しているのだが, 遠ざかる成分は降着円盤に遮られて見えないために, 近づく成分 (すなわち青方偏移成分) だけが見えている. BAL クェーサーがクェーサーの 10%程度でしかないというのは, 単に幾何学的な配置で吸収線が観測されにくいためだと推測されている.

連続光加速

ブラックホールや中性子星の近傍では, ガスの温度は典型的には数千万 K にもなるので, 円盤ガスはほぼ完全に電離している. 中心天体が白色矮星の場合でも, 超軟 X 線源と呼ばれる天体では降り積もってくるガスの量が多いために, 中心付近でのガスの温度は数十万 K になっていて, やはりガスは電離状態に

なっている．ガスが電離してしまうと，線吸収のメカニズムは働かなくなる．しかし，円盤が光り輝いていると，電離したガスは円盤からの連続放射を直接に受けて吹き飛ばされることになる．これが「連続光加速」である．

ミクロにみると，ガスが電離して生じた電子(自由電子と呼ぶ)は，円盤から放射された光子に衝突されて運動量をもらい，外向きの力を受ける．さらに自由電子とイオンは電磁気的な力で強く結びついているので，電子が外向きに動かされるとイオンも引っぱられて，結果として，電離ガス全体が吹き飛ばされることになる．光子と電子の衝突をコンプトン散乱と呼ぶことから「連続光加速」は「コンプトン加速」ともいう．

このような放射圧加速風において，アウトフローを減速する力は，中心の天体の重力であり，逆にガスの外向きの流れ加速を助ける力としては，回転に伴う遠心力，降着円盤からの放射の圧力，ガス自身の圧力などがある．これらの力のせめぎ合いによって，外向きの流れが生じたりその形状が変わったりする．

外向きの流れは明るい標準円盤の中心近傍から吹き出しやすい．そして中心近傍から吹き出した水素プラズマガスの流れは，容易に光速の数割にまで加速されることが分かってきた．さらに電子・陽電子プラズマの場合は，光速の9割ぐらいまで加速することが可能である．超臨界降着円盤の軸上で加速されるジェットの場合，質量降着率が十分に大きければ，通常の陽子・電子プラズマでも，光速の90%以上に加速することが可能である．

このように，加速という観点だけからみると，光輝く降着円盤からの放射圧加速風は，SS 433 ジェットのような，電子と陽子の通常プラズマからなる中程度に相対論的なジェットを説明することが可能である．またマイクロクェーサー GRS 1915+105 や GRO J1655−40 など，光速の9割ぐらいの速度を持つ高度に相対論的なジェットも，場合によっては可能である．しかし，超相対論的なガンマ線バーストについては不明である．またきわめて明るい超軟X線源 (Supersoft X-Ray Source) は $4000\,\mathrm{km\,s^{-1}}$ ほどの高速の流れが存在しているが，ガスの温度が数十万Kで線吸収加速が効かなくなるものの，連続光加速なら大丈夫である．先に述べた光速の1割の外向き速度を持つ BAL クェーサーは，線吸収加速が有望だが，連続光加速で BAL クェーサーを説明しようという考えもある．

放射抵抗

　放射の流れから運動量を受け取る過程とは別に，放射すなわち大量の光子の存在自体によって，光源の周辺の空間には放射場のエネルギーが存在する．エネルギーは質量と等価で慣性を持つので，放射場の中を運動する粒子は，速度ベクトルと反対方向に，ほぼ速度の大きさに比例する抵抗を受ける (図 3.8 (中))．この作用は放射抵抗と呼ばれている．放射場のエネルギーとか慣性がしっくりこないなら，座標系を変えて眺めてみるといいかもしれない．すなわち，光子に満ちた領域を粒子が運動しているとき (図 3.8 (中))，座標系を静止系 (実験室系) から共動系 (粒子系) に変換してみる (図 3.8 (下))．そうすると，静止した粒子に向かって，(粒子の進行方向) 前方から光子が全体として押し寄せてくることになるので，粒子は放射圧によって後方に押しやられることになる．そして共動系で後方に動くことは，もとの静止系で見れば，(抵抗によって) 運動が減速されることに等しい．

最終速度の存在

　このような放射場において，プラズマ粒子を静止系で観測したとき，静止系での放射圧で加速される一方，静止系での放射エネルギーのために抵抗を受ける．その結果，それらの力がつりあった段階で，粒子の速度が一定になる (このとき，粒子とともに動く共動系では，放射場からの力は 0 になっている)．この放射圧と放射抵抗がつりあったときに到達する速度を，「最終速度」とか「終末速度」と呼ぶ．

　光学的に薄い放射圧加速風では，放射抵抗の存在のために，最終速度が光速の数割に抑えられてしまうことが多い．しかし，ガス密度が高くなり，ジェット流が光学的に厚くなると，放射とガスが渾然一体となって加速されるために放射抵抗は効かなくなり，より大きな最終速度が得られる．

放射圧加速モデルの長所と短所

　放射圧加速のメカニズムは，基本的には明確で分かりやすい．したがって，その長所と問題点もはっきりしている．長所として，第 1 に明るく輝く降着天体との相性が非常にいいことが挙げられる．ブラックホール降着円盤を含め，高密度天体への降着流 (降着円盤) は，燃料が十分に供給されれば必ず明るく輝くので，

放射を大量に発生させることができる．したがって，放射圧加速は，エネルギー的に困らないのはもちろん降着円盤その他の中心光源と容易に共存できる．

第2に，放射は中心天体の重力に逆らって外向きに広がる性質があるので，自然な形でアウトフローやジェットを形成することができる．実際，ウォルフ・ライエ星[*8]や超軟X線源，マイクロクェーサーSS 433など，放射圧加速機構が働いていると考えられる天体も多い．そして，降着円盤からの非球対称な放射を用いれば，流れも非球対称になるだろう．さらに，中程度に相対論的な速度までガスを加速するのは容易だ．

一方で，問題点は，本来的に四方八方へ広がりやすい放射によって"細く絞られた"ジェットをどうつくるか，放射抵抗の存在にも関わらず"相対論的速度"にまでいかにして加速するか，などである．この課題については最後にふたたび検討しよう．

ジェットの放射流体理論

放射圧加速メカニズムは多年にわたって調べられてきているが，ガスと放射の相互作用をきちんと解くのは，とくに相対論的な速度で流れが存在している場合は，現在でも大変困難である．以下では，ガスが光学的に薄い場合，極度に厚い場合，一般的な場合のシミュレーションについて，放射圧加速モデルの現状を紹介しよう．

光学的に薄い放射圧加速風　ガスが光学的に薄い(透明な)場合には，ガスが放射に与える影響を無視することができるので，問題が簡単になる．すなわち，光源(たとえば降着円盤)の放射場を先に計算しておいて，中心天体の重力場と降着円盤の放射場の中でのガスの運動を計算すればよい．光源として降着円盤を考えたとき，光り輝く降着円盤から放射される光子は，降着円盤の上空に放射力の場を形作る．降着円盤表面の温度は中心ほど高温で明るさの分布が一様ではないので，上空の放射場も空間的に非常に複雑なものになるが，数値的に計算することはできる．中心天体の重力場と数値的に求めた降着円盤の放射場を使い，放射圧や放射抵抗をきちんと考慮して，標準降着円盤から放射圧で駆動されるプラ

[*8] 大質量星の進化の末期にある星．強い星風を特徴とし，外層のかなりの部分は失ってしまっている．

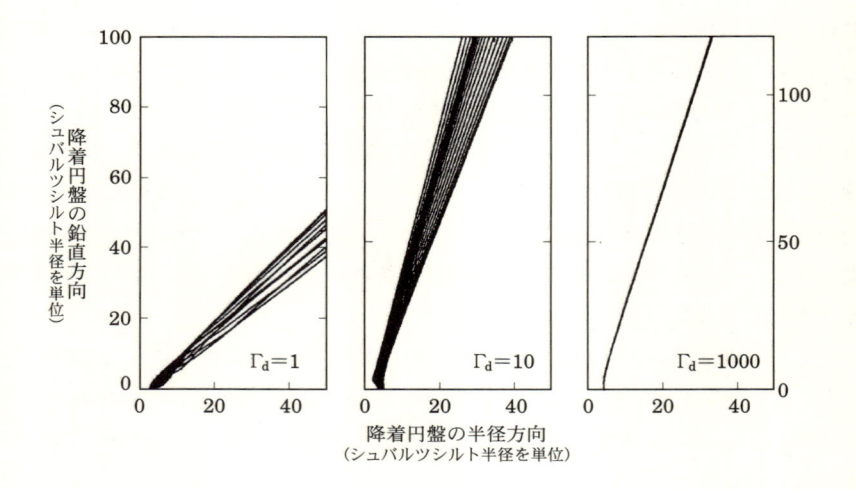

図 3.11 標準降着円盤からの放射圧加速プラズマ風 (Tajima & Fukue 1998, *Publ. Astr. Soc. Japan*, 50, 483 より転載). 降着円盤の内縁近傍から吹き出したプラズマ粒子の軌道を描いたもので，各パネルの左下原点にブラックホールがあり，横がシュバルツシルト半径の 50 倍，縦が 100 倍の範囲になっている. 左から右に向かって降着円盤が明るくなっていて，エディントン限界光度を単位にして，左から，1, 10, 1000 となっている. この計算例では電子・陽電子プラズマ風を念頭に置いている.

ズマ風を計算した例を図 3.11 に示す．図を見て分かるように，降着円盤があまり明るくないときには，放射圧加速風は周辺に広がりながら吹き出すが，降着円盤が明るくなるにつれ，上方へ向かってジェット状に吹き出していくことが分かる．そして中心近傍から吹き出したプラズマ風の最終速度は，通常プラズマの場合は光速の 2 割から 6 割程度，電子・陽電子プラズマだと光速の 9 割を超えることが可能である．

ファンネルジェット流

　ガスが光学的に十分に厚い (不透明な) 場合には，放射とガスの結びつきが強く放射とガスは一体となってふるまうので，相対論的な一流体として取り扱うことが可能になる．この場合も問題は比較的簡単である．たとえば，高密度星の周りの降着円盤で，質量降着率がきわめて大きな場合には，中心近傍で円盤ガスの

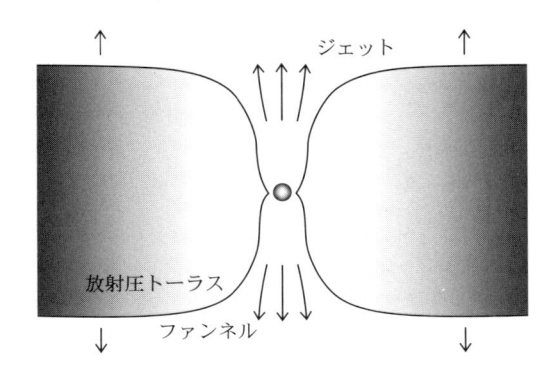

図 3.12 降着トーラスとファンネル．光輝くトーラスの軸上に形成された空洞領域 (ファンネル) で，ジェットを収束させ加速することができる．

圧力が極度に高くなり，円盤は鉛直上下方向に膨れて厚くなる可能性がある (図3.12)．そのような幾何学的に厚い降着円盤のことを降着トーラスと呼ぶ．このとき重要なことは，ガス自身の回転のために，トーラスの回転軸付近には，ガスが入り込むことができなくなることだ．ちょうど流しに水を流したときや風呂の栓を抜いたときなど，穴の中に水が勢いよく吸い込まれていく際には，水の渦の中心に穴が開くのと似ている．

この回転軸近傍のガスが入れない空洞領域を「ファンネル」と呼んでいる．このようなファンネル内で，ガスと放射が一緒になって加速されると，降着トーラスの内壁でジェットの収束もできるので，加速と収束が同時に可能になる．

相対論的放射流体ジェット

放射圧加速ジェットでまだ十分に分かっていないのは，ジェット流の加速とともに，ガスが光学的に厚い状態から薄い状態に変化している場合である．活動銀河ジェットやマイクロクェーサーのジェットなど，ブラックホールの重力場の中で相対論的な速度にまで放射圧で加速されるジェットでは，「一般相対論的放射流体力学」と呼ばれる現代宇宙物理学でも最大級に難しい問題を解かなければならない．

最近ようやく，降着円盤の鉛直方向や球対称など，簡単な 1 次元定常流の場合

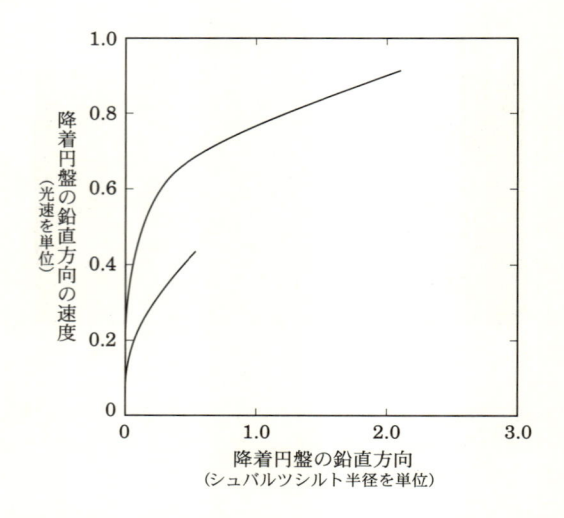

図 3.13 降着円盤から鉛直方向に加速される流れを，相対論的放射流体力学を用いて解いた例 (Fukue & Akizuki 2006, *Publ. Astr. Soc. Japan*, 58, 1073 より作成)．横軸が円盤面からの高度 z (シュバルツシルト半径が単位) で，縦軸が流れの速度 v (光速が単位)．鉛直流の半径はシュバルツシルト半径の 3 倍で，円盤の明るさがエディントン限界光度程度だと光速の 4 割ぐらいまでしか加速されないが (下の曲線)，明るさが 10 倍になると光速の 9 割ぐらいまで加速される (上の曲線)．

が解かれるようになってきた．その結果によると，放射場が強い場合には，ガスは (放射抵抗があまり働かない) 光学的に厚い領域で効果的に加速され，原理的には光速近くまで加速されうることが分かってきた (図 3.13)．2 次元や 3 次元など，より現実的な状況でどうなるかは，今後の研究が待たれる．

相対論的放射流体シミュレーション

ガスと放射の相互作用をきちんと考慮しながら，2 次元的な形状を持った降着円盤などから，放射圧によって加速される相対論的な流れを正確に解くためには，最終的には多次元の相対論的放射流体シミュレーションをしなければならない．放射場の取り扱いにはいろいろな近似が使われているし，速度も光速の 1 割くらいまでしかなりたたない範囲ではあるが，多次元の相対論的効果を考慮した放射流体シミュレーションも行なわれ始めている (図 3.14)．

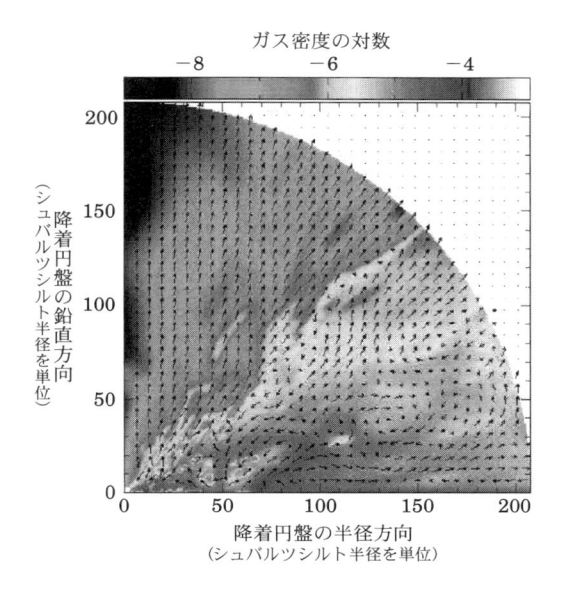

図 **3.14** 放射流体力学シミュレーションの例 (Ohsuga *et al.* 2005, *ApJ*, 628, 368 より転載). グレースケールは密度分布を, 矢印は速度ベクトルを表わす. ブラックホールの周囲から大量にガスを落下させたとき, ガス円盤の内部で光子が大量に発生し, その放射圧によって, 光速の1割程度の速度でガスが流出している.

放射圧加速モデルの課題

放射圧加速モデルは, 光り輝く活動天体においては, 非常に重要な役割を果たしていると考えられるが, すでに触れたように, 未解明の問題も多い. 最後に, 放射圧加速モデルの課題について検討しておこう.

収束問題 放射は四方八方へ広がる性質があるので, 一般的には放射圧だけで細く絞られたジェットに収束するのは難しい. 実際, 幾何学的に薄い降着円盤からの放射圧加速風は, 遠方では広がってしまう性質がある. アウトフローを細く絞ってジェットとするためには, アウトフローを閉じ込める何らかの仕掛けが必要である. そのような仕掛けとしては, たとえば, 外部円盤から流れ出す低速で高密度の円盤風とか降着円盤コロナ, あるいは磁場などが考えられる. 先に述べ

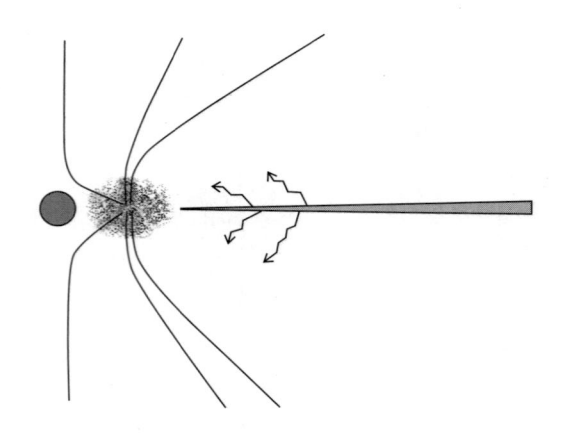

図 3.15 放射圧収束加速モデル (Fukue *et al.* 2001, *Publ. Astr. Soc. Japan*, 53, 555 より転載).ブラックホール (左の黒丸) の周囲には,光り輝く降着円盤 (平たい灰色の領域) が広がっているが,条件によっては,ブラックホールのごく近傍は非常に高温になり,希薄な電子・陽電子プラズマ (点の集まり) が発生する.高温領域から吹き出した電子・陽電子プラズマは,周囲の円盤からの放射 (波形の矢印) によって加速され,実線のように吹き出しながら,一部は軸状に収束していく (左側の実線).

た,降着トーラスのファンネルで絞るのもその一つだ.また本来は四方八方へ広がる性質を持った放射自身によって,ジェットのガスを収束することも不可能ではない.降着円盤の表面温度は中心ほど高くなるので,放射場も中心付近ほど強くなるが,ブラックホールなどのごく周辺では降着円盤がなくなるので,ごく中心では放射場は弱くなる.そこで,ブラックホールのごく近傍のガスは,周辺の降着円盤からの放射を受けて,"軸方向へ収束"されうる (図 3.15).

加速問題 放射圧加速ジェットのもう一つの課題は,どれくらいの速度までジェットの加速が可能か (加速限界) である.放射抵抗の働く中で,通常プラズマを相対論的 ($v = 0.9c$, $\Gamma = 2.55$) あるいは超相対論的 ($v = 0.99c$, $\Gamma \sim 10$) 速度にまで加速するためには,何らかのメカニズムが必要になる.加速性能を上げる可能性の一つが,標準降着円盤とは違うモデルを用いることである.ガス降着率が非常に大きくなると,降着円盤は膨らみ,円盤光度はエディントン限界光度

を超えて標準円盤よりも非常に大きくなる (2.2 節). そのような超臨界降着円盤を用いれば, 3.3 節でも触れたように, 通常プラズマを光速の 9 割くらいまで加速することが可能になる. 放射抵抗の問題は, 広がった放射場の中をガス粒子が運動するために生じる現象なので, ガスと放射が渾然一体となって加速されれば, 放射抵抗の問題は回避される. すなわち, 非常に高温で, 大量のガスと放射の混合ガスが, 内部の放射圧によって流体力学的に加速されれば, 放射のエネルギーを効率的にガスの運動エネルギーに転換でき, 原理的には光速まで加速可能になる. その可能性を検証するためには, 先にも述べたように, ガスと放射の相互作用をていねいに取り入れて, ブラックホールの重力場の中で光速近くまで加速される一般相対論的放射流体力学の問題を解かなければならない.

エネルギー問題 放射圧加速モデルでは, 中心天体へ降ってきたガスの重力エネルギーを, いったん放射 (光エネルギー) に変え, さらに, その放射エネルギーを効率的にジェットの運動エネルギーに変換する. 降ってきたガスの量が非常に多ければ, エネルギー的にはそれらの大部分を吹き飛ばすことも可能であり, 放射圧加速モデルの変換効率は基本的には高い. ただし, 一部のガスにエネルギーが選択的に分配されるのか, 方向性 (収束性) を持って分配されるのかなど, 不明な点も多い.

また, ガンマ線バーストでは, 中心で生じた「ファイアボール」から, 極度に超相対論的 ($v = 0.99c$, $\Gamma \sim 10$) なジェットが吹き出していると想像されているが,「ファイアボール」の内部でどのようなエネルギー変換が起こっているのか, まだよく分かっていない. 一般相対論的放射流体力学を全面的に用いてジェットを加速する研究は, まだ端緒についたばかりで, 検討すべき課題がたくさん残っている.

3.3.3 磁気的加速モデル

宇宙ジェットの磁気的加速モデルは, 活動銀河核ジェットを説明するために, 1970 年代後半, ラブレス (R.V.E. Lovelace) とブランドフォード (R.D. Blandford) によって独立に提唱された. パルサー風モデルをそのまま活動銀河核の降着円盤に応用するアイディアである. その後, ブランドフォードとペイン (D.P. Payne) が, 電磁流体 (MHD) モデルを初めてきちんと計算し, これが現

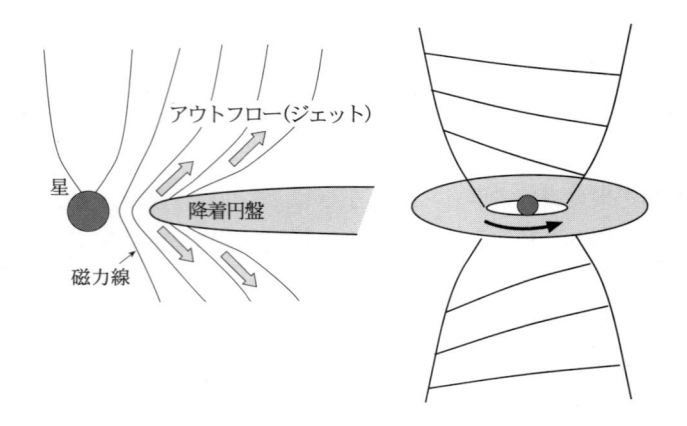

図 3.16 ジェット磁気的加速機構の概念図 (Shibata & Kudoh 1999, in Proc. Star Formation 1999, Nobeyama Radio Observatory, p.263 より転載).

代の宇宙ジェット磁気的加速モデルの出発点となった．その後，星形成領域のジェットが発見されると，磁気的加速機構をこれらのジェットに応用した内田豊と柴田一成のモデルなどが現れた．この節では，宇宙ジェットの電磁流体モデルを概説する．

磁気的加速メカニズム

降着円盤にほぼ垂直な磁力線があるとしよう．降着円盤および周辺のガスは多くの場合電離しており，プラズマ状態になっている．磁力線はプラズマに「凍りついている」ので図 3.16 (左) のようになり，円盤が回転すると磁力線は円盤に引きずられて一緒に回転する (図 3.16 (右))．もし磁力線が図のように円盤の垂線から少し傾けば，遠心力が働き，プラズマは磁力線に沿って運動を始める．磁場が原因で遠心力が発生したので，これを磁気遠心力加速と呼ぶ．このようにして，降着円盤を貫く磁力線に沿ってプラズマが加速される．

磁力線は剛体ではないので，実際には回転方向に曲げられ，磁力線は図 3.16 (右) のようにぎりぎり巻きとなる．こうなると，磁力線どうしの反発力，すなわち，磁気圧が効いて，円盤に垂直方向にプラズマが加速される．縮めたバネから手を離すとバネがはじけて跳ぶように，ぎりぎり巻きの磁力線上のプラズマは激

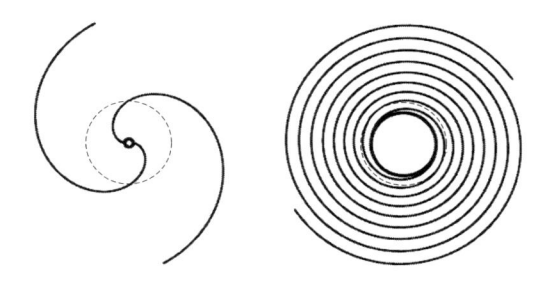

図 3.17 MHD ジェットを上から見たときの磁力線 (Spruit 1996, Evolutionary processes in binary stars, NATO ASI Series C., 477, 249 より転載). 実線は磁力線, 破線はアルヴェーン半径の位置. 左図は磁場が強い場合, 右図は磁場が弱い場合.

しく加速される. これを磁気圧加速という. このようにして, 回転する円盤を貫く磁力線上のプラズマは 2 種類の力, 磁気遠心力と磁気圧, によって円盤から外側に加速される.

磁場が強いときは, 図 3.17 (左) のように磁力線の曲がりが緩やかになり, プラズマは中心から破線のあたりまでほぼ一定の角速度で剛体回転する (これを共回転という). 破線までの距離をアルヴェーン半径と呼ぶ. このときは磁気遠心力が効く. 磁場が弱いときは, 図 3.17 (右) のように円盤のすぐ近くからぎりぎり巻きになるので, 磁気圧が主要な加速機構となる. ここでは降着円盤を考えたが, 任意の回転物体, たとえば, すべての回転する星に適用できる. 実際, もともとこのメカニズムは強い磁場を持つ回転中性子星 (パルサー) から発生するパルサー風加速のために考えられた.

磁気的加速モデルの長所

宇宙ジェットは高速に加速されるだけでなく, 細長く絞られている. これをコリメーションという. いかなるジェットのモデルも加速だけでなくコリメーションのメカニズムも, 説明しなければならない. じつは, 上で述べた磁気的加速メカニズムは, このコリメーションも自然に説明できる. 図 3.16 (右) にあるように, ジェットの周りには磁力線が必ずぎりぎりと巻きつく. 磁力線はゴムひもの

ような性質を持っているので，巻きついた磁力線には張力が働く（これを磁気張力という）．この磁気張力でジェットは細く絞られる（磁気ピンチ）．このような自発的なコリメーション機構は他の加速機構（ガス圧，放射圧）にはない，磁気的加速機構の大きな長所である．

磁気的加速メカニズムのもう一つの長所は角運動量輸送である．回転する星間雲からいかにして角運動量を取り除いて収縮させ星を形成するか．これは星だけでなくあらゆる天体形成にとって共通の基本問題で，天文学の長年の難問の一つであった（角運動量問題）．磁気的加速機構では，磁気力による角運動量輸送により，角運動量問題が自然に解決される．磁力線が少しでも円盤中のプラズマの回転運動を妨げるように存在すれば，つまり磁力線がプラズマに引きずられれば，回転運動は減速され，角運動量を失う．磁気的加速機構では，このメカニズムが円盤を貫く磁力線と円盤の回転運動の間で起きており，角運動量輸送がきわめて効率よく進む．磁気力によってジェットが形成されれば，中心天体の形成が早く進む．極端な言い方をすれば，かつて46億年前に原始太陽系で，比較的短時間のうちに太陽ができ，その結果，地球ができ生命が誕生したのは，「磁気的ジェットが形成されたおかげ」，と言えるかもしれない．

ジェットのMHDシミュレーション

先に述べた磁気的加速メカニズムを，電磁流体力学の方程式をきちんと解いて調べるのは容易ではない．しかしながら，計算機の発達により，続々とジェットのシミュレーションがなされるようになった．はたして細く絞られたジェットは形成されるのであろうか？

非定常シミュレーション

宇宙ジェットの非定常MHDシミュレーションが開始されたのは1984年のことであった．図3.18は，当時行なわれた数値計算の典型例を示す．初期に点状の重力源（原始星，ブラックホールなど）の周りを回転円盤（降着円盤）がまわっている状況を考える．円盤の外側には高温のコロナがあるとする．この状況で磁力線が円盤を垂直に一様に貫いていると，磁力線はプラズマに凍結されているので，円盤の回転に引きずられ，ねじれが発生する．ねじれはアルヴェーン波として円盤の上下に伝わり，そのとき円盤は角運動量を失うので，中心に落下し始め

磁力線

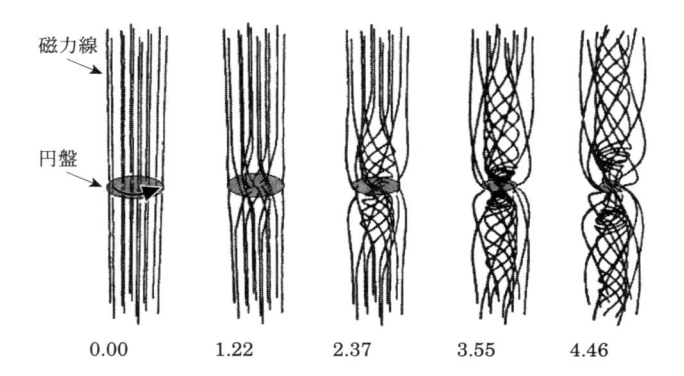

円盤

0.00　　1.22　　2.37　　3.55　　4.46

図 **3.18** 磁気的加速の非定常シミュレーション (Shibata & Uchida 1990, *Publ. Astr. Soc. Japan*, 42, 39). 数字は無次元の時間を表わす．ただし，$2\pi = 6.28$ が円盤の 1 回転周期になるような単位で測られている．この例では，ジェットのパラメータは，磁気エネルギー/重力エネルギー $= 7.2 \times 10^{-3}$，熱エネルギー/重力エネルギー $= 3 \times 10^{-3}$.

る．円盤は落下すればするほど回転速度を増すから磁力線はますます強くねじられる．このように，円盤の落下 (降着) と磁力線のねじれ発生は相互に助け合いながらどんどん激しくなる．

　円盤が中心付近に落ち込むことによって磁力線が大きく変形し，磁力線に沿った方向の遠心力が重力に勝るようになると，円盤表面付近のプラズマが上下に噴出し始め，中空円筒のシェル状のジェットが形成される．ジェットは強くねじられた磁場の圧力によってさらに加速され，最終的に円盤の回転速度 (ケプラー速度，2.2.2 節参照) 程度の速度になる．また，ジェット中の磁場は回転方向にぎりぎり巻きにねじられているので，磁気張力によってジェットが細く絞られる．このような状況が，非定常の 2 次元計算で明らかにされた．

　ところで，2 次元非定常シミュレーションの結果は，ジェットが決して定常にならないことを示している．ジェットはなぜ定常にならないのであろうか？これは降着円盤の物理で決まっている．降着円盤中に磁場があると，磁気回転不安定性が発生し，乱流状態になるからである．しかもこの乱流は磁気乱流なの

で，磁気リコネクション[*9]が至るところで起こる．爆発だらけの乱流といえる．ジェットの噴出も間歇的となり，ジェット中に内部衝撃波が発生することが予想される．以上の「理論的予言」は，降着円盤のX線観測から知られている時間変動や，ジェットのノットの観測から推測されている衝撃波構造とよく合致している．これらの特徴は，後ほどなされた3次元計算でも確認されている．

初期磁場が一様磁場でない場合

これまでの計算では，初期磁場は簡単のため一様だと仮定されていた．初期磁場の形が一様でないときもジェットは形成されるのであろうか？林満らは，原始星ダイポール磁場と降着円盤の相互作用によってジェットが形成されるかどうか，非定常 2.5 次元 MHD シミュレーションによって調べ，その結果，たしかにケプラー速度程度のアウトフローが発生することを確かめた．図 3.19 にその時間変化の代表的な結果を示す．

これを見ると，ダイポール磁場が円盤の回転によってねじられて次第に膨張し，ついには爆発的な「磁気リコネクション」を起こす (時間 = 2.68 の図から時間 = 4.01 の図の間の変化に対応)．その結果，アウトフローが発生しているのが分かる．膨張の原因は一様磁場の場合と同様に，ドーナツ状の磁場成分の増大による磁気圧の増加のためである．しかしこの場合は磁気リコネクションが重要で，局所的にはアルヴェーン速度に達する高速アウトフローも発生する．また，磁気リコネクションにより加熱されたプラズマは数千万度〜1億度にも達し，超高温フレアとして観測されるはずである．実際，小山勝二らは「あすか」の原始星観測で，生まれたばかりの星でも1億度に達する超高温フレアが発生していることを発見した．

一般相対論的 MHD シミュレーション

活動銀河核，マイクロクェーサー，ガンマ線バーストでは，相対論的なジェットが観測されており，中心にブラックホールがあると考えられている．ブラックホール近傍からのジェット形成を正確に計算するには，一般相対論を考慮した電磁流体方程式を解かねばならない．

近年，コンピュータの発達により，そのような計算も可能になった．この分野

[*9] 23 ページの脚注 19 参照．

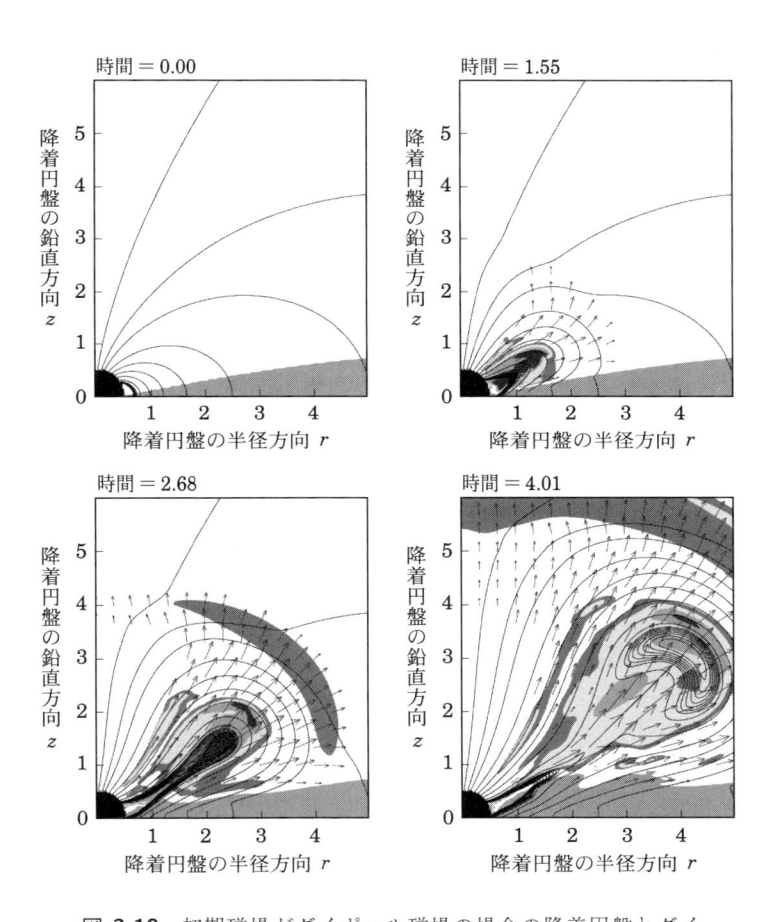

図 3.19 初期磁場がダイポール磁場の場合の降着円盤とダイポール磁場の相互作用を MHD シミュレーションで表わす (口絵 5 参照, Hayashi *et al.* 1996, *ApJ*, 468, L37 より転載). 図の縦軸・横軸の数字は初期の円盤の半径を単位にしたもの. 時間の単位は図 3.18 と同じ.

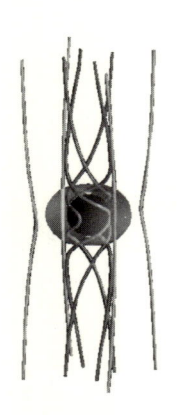

図 3.20 回転するブラックホール (カー解) のエルゴ球と磁力線の相互作用に関する一般相対論的 MHD シミュレーション (Koide *et al.* 2002, *Science*, 295, 1688 より転載). 降着円盤がなくてもブラックホールの回転による時空の引きずりが回転円盤と同じような役割を果たすので, アルヴェーン波が発生し, ブラックホールからエネルギーや角運動量を引き抜くことができる.

では小出真路らが, 世界に先駆けてブラックホール近傍から噴出するジェットの一般相対論的電磁流体シミュレーションに成功した. その結果, 非相対論で計算されていた磁気的降着円盤から噴出するジェットのおおまかな性質は一般相対論を考慮してもなりたつことが判明した. ただし, 一般相対論を考慮した場合は, シュバルツシルト半径の 3 倍より内側で安定軌道がないことを反映してプラズマの降着運動が激しくなり, 衝撃波ができやすくなる. またブラックホールが回転している場合は, エルゴ球の中では時空が引きずられるため[*10], 降着円盤がなくても磁力線がねじられ, その結果, ブラックホールのエネルギーと角運動量が外部に放出される. 図 3.20 はそのような場合の典型的な磁力線形状である.

磁気的加速モデルの観測的検証

ジェットが磁場の力で加速されている証拠はあるだろうか？ 磁場の観測は天体観測の中でもっとも難しい種類の観測なので, 直接的証拠はまだない. しかし

[*10] エルゴ球というのは, 回転するブラックホールの周辺 (赤道近辺) にできる異常空間のことで, そこに入ると物質はもちろん, 光でさえもブラックホールと同じ向きに回転せざるを得なくなる. つまり, 空間がブラックホールの回転方向に引きずられる. このことを「時空の引きずり効果」と呼ぶ.

間接的証拠 (あるいは状況証拠) はいくつかある．もしジェットが磁気的に加速されていれば，ジェットはぎりぎり巻きにねじれた螺旋状の磁場を持つはずだ．そのようなぎりぎり巻きの磁力線があると，ジェットは DNA のような 2 重螺旋構造を示すようになるかもしれない．実際，そのような螺旋磁場構造を持つジェットが活動銀河核ジェットでいくつか見つかっている．これは磁気的加速機構の間接的証拠であろう．

原始星降着円盤から噴出するジェットに関しては，中心星 (原始星) からの放射も，降着円盤自身のガス圧も，加速には不十分で，磁気的加速であると考えられる．実際，中心の原始星自身は強い磁場の存在を示唆するフレアをさかんに起こしており，T-Tauri 型星として知られる若い星 (前主系列星) では，星全体で 0.1–1 T にのぼる強い磁場が観測されている星もある．そのような星からもジェットが噴出しているので，このような磁場観測は，ジェットの磁気的加速機構の間接的な証拠といえる．

磁気的に加速されたジェットでは，足元の降着円盤の回転が磁力線によって伝わり (角運動量が輸送され)，ジェットそのものが回転しながら噴出し伝播しているはずである．ハッブル宇宙望遠鏡は噴出速度約 $100\,\mathrm{km\,s^{-1}}$ のジェットの中におよそ $10\,\mathrm{km\,s^{-1}}$ で我々に近づく向きと遠ざかる向きの速度場を発見した．これはジェットの回転運動の証拠であろう．この回転の向きは足元の降着円盤の回転の向きと同じ向きであり，ジェットの回転速度も磁気的加速機構の予言と大体よく合っている．磁場以外の機構で回転運動を説明することは困難なので，この観測結果はジェットの磁気的加速機構の有力な証拠である．原始星などの若い星から噴出するジェットに関しては，観測精度の向上によって，このようなジェットの回転運動が近年続々と検出されるようになってきたので，磁気的加速機構はかなり有力になってきた．

残された課題

以上見てきたように，宇宙ジェットの磁気的加速モデルは 1970 年代半ば以来，著しい発展を遂げた．特にスーパーコンピュータの発展によって，ジェットの加速や伝播に関して，解析的手法ではとうてい解くことができないような複雑な 3 次元時間発展の様子まで調べられるようになったのは，大きな進歩である．しかしながら，観測による検証や，理論的な問題点など，今後の課題も少なくない．

以下に，今まであまり触れてこなかった重要な問題点をまとめておく．

(1) 超相対論的ジェットの形成：活動銀河核ジェットやガンマ線バーストではローレンツ因子が 10 以上の超相対論的ジェットが噴出していると考えられている．はたして超相対論的ジェットはいかにして形成されるのだろうか？

(2) 電子・陽電子プラズマジェット：活動銀河核ジェットを構成する物質は，通常のプラズマ (電子・陽子) ではなくて，電子・陽電子プラズマの可能性がある．後者の場合，はたして通常の電磁流体力学が適用できるのかどうか，まだ分かっていない．

(3) ジェットのエネルギー変換の問題：近年の X 線観測によれば，活動銀河核ジェット中の粒子のエネルギーは磁場のエネルギーの 10 倍くらい大きい．つまり，ジェットが磁気的に加速されているならば，観測されているあたりまでに，磁場のエネルギーを運動エネルギーに十分変換しておく必要がある．しかし，磁力線が放射状，あるいはそれよりも細くコリメーションされている場合は有限の磁気エネルギーが残ることが知られているので，コリメーションしつつエネルギー変換を行なうのは困難である．これを解決するアイディアとしては，ジェットにはコリメートされた細いジェットとコリメートされていないアウトフローの 2 成分あるという考え方と，磁気リコネクションを利用してエネルギー変換を行なうという考え方がある．

(4) ジェットの内部構造 (ノット) の起源：ジェットには原始星ジェットから活動銀河核ジェットにいたるまであまねくノット構造が見られるが，その起源はまだ不明である．ジェット自身の不安定性に起因するのか，それとも，中心エンジンの時間変動によるものなのか？今後，理論と観測の比較によるモデルの定量化がおおいに期待される．マイクロクェーサー，活動銀河核，ガンマ線バーストでは，今後の観測の発展に期待したい．

第4章

粒子線と重力波天文学

4.1 宇宙線

　宇宙線は宇宙空間を飛びまわる高エネルギーの陽子，原子核，電子等である．広い意味では宇宙を飛びまわる高エネルギーの粒子の総称として使われ，電荷を持たないガンマ線，宇宙ニュートリノなどを含めることもある．この節では，最初の定義である電荷を持った高エネルギー粒子の宇宙線について述べる．

4.1.1　宇宙線のスペクトル

　図4.1に宇宙線のエネルギー分布を示す．10^8 eV から 10^{20} eV までそのエネルギー分布は12桁にわたっている．さまざまな衛星や気球実験により 10^8 eV から 10^{15} eV まで測定され，10^{13} eV から 10^{20} eV の領域は宇宙線が大気中で引き起こす空気シャワーという現象を高山，地上に設置された検出器で測定する方法がとられている．それにより30桁を超える強度範囲で測定されている．驚くべきことに，広いエネルギー範囲に広がった宇宙線のエネルギー分布は，折れ曲がりのある単純なべき関数で示される．どのようなプロセスにより，どこで宇宙

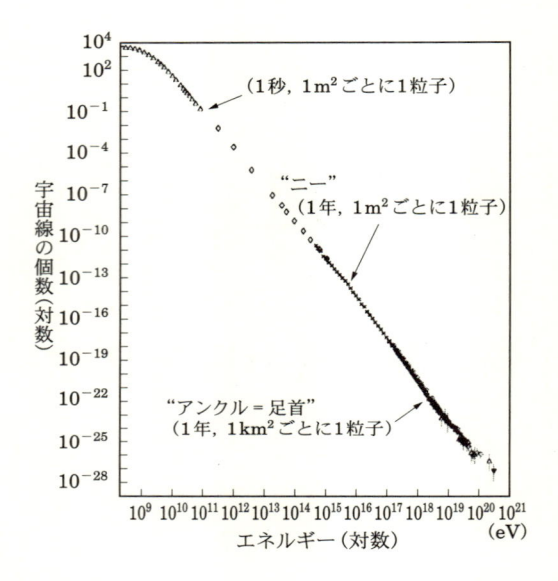

図 4.1 宇宙線のエネルギースペクトル．10^8 eV から 10^{20} eV にわたる広いエネルギー領域においてさまざまな方法により測定されている．広いエネルギー領域で，数本のべき関数で分布を表わすことができる．3×10^{15} eV にあるスペクトルの折れ曲がりは「ニー (knee; ひざという意味)」と呼ばれ，宇宙線の銀河からの漏れ出し，または銀河宇宙線の加速限界を示すと考えられる．10^{20} eV 以上，どこまでそのスペクトルが延びているかは不明である．

線が 10^{20} eV ものエネルギーまで加速されているのか．宇宙線のエネルギーの上限は存在するのか．どのようなメカニズムによりべき関数で示されるエネルギー分布がつくられるのだろうか．

4.1.2 宇宙線の化学組成

図 4.2 に宇宙線の主要成分，水素 (H), ヘリウム (He), 炭素 (C), 鉄 (Fe) の原子核のエネルギースペクトルを示す．頻度分布が 10^3 MeV/nucleon (核子あたり 10^3 MeV) 以下で高エネルギーからのべき関数から大きく外れている．これは太陽風磁場による影響であり，太陽活動とともに，その頻度，ピークの位置は変

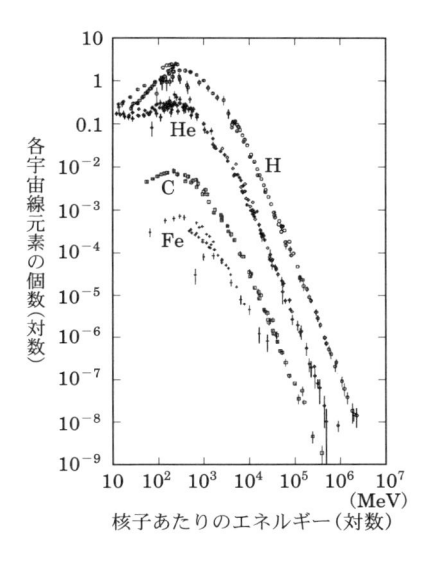

図 **4.2** 主要な宇宙線成分のエネルギースペクトル．核子あたりのエネルギーで示されている．

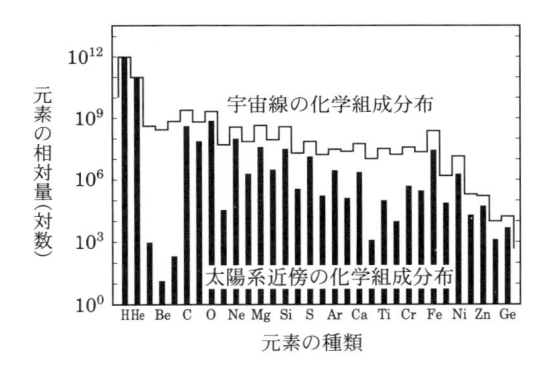

図 **4.3** 宇宙線の化学組成分布 (ヒストグラム) を太陽系近傍の化学組成分布 (棒グラフ) と比較．H(水素) の量を 10^{12} に規格化してある．

化する．銀河宇宙線は太陽風に抗して地球に伝播しなければならないから，太陽活動が激しいときには，頻度が下がり，穏やかなときには頻度が上がる．

図 4.3 は，宇宙線の化学組成分布 (ヒストグラム) と太陽系近傍の化学組成分布 (棒グラフ) とを比較したものであり，以下の事柄が分かる．

(1) 偶数の原子番号の原子核は安定であり，偶数・奇数の原子番号で頻度の大・小が宇宙線と太陽近傍物質の両者に見られる．

(2) 宇宙線中の軽い原子核，リチウム (Li)，ベリリウム (Be)，ホウ素 (B) が太陽系近傍物質に比べ圧倒的に多い．

(3) 宇宙線中に，鉄原子核 (Fe) より少し軽い原子核の過剰が見られる．

(4) 宇宙線中の水素 (H)，ヘリウム (He) の量は太陽系近傍物質と比べて少ない．

これらの宇宙線と太陽系近傍物質の化学組成の相違は，おもに発生源から太陽系までの伝播中に宇宙線が星間ガスと衝突し，原子核が壊され，より軽い原子核がつくられることによる．

4.1.3 宇宙線の銀河内での寿命

前節において (2) で述べたように，宇宙線中の軽い原子核，Li, Be, B が太陽系近傍物質に比べ圧倒的に多い．たとえば，B は宇宙線源で生成されることはなく，C の伝播中に星間ガスとの衝突で 2 次粒子として生成されると考えられている．実際に宇宙線中の B と C の割合から，宇宙線がその源から我々が観測するまでに $50\text{--}100\,\mathrm{kg\,m^{-2}}$ の物質を伝播中に通過していることが分かる．

一方，銀河内でのガス中の物質密度 (陽子密度) は，$\sim 5\times 10^5$ 個 $\mathrm{m^{-3}}$ であり，宇宙線の伝播距離は $\sim 10^{23}\,\mathrm{m}$ となり光速度で割ると $\sim 10^7$ 年 と推定できる．これが宇宙線寿命と考えられる．また，Be の同位体を使って宇宙線の寿命の推定ができるが，およそ 2 倍長い寿命を与えており，宇宙線が平均的な銀河面よりもガス密度の低いところを通過していることを示唆している．

4.1.4 宇宙線の起源

太陽系近傍の宇宙線のエネルギー密度はほぼ $1\,\mathrm{MeV\,m^{-3}}$ であり，この値は銀河内磁場の持つエネルギー $0.3\,\mathrm{MeV\,m^{-3}}$ と大差ない．このことから，宇宙線

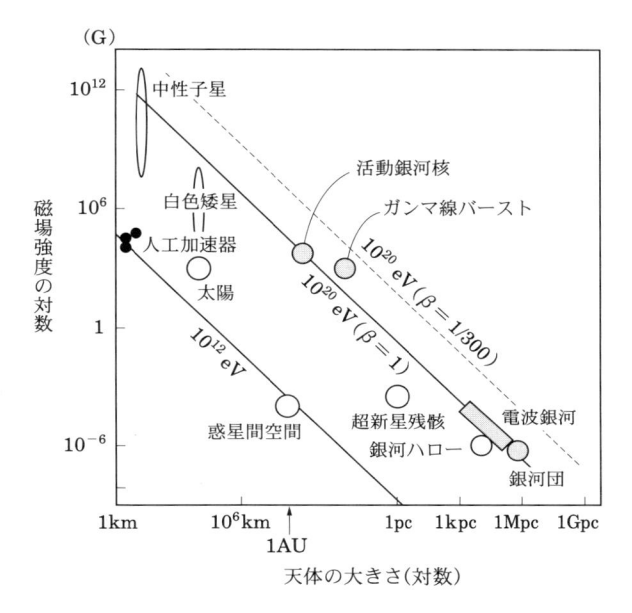

図 **4.4** 宇宙線源候補天体と加速限界. ここで, $\beta\,(=v/c)$ はフェルミ加速における衝撃波速度.

(荷電粒子) と銀河磁場との間でのエネルギーのやりとりが想像される. 銀河円盤の体積をおよそ $10^{61}\,\mathrm{m}^3$ ($15\,\mathrm{kpc}$ 半径円盤, $1.5\,\mathrm{kpc}$ 厚) とすると, 銀河円盤に蓄えられている全エネルギー量は $10^{48}\,\mathrm{J}$ と莫大な値になる. この値を宇宙線の銀河円盤内での寿命 10^7 年 (3×10^{14} 秒) で割った値, $3\times10^{33}\,\mathrm{W}$ で宇宙線が銀河内で生成されていなければならない. 一方, 銀河内宇宙線の源と考えられる超新星爆発のエネルギーを $10^{44}\,\mathrm{J}$ として, その 3% 程度が宇宙線の加速に使われるとする. 30 年に 1 度の爆発の頻度を仮定すると $3\times10^{42}\,\mathrm{J}/10^9$ 秒 $= 3\times10^{33}\,\mathrm{W}$ となり, 宇宙線へのエネルギー供給はまかなえる.

図 4.4 は宇宙線の候補天体を横軸が天体スケール, 縦軸が天体の磁場強度で示している. 加速機構はなんであれ, 加速できるエネルギーの上限は, 荷電粒子のラーモア半径 (ρ_c) が天体サイズ (L) よりも小さくなければならないから,

$$\rho_\mathrm{c} = \frac{p}{ZeB} \sim \frac{E}{ZecB} \leqq L,$$

よって最大エネルギーは $E_{\max} = ZecBL$ と計算できる．

一方，磁場による誘導電場は $v \times B$ と記述され，それを天体サイズまで積分した場合の電圧は $V = vBL$ だから，$E_{\max} = ZevBL$ となる．これは宇宙線が光速度で動いているとすると前述の $E_{\max}$ と同じになる．この条件から，銀河宇宙線源の候補天体としては，超新星爆発，パルサー，マイクロクェーサー等があげられ，銀河系外宇宙線 (最高エネルギー宇宙線) 源の候補天体としては活動銀河核，ガンマ線バースト，電波銀河，衝突銀河，銀河団等があげられる．

おのおのの天体での加速最大エネルギーについての議論では，上の議論だけでなくエネルギー損失についても同時に考慮しなくてはならない．図 4.4 からはパルサーでの粒子加速は 10^{20} eV まで到達しそうに思えるが，あまりにも磁場が強くシンクロトロン放射 (4.2.1 節) や曲率放射 (1.2.4 節) のエネルギー損失は $B^2 E^2$ に比例し，エネルギーとともに急速に増大する．加速によるエネルギー利得と放射によるエネルギー損失がつりあうエネルギーが加速最大エネルギーとなる．

10^{19} eV を超える宇宙線は銀河系外起源と考えられるが，加速時間が長いと，GZK メカニズム (コラム「最高エネルギーの宇宙線の運命」参照) でエネルギー損失が効き始める．したがって，たとえ 10^{20} eV 以上まで加速が可能な大きさと磁場強度を持っていても，実際の最大エネルギーは 6×10^{19} eV で頭打ちになる．宇宙線の加速についての詳細は次の節で述べる．

─最高エネルギーの宇宙線の運命─

(1) **陽子** 10^{18} eV を超える最高エネルギーの宇宙線陽子は 2.7 K 宇宙背景放射と衝突し，電子・陽電子を対生成する．

$$p + \gamma_{2.7\,\mathrm{K}} \longrightarrow p + e^+ + e^- \quad (E_\mathrm{p} > 10^{18}\,\mathrm{eV}) \quad (\text{電子–陽電子対生成}).$$

また 6×10^{19} eV を超えると光–π 中間子生成が始まる．

$$p + \gamma_{2.7\,\mathrm{K}} \longrightarrow \Delta^+ \longrightarrow X + \pi \quad (E_\mathrm{p} > 6 \times 10^{19}\,\mathrm{eV}) \quad (\text{光–}\pi\text{ 中間子生成}).$$

ここで X は陽子，中性子などのバリオンである．

光–π 中間子生成では，閾値を少し超えたあたり ($\sim 10^{20}$ eV) で，Δ^+ の共鳴状態により大きな反応断面積を持つ ($\sim 5 \times 10^{-24}$ m^{-2})．宇宙線のエネルギーが上がるにつれて (衝突エネルギーが上がるにつれて)，複数の π 中間子が生成され

るようになる．これらの π 中間子は崩壊し，中性 π 中間子の場合はガンマ線に $\pi^0 \longrightarrow 2\gamma$，荷電 π 中間子の場合は $\pi^{+-} \longrightarrow \mu + \nu_\mu \longrightarrow e + \nu_e + \nu_\mu + \nu_\mu$ と崩壊する．これらのガンマ線，電子は宇宙空間でカスケードを起こし，1–100 GeV 領域の拡散ガンマ線をつくる．またニュートリノは 10^{18}–10^{19} eV 領域に分布する．

宇宙線陽子は 6 Mpc に 1 回程度の確率で光–π 中間子生成反応を起こすが，そのときおよそ 10–20%（π 中間子と陽子の質量比程度）のエネルギー損失を受けるので，数回の相互作用でもとの宇宙線陽子は大半のエネルギーを損失し，30–100 Mpc より長い距離を飛来できない．このような効果は宇宙背景放射の発見後，ただちにグライツェン，ザツェピン，クズミン (K. Greisen, G. Zatsepin, A. Kuzmin) により指摘されたので，GZK 効果と呼ばれている．

(2) ガンマ線　2.7 K 背景放射は $\varepsilon = 2.3 \times 10^{-4}$ eV にピークを持つ黒体放射である．この光子にエネルギー E_γ のガンマ線が衝突すると衝突エネルギーは $2\sqrt{E_\gamma \times \varepsilon}$ となる．これが閾値 1 MeV 以上になると電子・陽電子の対生成が起こる．したがって 10^{16} eV 以上の超高エネルギーガンマ線は宇宙空間を約 1 Mpc ほど伝播すると，2.7 K 背景放射と衝突し，電子・陽電子対に壊れる．この電子・陽電子対は宇宙背景放射を逆コンプトン散乱により，高エネルギーのガンマ線に変える．このガンマ線がまた電子・陽電子対に壊れる．これを電磁カスケードという．この過程でガンマ線のエネルギーはどんどん下がり，電子，陽電子，ガンマ線の数は増えてゆく．

4.1.5　宇宙線の伝播

図 4.5 に，宇宙線電子，宇宙ガンマ線，高エネルギー宇宙線陽子の場合の宇宙空間での吸収長，減衰長 (mean free path) を示す．

宇宙線電子

宇宙線電子は，銀河間空間において 2.7 K 背景放射光子[*1]との逆コンプトン散乱によりエネルギーを損失する (4.2.1 節)．衝突ごとのエネルギー損失率は電子のエネルギーの 2 乗 (E^2) に比例して大きくなる．10^{15} eV 付近から，トムソン領域からクライン–仁科 (18 ページのコラム「電磁放射のプロセス」参照) 領域

[*1] ビッグバンのなごりである宇宙背景放射光子のこと．3 K 背景放射光子ともいう．

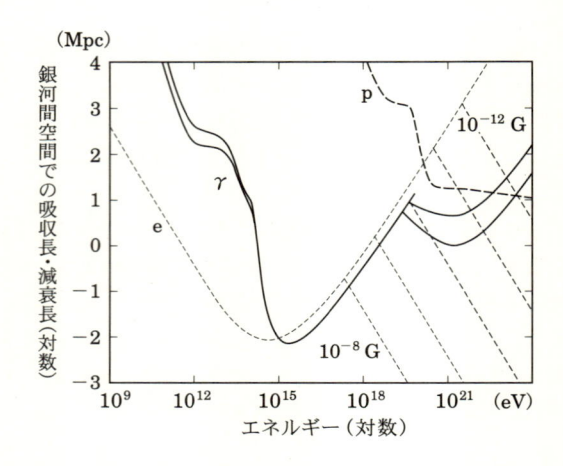

図 4.5 宇宙線電子，宇宙ガンマ線，高エネルギー宇宙線陽子のエネルギー（横軸：eV の対数）に対する銀河間空間での吸収長，減衰長（縦軸：Mpc の対数）．超高エネルギー電子 (e) の減衰長はシンクロトロン放射によるエネルギー損失が銀河間空間での磁場強度に依存する．10^{-8} G, 10^{-9} G, 10^{-10} G, 10^{-11} G, 10^{-12} G の五つの場合が破線で示されている（$1\,\mathrm{G} = 10^{-4}\,\mathrm{T}$）．ガンマ線 ($\gamma$) は銀河間を満たす可視光，赤外線，2.7 K 背景放射，電波等の光子と衝突し，$\mu^+\cdot\mu^-$ 対生成（$\sim 10^{20}$ eV 以上）や電子・陽電子対生成（$\sim 10^{15}$ eV 以上）を起こして吸収される．吸収長は実線で示されているが，複数の線は赤外線，電波の拡散成分の不確定性を示している．高エネルギー宇宙線陽子 (p) の減衰長は破線で示されている．その破線で 10^{18} eV–10^{19} eV に見られる「肩」と 10^{20} eV に見える急激な落ち込みは，2.7 K 背景放射との衝突による電子・陽電子対生成と π 中間子生成に対応している（GZK 効果）．超高エネルギー粒子，高エネルギーガンマ線にとって宇宙は透明でないことが分かる．

に入り，散乱断面積が $E^{-0.5}$ で小さくなるため減衰長は伸びに転ずるが，銀河間磁場との相互作用によるシンクロトロン放射が優勢になると，再び急激に減衰長が短くなる．

　図 4.5 には，五つの磁場強度の場合についての宇宙線電子の吸収・減衰長の計算結果が示されている．銀河内の磁場強度は，およそ 3×10^{-10} T であり，銀河磁場によるシンクロトロン放射も逆コンプトン散乱と同様，重要なエネルギー損

失過程となる．この他にガスとの衝突による制動放射も無視できない．たとえば銀河磁場内での伝播を考えれば，$\geq 1\,\text{TeV}$ の宇宙線電子の寿命はおよそ $\leq 3 \times 10^5$ 年 である．これは電子が光速で走るとすれば $100\,\text{kpc}$ に相当するが，銀河磁場内でのラーモア半径はこれよりはるかに小さいので，高エネルギー電子は近傍の源 (数百 pc 以内) からの伝播に限られる．

逆コンプトン (IC) とシンクロトロン放射 (synch) によるエネルギー損失率の比は

$$\frac{(dE/dt)_{\text{IC}}}{(dE/dt)_{\text{synch}}} = \frac{U_{\text{rad}}}{U_{\text{mag}}} \tag{4.1}$$

で与えられる (式 (4.7) と式 (4.8) 参照)．銀河内での星から光が持つエネルギー密度は，$U_{\text{rad}} \sim 0.6\,\text{MeV}\,\text{m}^{-3}$ で，宇宙背景放射は $U_{\text{rad}} \sim 0.26\,\text{MeV}\,\text{m}^{-3}$ である．一方，典型的な銀河磁場 $3 \times 10^{-10}\,\text{T}$ のエネルギー密度は $U_{\text{mag}} = 0.3\,\text{MeV}\,\text{m}^{-3}$ となる．したがって銀河系内ではシンクロトロン放射と逆コンプトン散乱によるエネルギー損失はほぼ等しい．これら逆コンプトン，シンクロトロン放射によるエネルギー損失により，宇宙線電子，陽電子のエネルギースペクトルの傾斜は一般に宇宙線陽子よりきつくなる．

宇宙ガンマ線

超高エネルギーガンマ線でも $2.7\,\text{K}$ 背景放射光子，赤外線，可視光との相互作用は非常に重要である．たとえば，$10^{18\text{--}20}\,\text{eV}$ の超高エネルギーガンマ線が，遠方 (たとえば $\sim$ Gpc) の宇宙線源 (活動銀河など) でつくられたとしよう．このガンマ線は $1\text{--}10\,\text{Mpc}$ ほどの伝播で $2.7\,\text{K}$ 背景放射と衝突し，電子・陽電子対に壊れる．この電子・陽電子対は宇宙背景放射を逆コンプトン散乱により，高エネルギーのガンマ線に変える．このガンマ線がまた電子・陽電子対に壊れる．このようにしてガンマ線のエネルギーはどんどん下がり，電子，陽電子，ガンマ線の数は増えてゆく．これを電磁カスケード (152 ページのコラム「最高エネルギーの宇宙線の運命」参照) という．ガンマ線の相互作用長はエネルギーが下がるとともに短くなり，$10^{15}\,\text{eV}$ あたりで極小値になり，その値は銀河の大きさのおよそ $10\,\text{kpc}$ に相当する (図 4.5)．さらに電磁カスケードでガンマ線のエネルギーが $1\text{--}100\,\text{GeV}$ 近辺まで下がると，初めて遠方 ($100\text{--}1000\,\text{Mpc}$) の天体が見

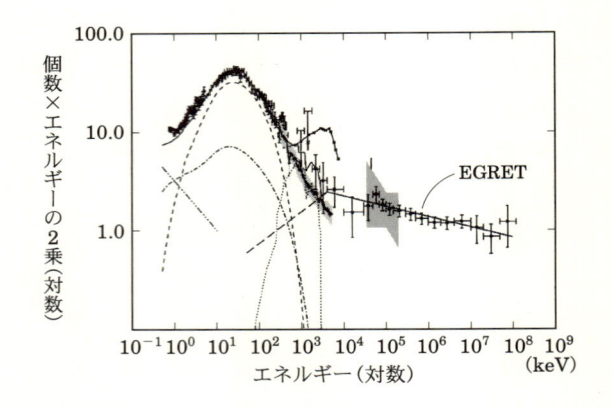

図 4.6 拡散 X 線，ガンマ線のエネルギースペクトル分布 (E^2 が縦軸に掛けてある)．超高エネルギー宇宙線の宇宙空間での電磁カスケード成分が，EGRET で測定された E^{-2} のべき関数で伸びる拡散ガンマ線の成分に寄与している可能性がある．

えるようになる．

　ガンマ線衛星「CGRO」搭載の EGRET は 1–100 GeV 領域の拡散ガンマ線を発見した (図 4.6 の高エネルギー側スペクトル)．その一部は，ガンマ線バーストからの超高エネルギーガンマ線が電磁カスケードで 1–100 GeV 近辺まで下がったものかもしれない．逆にこの拡散ガンマ線強度の値から，超高エネルギー宇宙線，ガンマ線，ニュートリノの宇宙での生成量に制限を与えることができる．さらに暗黒物質の対消滅からのガンマ線とする可能性も議論されている．

宇宙線陽子

　10^{20} eV を超えるエネルギーの宇宙線陽子は，GZK 効果 (152 ページのコラム「最高エネルギーの宇宙線の運命」) により 30–100 Mpc より遠方から飛来することはできない．図 4.1 に見られるように，米国のフライズアイ (Fly's Eye) および日本の「AGASA」(Akeno Giant Air Shower Array) は，この閾値を超える $(2–3) \times 10^{20}$ eV のエネルギーを持つ宇宙線を観測した．このエネルギー領域の詳細な宇宙線測定を目指して，国際共同実験ピエールオージェ計画がアルゼンチンで，日本グループが主導するテレスコープアレイ計画が米国ユタ州で展開されている．

宇宙線中性子

超高エネルギー宇宙線中性子は，光 $-\pi$ 中間子の生成過程でつくられる (152 ページのコラム「最高エネルギーの宇宙線の運命」)．一般に，超高エネルギー宇宙線の源またはその周辺で加速された陽子が，光子，ガスと衝突し中性子に変換されることは十分考えられる．中性子は電荷を持たないので加速源磁場，銀河間磁場内に邪魔されず直進できる．中性子の静止系での崩壊時間 (τ_0) は 886 秒と非常に長いが，10^{18} eV の超高エネルギー中性子 ($\gamma \sim 10^9$) は，相対論的な効果により $\tau = \gamma \tau_0 \sim 10^{12}$ 秒とさらに長くなる．これは飛行距離でいえば ~ 10 kpc となり我々の銀河系の大きさに相当する．我々の銀河内に超高エネルギー宇宙線の源があれば，10^{18} eV を超える中性子で直接観測できる．

4.1.6 磁場と宇宙線

我々の銀河には，ほぼ 3×10^{-10} T の磁場が存在することが知られている．これらの磁場は宇宙線の伝播に大きく影響するとともに，銀河宇宙線を銀河内に閉じ込める役割を果たしている．磁場中での荷電 (Z) の宇宙線のラーモア半径は，

$$\rho_c = 1.08(E/10^{15} \text{ eV})Z^{-1}(B/10^{-10} \text{ T})^{-1} \quad [\text{kpc}] \tag{4.2}$$

と記述される．「ニー」(3×10^{15} eV) より低いエネルギーの宇宙線は約 3×10^{-10} T の銀河磁場内で 0.3 pc 以下のラーモア半径を持つ．これは銀河面の磁場の厚さ 300 pc 程度より十分小さいので，銀河内で磁場に巻きつきながら運動する．

10^{20} eV 宇宙線の伝播距離は GZK 効果により 30 Mpc と制限されている．一方，磁場により散乱される角度は，

$$\Delta\theta \sim 1.6(D/30 \text{ Mpc})^{0.5}(L/1 \text{ Mpc})^{0.5}(E/10^{20} \text{ eV})^{-1}$$
$$\times (B/10^{-13} \text{ T}) \quad [\text{度}] \tag{4.3}$$

である．ここで D, L, E, B はそれぞれ天体までの距離，磁場のスケール長，宇宙線陽子のエネルギー，磁場強度である．銀河間空間の典型的な磁場強度 10^{-13} T, 磁場の方向がそろっている長さを $L = 1$ Mpc とすると，30 Mpc 遠方にある 10^{20} eV 宇宙源は式 (4.3) から 1–2° ほどの位置の不正確さになる．

宇宙線を 10^{20} eV まで加速できる天体としては，活動銀河核，ガンマ線バー

スト，衝突銀河，電波銀河等が考えられるが，我々の近傍でのこれらの天体の数は限られているので，宇宙線の到来方向分布は限られた方向に局在すると考えられる．「AGASA」で測定された最高エネルギー宇宙線の到来方向分布に局在する兆候が得られている．ピエールオージェやテレスコープアレイ計画により，これらの結果が明らかになるであろう．近い将来，$10^{20}\,\mathrm{eV}$ 宇宙線による天文学が花開く可能性がある．

4.1.7 超高エネルギー宇宙線

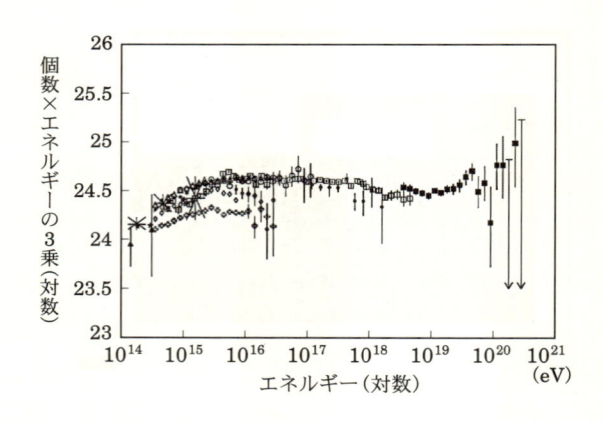

図 4.7 に超高エネルギー宇宙線のエネルギースペクトルを示す．$10^{15}\,\mathrm{eV}$ あたりまでは気球実験により直接測定できるが，それより上では空気シャワーによる間接測定である．10^{14}–$10^{16}\,\mathrm{eV}$ のエネルギー領域では，エネルギーが上がるとともに化学組成が徐々に陽子，軽い原子核から重い原子核へと変わっていることが分かっている．これには宇宙線源での最大加速エネルギーの限界が原子核の電荷 Z に依存しているとする説と，銀河内での宇宙線の閉じ込めの効果がラーモア半径に依存しているとする二つの説がある．

$3\times 10^{15}\,\mathrm{eV}$ でスペクトルのべきが $\propto E^{-2.7}$ から $\propto E^{-3.1}$ に変わる点は，加速，または銀河内閉じ込めの限界エネルギーに相当すると考えうる．$10^{19}\,\mathrm{eV}$ を超える最高エネルギー宇宙線は銀河系外起源と考えられている．そのおもな理由は $10^{19}\,\mathrm{eV}$ を超えて宇宙線を加速できる天体が我々の銀河内には知られていない

図 **4.7** 超高エネルギー宇宙線のエネルギー分布．

ことと，仮にそのような天体が存在したとすれば，銀河面に強い宇宙線の集中が期待できるが，観測は等方的な分布を示しているためである．

10^{18} eV から 10^{19} eV にかけて，スペクトルのべきがいちど急になり，再び平坦になっているのは，銀河内成分から銀河外成分への移行とする解釈と，宇宙論的な距離を伝播した宇宙線陽子が，電子–陽電子対生成によるエネルギー損失を受けて減少するとする解釈がある．宇宙線と 2.7 K 背景放射との相互作用により，光 –π 中間子生成による GZK 効果 (152 ページのコラム「最高エネルギーの宇宙線の運命」参照) が 10^{20} eV 以上で見えているかどうかは，実験結果の統計精度および系統誤差により今のところさだかではない．ピエールオージェアレイやテレスコープアレイにより明らかにされるであろう．

4.2 宇宙線からの電磁放射，加速理論

宇宙線粒子は星間空間におけるさまざまな相互作用を通じて，電波領域からガンマ線領域までの電磁放射を行なう．宇宙線粒子のエネルギーは熱的エネルギーを何桁も凌駕するエネルギーを持つ．この高エネルギーはどのようにして獲得されたのだろうか？ 本節では宇宙線からの電磁放射機構と宇宙線粒子加速機構を理論的側面から概観する．

4.2.1 宇宙線粒子からの放射

宇宙線中の電子成分は荷電粒子との相互作用により制動放射，磁場との相互作用によりシンクロトロン放射を行なう．また，周囲に低エネルギー光子 (星の光，2.7 K 宇宙背景放射のマイクロ波など) があれば，逆コンプトン散乱過程を通じてエネルギーを光子に移す．一方，宇宙線中の陽子からの放射過程として主要と考えられているのは，それらと周囲の物質中の核子との強い相互作用により生成された中性 π 中間子が崩壊してガンマ線光子をつくり出す過程である．

以上の放射過程について次に簡単にまとめておく．電磁相互作用の素過程の詳細については第 12 巻 3 章を参照されたい．ところで，相対論的なエネルギーを持つ粒子の速度は真空中の光速度に近く大気中や水中の光速度より速いから，粒子の運動に伴ってチェレンコフ放射が起こる．この放射の観測がガンマ線天文学，ニュートリノ天文学の重要な手段となっている (4.3 と 4.4 節)．また，大気中に突入した宇宙線粒子は窒素分子などを励起して蛍光を発する．これも間接的な放射過程といえる．

制動放射

　宇宙線電子が星間ガスなど周りの物質の中の原子核に近づくと，そのクーロン場内で加速度運動を行ない電磁波が放出される．この現象を制動放射 (Bremsstrahlung Radiation) と呼ぶ．電子のエネルギーを E, 放射される電磁波の周波数を ν としよう．制動放射のスペクトルは $0 < \nu < E/h$ (h はプランク定数) の範囲でほぼ平坦である．電磁波の放射に伴い電子は次第にエネルギーを失う．周りの物質が完全電離状態にある場合，原子核の荷電数を Z, その数密度を $N\,\mathrm{m}^{-3}$ として，相対論的な電子 (ローレンツ因子 $\gamma = E/m_\mathrm{e} c^2 \gg 1$) のエネルギーの変化率は，

$$-\left(\frac{dE}{dt}\right)_\mathrm{Brems} = \frac{3}{2\pi}\sigma_\mathrm{T} c\alpha Z(Z+1) N \left[\ln\gamma + 0.36\right] E \tag{4.4}$$

と表わされる．ここで，σ_T はトムソン散乱断面積 $(0.665 \times 10^{-28}\,\mathrm{m}^2)$, α は微細構造定数 $(1/137.036)$ である．

　式 (4.4) の右辺は電子による電磁波の放射率ともみなせ，その放射率は物質密度 N に比例している．周りの領域に比べて物質密度が高い銀河系の中心領域には広がったガンマ線源 (数十 MeV から数 GeV の範囲) が観測されている．このガンマ線の低エネルギー側 (数百 MeV 以下) は宇宙線電子が星間物質の中で起こす制動放射を主たる起源とし，それより高エネルギー側は，宇宙線陽子＋周囲の物質 ⟶ 中性 π 中間子 ⟶ ガンマ線の過程を主たる起源と考えられている (163 ページ)．

シンクロトロン放射

　磁場中の電子の運動は磁場に平行な方向への等速運動と，磁場に垂直な方向の円運動に分解して考えることができる．円運動は加速度を持つため電磁波が放射される．この放射は電子の速度が光速に近い相対論的な場合に顕著となり，シンクロトロン放射と呼ばれる．放射の特徴的な周波数 ν_synch は，

$$\nu_\mathrm{synch} = \frac{3}{4\pi}\gamma^2 \frac{eB}{m_\mathrm{e}}\ [\mathrm{Hz}] \tag{4.5}$$

で与えられる (放射スペクトルのピークは $0.29\nu_\mathrm{synch}$ にある)．たとえば，星間空間 ($B = 3 \times 10^{-10}\,\mathrm{T}$ 程度) にある 1 GeV の宇宙線電子 ($\gamma = 2000$) に対して

は, $\nu_{\text{synch}} = 60\,\text{MHz}$ で, 放射スペクトルのピークは $20\,\text{MHz}$ 程度となる. これは銀河雑音として知られる短波帯電波の原因を説明する. シンクロトロン放射に伴う電子のエネルギー変化率は,

$$-\left(\frac{dE}{dt}\right)_{\text{synch}} = \frac{2}{3\mu_0}\sigma_{\text{T}} c \beta^2 \gamma^2 B^2 \tag{4.6}$$

と表わせる. ここで β は電子の速度の光速に対する比 (~ 1) である.

逆コンプトン散乱

エネルギー $h\nu$ の光子がローレンツ因子 γ の電子により散乱されると, 平均

$$h\nu' = \frac{4}{3}\gamma^2 h\nu$$

までエネルギーが増加する (ただし, 入射光子のエネルギーが十分低く $\gamma h\nu \ll m_e c^2$ であるとした). この過程は普通のコンプトン散乱, すなわち高エネルギー光子が静止した電子に運動量・エネルギーを与えてより低いエネルギーの光子に変わる散乱過程, の逆過程と見なされるので, 逆コンプトン散乱と呼ばれる. たとえば, $10\,\text{GeV}$ の宇宙線電子 ($\gamma = 2 \times 10^4$) は可視光 ($\sim 1\,\text{eV}$) を $1 \times (4/3) \times (2 \times 10^4)^2 \sim 500\,\text{MeV}$ のガンマ線光子に変換する.

背景の電磁波が持つエネルギー密度を U_{photon} とすると, 逆コンプトン散乱過程における電子のエネルギー変化率は,

$$-\left(\frac{dE}{dt}\right)_{\text{IC}} = \frac{4}{3}\sigma_{\text{T}} c \gamma^2 \beta^2 U_{\text{photon}} \tag{4.7}$$

と書ける. ここで, シンクロトロン放射過程における電子のエネルギー変化率 (式 (4.6)) は, 磁場の持つエネルギー密度を U_B とすると,

$$-\left(\frac{dE}{dt}\right)_{\text{synch}} = \frac{4}{3}\sigma_{\text{T}} c \gamma^2 \beta^2 U_B \tag{4.8}$$

のように (式 (4.7)) と対比させた形で書くことができる. 光子のエネルギー密度 $1\,\text{MeV}\,\text{m}^{-3}$ に相当するエネルギー密度を持つ磁場強度は $6 \times 10^{-10}\,\text{T}$ である.

エネルギー損失の特徴的時間

図 4.8 は, 10^6 から $10^{15}\,\text{eV}$ の宇宙線電子についての, 制動放射 (一点鎖線), シンクロトロン放射 (点線), 逆コンプトン散乱 (実線) のエネルギー損失の特徴的

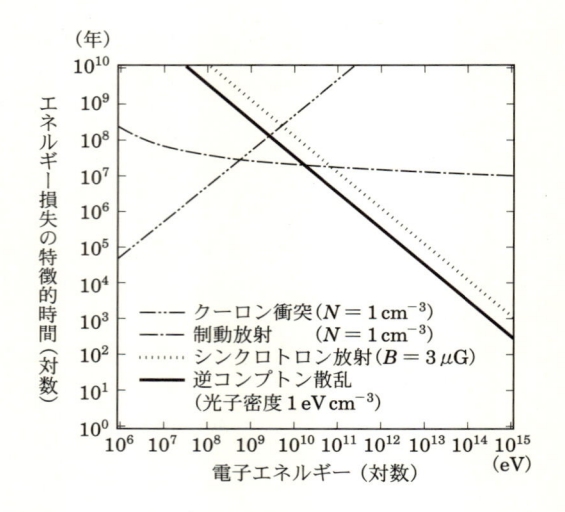

図 4.8 10^6 から 10^{15} eV の宇宙線電子についての，制動放射 (一点鎖線)，シンクロトロン放射 (点線)，逆コンプトン散乱 (実線) のエネルギー損失の特徴的時間で，それぞれのエネルギー変化率に相当．$3\mu\mathrm{G} = 3 \times 10^{-10}$ T である．

時間で，それぞれのエネルギー変化率を式 (4.4)，(4.6)，(4.7) から $E/\left|\dfrac{dE}{dt}\right|$ として求めた．ただし，星間空間のプラズマ密度を $10^6\,\mathrm{m^{-3}}$，磁場強度を 3×10^{-10} T，背景光子のエネルギー密度を $1\,\mathrm{MeV\,m^{-3}}$ に設定した．さらに，二点鎖線で示したのは宇宙線電子がプラズマ中の電子とクーロン衝突してエネルギーを失う効果

$$-\left(\frac{dE}{dt}\right)_{\mathrm{Coulomb}} = \frac{3}{4}\sigma_{\mathrm{T}} cN \left(74.3 + \ln\left(\frac{\gamma}{N}\right)\right) m_{\mathrm{e}} c^2 \tag{4.9}$$

によるエネルギー損失の特徴的時間である．これら四つの特徴的時間で，一番短いものが卓越する．この図の条件のもとでは数百 MeV (数 $\times 10^8$ eV) 以下ではクーロン衝突が，数百 MeV から 10 GeV (10^{10} eV) までは制動放射が，10 GeV 以上では逆コンプトン散乱が支配的である．

陽子 (質量 m_{p}) の場合，シンクロトロン放射によるエネルギー変化率は同じエネルギーの電子に比べ $(m_{\mathrm{e}}/m_{\mathrm{p}})^4 = 9 \times 10^{-14}$ 倍だけ小さく，通常無視でき

る*2. 一方，宇宙線陽子 (エネルギー E) がプラズマ中の低エネルギー電子と衝突する際にも制動放射が生ずる．これは高エネルギー電子が低エネルギー陽子との衝突の際に生ずる制動放射を，電子の静止系に変換したものと等価であり，逆制動放射とも呼ばれる．密度の高い領域 (たとえば $N = 10^8 \, \mathrm{m}^{-3}$) からの X 線放射の原因の一つと考えられる．

中性 π 中間子 (π^0) 崩壊によるガンマ線の発生

宇宙線陽子が星間物質と衝突するとさまざまな核反応が起きるが，そのうち，

$$\mathrm{p}\,(\text{宇宙線}) + \mathrm{p}\,(\text{星間物質}) \longrightarrow \mathrm{p} + \mathrm{p} + \pi^0 \tag{4.10}$$

などの過程により π^0 中間子がつくられる．衝突過程の運動学的考察により，この過程が起きるためには，宇宙線陽子の運動エネルギー E_p は

$$E_\mathrm{p} - m_\mathrm{p}c^2 \geqq 2m_{\pi^0}c^2\left(1 + \frac{m_{\pi^0}}{4m_\mathrm{p}}\right) = 280 \quad [\mathrm{MeV}] \tag{4.11}$$

を満たさなければならない．ここで π^0 中間子の静止エネルギーは $m_{\pi^0}c^2 = 135\,\mathrm{MeV}$ である．生成された π^0 中間子は平均寿命 8.4×10^{-17} 秒で崩壊して二つのガンマ線光子に変わる．これらの光子は π^0 中間子の静止系で $m_{\pi^0}c^2/2 = 67.5\,\mathrm{MeV}$ のエネルギーを持ち，互いに反対方向に飛行する．

一方，加速器実験によれば，式 (4.10) の反応で生成された π^0 中間子は，宇宙線陽子がもともと持っていた運動量の一部を獲得しているから，ガンマ線光子のエネルギーはその分だけエネルギーが増す．この過程が宇宙ガンマ線の起源として重要であることは早川幸男とモリソン (P. Morrison) により 1950 年代初めに独立に指摘されていた．しかし，その観測的証明は 1970 年代の人工衛星観測まで待たねばならなかった．

なお，星間物質中では式 (4.10) ばかりではなく，荷電 π 中間子 (π^+, π^-) を生成する核反応

$$\begin{aligned}
\mathrm{p} + \mathrm{p} &\longrightarrow \mathrm{p} + \mathrm{n} + \pi^+, \\
\mathrm{p} + \mathrm{p} &\longrightarrow \mathrm{n} + \mathrm{n} + 2\pi^+, \\
\mathrm{p} + {}^4\mathrm{He} &\longrightarrow 4\mathrm{p} + \mathrm{n} + \pi^-
\end{aligned} \tag{4.12}$$

---

*2 陽子のローレンツ因子は同じエネルギーの電子のローレンツ因子の $(m_\mathrm{e}/m_\mathrm{p})$ 倍であり，陽子に対するトムソン散乱断面積は σ_T の $(m_\mathrm{e}/m_\mathrm{p})^2$ 倍であることから，$(m_\mathrm{e}/m_\mathrm{p})^4$ 倍になる．

なども起きる．これらの π^+, π^- は平均寿命 2.6×10^{-8} 秒で崩壊して μ^+, μ^- 粒子となる．これらの μ^+, μ^- 粒子はさらに平均寿命 2.2×10^{-6} 秒で崩壊して陽電子，電子を生成する．

4.2.2 粒子加速過程

4.1 節で概観したように個々の宇宙線粒子のエネルギーは熱的エネルギーを何桁も凌駕するエネルギーを持つ．この高エネルギーはどのようにして獲得されたのだろうか？銀河系空間に満たされている宇宙線粒子の総エネルギー量の考察から，宇宙線源としては超新星がほとんど唯一の候補であることは 1950 年代に認識されていた (4.3 節参照)．しかし，具体的な加速機構の描像が得られるにはさらに四半世紀を要した．現在では，超新星から高速で放出された物質が周りの星間空間物質との間に形成する衝撃波と，その周りの電磁流体乱流が宇宙線加速の主要な舞台であると考えられている．

宇宙線粒子の微分スペクトルは 10^{10} eV から，「ニー」(knee) エネルギーと呼ばれる 10^{15} eV の広いエネルギー範囲で $p^{-2.7}$ のべき関数でよく近似できる[*3]．この関数の形は宇宙線の源における微分スペクトルに，途中の伝搬の効果がかかった結果と考えられる．エネルギーの高い粒子ほど早く銀河系外に逃げ出す効果として $p^{-0.6}$–$p^{-0.7}$ の因子が考えられ，$p^{-2.7}$ のスペクトルを加速源でのスペクトルに戻すと $p^{-2.0}$–$p^{-2.1}$ をうる．宇宙線の加速理論はこのスペクトルを説明しなければならない．衝撃波加速過程はこのスペクトルを自然に説明する．

電磁流体乱流と宇宙線粒子の相互作用

磁場 (X 方向) の周りの，宇宙線粒子の螺旋運動 (図 4.9) のピッチ L は，粒子の磁場に沿う速度成分 $v_{//}$，磁場 B 中のサイクロトロン周波数 Ω ($= ZeB/m\gamma$) として，$L = 2\pi v_{//}/\Omega$ で与えられる．ここで Ze, m, γ は，それぞれ粒子の電荷，質量，ローレンツ因子である．実際の宇宙空間の磁場は一様ではなく，さまざまなスケールの屈曲を持っている．このうち，ピッチ L と同じスケールを持つ屈曲があると，宇宙線粒子の運動はそれに敏感に反応して大きく乱される．

屈曲の原因は主として宇宙空間を伝搬するアルヴェーン波と呼ばれる電磁流体

[*3] p は運動量であるが，このエネルギー領域では，エネルギー $E \sim pc$ (c は光速) の近似がよくなりたつので，運動量 p, エネルギー E のどちらを使っても同等の関係式が得られる．

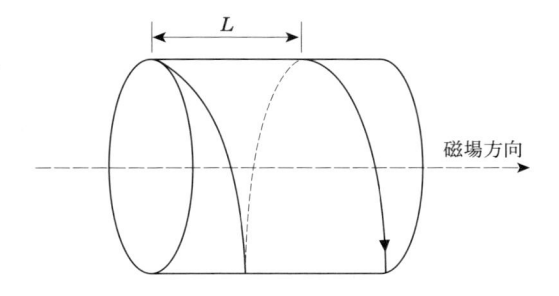

図 4.9 磁場 (X 方向) の周りの,宇宙線粒子の螺旋運動 (電子の場合).

波動 (第 12 巻 2 章参照) であり,この過程は,宇宙線粒子とアルヴェーン波が衝突しているとみなすことができる.ここで,アルヴェーン波とともに動く座標系を考えると,その系では屈曲した静的な磁場があるだけで電場が消えるので,宇宙線粒子のエネルギーは保存する.すなわち,この衝突は弾性的である (ただし衝突の最中もシンクロトロン放射は続いており,電子の場合,それによるエネルギー損失が無視できないことがある.この効果は 171 ページで考察する).一方,プラズマの静止系では,アルヴェーン波は速度 V_A で伝搬しているので,その系で測った宇宙線粒子のエネルギーは衝突の前後で厳密には保存しない.しかし,一般に V_A は宇宙線粒子の速度 ($\sim c$) に比べずっと遅くそのエネルギー変化は無視できるほど小さい.以下では,プラズマの静止系で衝突は弾性的であるとする.

一般に宇宙空間のアルヴェーン波は乱流的で,さまざまな波長の成分を含む.ここに,波長が L であるアルヴェーン波の成分の持つ磁場の大きさを δB_L,平均的な磁場強度を B として,衝突に関与する乱流の強さを表わすボーム (Bohm) パラメータ $\eta \equiv (\delta B_L/B)^{-2}$ を定義する.乱流が弱いと $\eta \gg 1$,強い極限で η は 1 に近づくが,η は乱流の波数スペクトルを通して粒子のエネルギーにも依存する.衝突に伴う平均自由行程 λ は,1 のオーダーの数係数を無視すると,近似的に

$$\lambda \sim \eta \rho_c \tag{4.13}$$

と書ける.ここで,ρ_c は宇宙線粒子のラーモア半径で,乱流が弱いと宇宙線粒子の運動が影響を受けるまでに要する時間が長くなるため,λ は η に比例して増大する.一方,強い乱流の極限 ($\eta \to 1$) では,λ は下限値 ρ_c に到達する.この

極限を「ボーム極限」と呼ぶ．

宇宙線粒子とアルヴェーン波の「衝突」は確率的に起こり，宇宙線粒子の運動は拡散過程で表現される．平均自由行程 λ に対応する拡散係数 D は

$$D = \frac{1}{3}v\lambda = \frac{1}{3}v\rho_c\eta \equiv \eta D_{\text{Bohm}} \tag{4.14}$$

と書ける．ここに，$D_{\text{Bohm}} \equiv \frac{1}{3}v\rho_c = \frac{1}{3}\frac{\beta^2 E}{ZeB}$ は，ボーム極限における拡散係数である ($\beta = v/c$ とした)．

地球付近の惑星間空間内では，比較的低エネルギーの宇宙線粒子 (数 MeV–数百 MeV の陽子など) の平均自由行程 λ はさまざまな手段で測定されている．磁場強度も直接観測されるので ρ_c は既知となる．そこで，$\eta = \lambda/\rho_c$ を求めると，普段の太陽風内では数十–数百となる．η の値は太陽風磁場の観測データから理論的に計算することもでき，その値は上の λ/ρ_c の値に矛盾しない．太陽フレアに伴って放出された衝撃波の周辺など，擾乱の大きな領域では η の値は 10 程度に低下することがある．

一般に，衝撃波近傍の乱流の強さは衝撃波のマッハ数 M が増すとともに大きくなる．惑星間空間での M は普通 10 程度であるが，超新星爆発に伴う衝撃波では M は数十をはるかに越えるから，ずっと強い擾乱が期待される．そのため，超新星の衝撃波の周辺では，「ボーム極限」に達する電磁流体乱流の状態が実現しているだろう．しかし前に述べた通り，その状態であってもアルヴェーン波との衝突に伴う宇宙線のエネルギー変化は無視できるほど小さい．ではなぜ，超新星の衝撃波が宇宙線粒子の加速のおもな舞台になるのか？それには，衝撃波前後のプラズマの運動を考える必要がある．

衝撃波統計加速過程

プラズマが音速を越える速度で障害物とぶつかるとそこに衝撃波が形成される．図 4.10 (上) は衝撃波前後のプラズマの速度変化を示すグラフである．図 4.10 の中央に衝撃波面が静止している系を考える．左から速度 V_{p1} で超音速流が流れ込み，衝撃波面において減速・圧縮を受け，右へ速度 V_{p2} の亜音速流となって流れ出していくとする．超音速流の領域を衝撃波の上流側，亜音速流の領

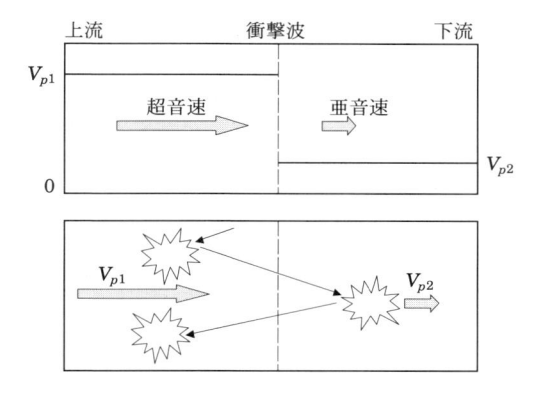

図 **4.10** 衝撃波加速の概念図．衝撃波のまわりのプラズマは電磁流体乱流になっている．その中を運動する宇宙線粒子はアルヴェーン波との衝突をくりかえす．上流側で衝突したあと，下流側に飛び込み，そこで衝突を起こし，再び上流側に戻る．加速はこのくりかえしで起こる．

域を衝撃波の下流側と呼ぶ[*4]．上流のプラズマ密度に対する下流のプラズマ密度の比 (r: 圧縮率) は速度比の逆数 V_{p1}/V_{p2} に等しい．理想気体の場合，マッハ数 M が大きい極限で r は 4 に漸近する．

衝撃波のまわりのプラズマは電磁流体乱流を伴い，その中を運動する宇宙線粒子はアルヴェーン波との衝突をくりかえす．宇宙線粒子が上流側で衝突したあと，下流側に飛び込み，そこで衝突を起こし再び上流側に戻るとする (図 4.10 (下))．先に述べたように，これらの衝突はそれぞれのプラズマの静止系では弾性的と見なせる．衝撃波面の静止系からみると，上流側での衝突は正面衝突，下流側での衝突は追突であり，それぞれエネルギーの増加，減少が起きる．このとき，運動量変化 Δp と宇宙線粒子の衝突前の運動量 p の比は，それぞれ

$$\left(\frac{\Delta p}{p}\right)_{\text{上流，正面衝突}} = +\frac{4}{3}\frac{V_{p1}}{c}, \quad \left(\frac{\Delta p}{p}\right)_{\text{下流，追突}} = -\frac{4}{3}\frac{V_{p2}}{c} \quad (4.15)$$

と書ける．上の式の因子 4/3 は宇宙線粒子が衝撃波の法線方向に対しさまざまな方向で飛んでいるために現れる幾何学的因子である．ここで，宇宙線粒子のエ

[*4] 簡単のため，「超音速」，「亜音速」とのみ記したが，「超アルヴェーン速」，「亜アルヴェーン速」の流れを考えていることはもちろんである．

ネルギーは相対論的であり速度は光速で近似できること，衝撃波の速度は非相対論的であること ($V_{p1} \ll c$) を仮定した．結局，上流側衝突・下流側衝突の 1 サイクルについて，正味

$$\frac{\Delta p}{p} = \frac{4}{3}\frac{(V_{p1} - V_{p2})}{c} \tag{4.16}$$

の運動量変化が残る．宇宙線粒子が運動量の初期値 p_0 から出発して n 回上流側衝突・下流側衝突をくりかえした後の運動量 p_n は

$$p_n = p_0\left[1 + \frac{4}{3}\frac{(V_{p1} - V_{p2})}{c}\right]^n \sim p_0\exp\left[\frac{4}{3}\frac{(V_{p1} - V_{p2})}{c}n\right] \tag{4.17}$$

と書ける．

　宇宙線粒子が衝撃波付近に留まっている間はこの式に従って運動量が増加する．しかし，粒子は次第に衝撃波付近から逃げ出し，そこで運動量増加が止まる．上流側衝突・下流側衝突のペア 1 回後に逃げ出す確率は $\frac{4V_{p2}}{c}$ である．そこで，n 回後まで衝撃波付近に留まっている確率は $\left(1 - \frac{4V_{p2}}{c}\right)^n \sim \exp\left(-\frac{4V_{p2}}{c}n\right)$ である．この確率は，宇宙線粒子が p_n 以上に加速される確率 $\mathrm{Prob}(p \geqq p_n)$ に等しいことに注意しよう．式 (4.17) を n について解くと，

$$n = \frac{3}{4}\frac{c}{(V_{p1} - V_{p2})}\ln\left(\frac{p_n}{p_0}\right)$$

になり，

$$\mathrm{Prob}(p \geqq p_n) = \exp\left(-\frac{3V_{p2}}{V_{p1} - V_{p2}}\ln\left(\frac{p_n}{p_0}\right)\right) = \left(\frac{p_n}{p_0}\right)^{-\frac{3}{(r-1)}} \tag{4.18}$$

となる．ここで，$r = V_{p1}/V_{p2}$ を用いた．運動量が p から $p + dp$ の間にある宇宙線粒子の数 (微分スペクトル) を $N(p)$ とすると，

$$\int_{p_0}^{p_n} N(p)\,dp \propto \mathrm{Prob}(p \geqq p_n) = \left(\frac{p_n}{p_0}\right)^{-\frac{3}{(r-1)}}$$

と書け，両辺を p で微分して，

$$N(p) \propto p^{-\frac{3}{r-1}-1} = p^{-\frac{r+2}{r-1}} \tag{4.19}$$

を得る．

　式 (4.19) は加速された宇宙線粒子の微分スペクトルが運動量のべき関数で書け，しかもそのべき $\Gamma \equiv (r+2)/(r-1)$ が衝撃波の圧縮率 r だけで決まることを示す．超新星衝撃波では $r \to 4$ であるので，Γ は 2 に漸近することが期待できる．最初に述べたように，これこそ宇宙線加速源が満たすべき条件である．ここで述べた加速機構のエッセンスは衝撃波近傍における宇宙線粒子の確率的ふるまいと衝撃波による背景プラズマの速度変化を組み合わせたものであり，衝撃波統計加速機構と呼ばれている．また，乱流磁場中での宇宙線の生成を最初に論じたフェルミの名を付けて衝撃波フェルミ加速とも呼ばれる．

宇宙線粒子の到達エネルギー

　上で概観した衝撃波統計加速機構では，エネルギースペクトルは衝撃波の圧縮率だけで決まり，そのまわりの電磁流体乱流の強度などは表に現れない．その理由は，エネルギースペクトルを求めるにあたって系が定常に達していることを暗黙に仮定したからである．エネルギースペクトルの時間発展を考える場合には電磁流体乱流の強度は，拡散係数（上流側 D_1，下流側 D_2，もしくは対応するボームパラメータ η_1, η_2）を通して表に現れる．

　衝撃波近傍での加速の 1 サイクルにあたって，宇宙線粒子が上流側に留まる平均時間 t_1，下流側に留まる平均時間 t_2 は，$t_1 = \dfrac{4D_1}{cV_{p1}}, t_2 = \dfrac{4D_2}{cV_{p2}}$ で与えられる．1 サイクルに要する平均時間はこれらの和 $t_1 + t_2$ だから，加速率 $\dfrac{1}{E}\left(\dfrac{dE}{dt}\right)_{\text{Acc}} = \dfrac{1}{p}\dfrac{dp}{dt} = \left(\dfrac{\Delta p}{p}\right)\dfrac{1}{(t_1 + t_2)}$ となる．式 (4.16) を用いて整理すると，

$$\frac{1}{E}\left(\frac{dE}{dt}\right)_{\text{Acc}} = \frac{(V_{p1} - V_{p2})}{3}\left(\frac{D_1}{V_{p1}} + \frac{D_2}{V_{p2}}\right)^{-1} \tag{4.20}$$

が得られる．強い衝撃波の極限を考えて $V_{p2} = V_{p1}/4$ とし，また $D_1 \sim D_2$ としよう．これらにより，上流側での磁場強度を B_1，ボームパラメータを η_1 として加速率は，$\beta \to 1$ の場合，

$$\frac{1}{E}\left(\frac{dE}{dt}\right)_{\text{Acc}} = \frac{3V_{p1}^2}{20\eta_1}\frac{ZeB_1}{E} \tag{4.21}$$

となる．V_{p1} と B_1 が時間的に一定で，η_1 が宇宙線粒子のエネルギーによらないと仮定すれば式 (4.21) は単に，

$$\left(\frac{dE}{dt}\right)_{\mathrm{Acc}} = \frac{3V_{p1}^2}{20\eta_1}ZeB_1 \tag{4.22}$$

と書け，エネルギーが時間 t とともに線形に増大する．すなわち，

$$E = \frac{3}{20\eta_1}V_{p1}^2 ZeB_1 t$$

$$= 3.6 \times 10^{13} Z \eta_1^{-1} \left(\frac{V_{p1}}{5 \times 10^6 \,\mathrm{m\,s^{-1}}}\right)^2 \left(\frac{B_1}{3 \times 10^{-10}\,\mathrm{T}}\right)$$

$$\times \left(\frac{t}{10^3\,\mathrm{y}}\right) \quad [\mathrm{eV}] \tag{4.23}$$

である．ここで典型的な値，衝撃波速度 V_{p1} を $5 \times 10^6\,\mathrm{m\,s^{-1}}$, 磁場強度 B_1 を $3 \times 10^{-10}\,\mathrm{T}$, 時間 t を 1000 年とすると，式 (4.23) から，宇宙線（陽子：$Z = 1$）のエネルギーは $\sim 4 \times 10^{13}\,\mathrm{eV}$ になる．

重要な仮定はボーム極限 ($\eta_1 \sim 1$) である．もし惑星間空間における衝撃波のように，$\eta_1 \sim 10$ 程度であれば到達エネルギーは一桁下がる．一方，$\eta_1 \sim 1$ が実現していても，陽子の到達エネルギーが「ニー」エネルギー $10^{15}\,\mathrm{eV}$ には届いていないことを問題視する論者もいる[*5]．

こうした問題点を解決するため，さまざまなモデルの改良が試みられた．たとえば，ルセック (S.G. Lucek) とベル (A.R. Bell) は衝撃波近傍では宇宙線粒子のエネルギーの一部が乱流磁場にフィードバックしてその強度を増幅させるから，加速効率，式 (4.23) の磁場強度 (B_1) は星間空間のもとの磁場強度ではなく，増幅後の磁場の強度とするアイディアを提唱した．しかし，彼らの論文は高度に非線形な過程についての発見的な議論を含んでおり，最終的な決着は得られていない．そのほか，斜め衝撃波の効果[*6]を考慮するジョキピ (J.R. Jokipii) などのアイディアがある．この効果についてもまだ議論は決着していない．

[*5] 時間 t が 1000 年を越えると，まわりの星間空間物質による衝撃波の減速効果が顕著になるので，エネルギーの増大は難しい．まわりの星間空間物質の密度が標準的な値 $10^6\,\mathrm{m^{-3}}$ より十分低ければ減速効果が顕著になる時間が遅れ，1000 年を越しても加速が続く可能性もある．

[*6] 衝撃波の法線方向と上流側の平均磁場のなす角 θ_1 が 90 度に近くなる場合，加速に有効な速度は V_{p1} ではなく $V_{p1}/\cos\theta_1$ ($\gg V_{p1}$) になり加速率は顕著に上がる．

上の到達エネルギーの議論は電子にも使える．もちろん，電子と陽子では拡散に関与するアルヴェーン波の波長が異なるのでボームパラメータを電子について計算しなおす必要がある．それを η_{e1} と書こう．電子の場合，エネルギーが 10^{13} eV を超えると逆コンプトン散乱もしくはシンクロトロン放射によるエネルギー損失の特徴的時間が 10^4 年程度以下となるので (図 4.8)，加速と損失の競争になる．式 (4.22) と式 (4.6) を用いて，シンクロトロン放射について |加速率| > |損失率| の条件を求めると，

$$\frac{3V_{p1}^2}{20\eta_{e1}}eB_1 > \frac{2}{3\mu_0}\sigma_{\rm T}c\beta^2\gamma^2 B_1^2$$

となり，電子のエネルギーへの制限，

$$\gamma < 4.4 \times 10^8 \eta_{e1}^{-1/2} \left(\frac{V_{p1}}{5\times 10^6 {\rm m\ s^{-1}}}\right)\left(\frac{B_1}{3\times 10^{-10}{\rm T}}\right)^{-1/2}$$

または

$$E < 2.2 \times 10^{14} \eta_{e1}^{-1/2} \left(\frac{V_{p1}}{5\times 10^6 {\rm m\ s^{-1}}}\right)\left(\frac{B_1}{3\times 10^{-10}{\rm T}}\right)^{-1/2} \quad [{\rm eV}] \quad (4.24)$$

が得られる．したがって，$V_{p1} = 5\times 10^6$ m s^{-1}，$B_1 = 3\times 10^{-10}$ T の場合，電子のエネルギーは 2.2×10^{14} eV を超えられない．この上限に到達するのは，式 (4.23) より，$t \sim 6\times 10^3$ 年である．なお，ルセックとベルのアイディアのように B_1 を増加させると，シンクロトロン放射による損失が増えて，電子では到達可能エネルギーはむしろ下がってしまう．

4.3 宇宙線起源天体の観測

宇宙線は発見いらい 100 年以上経過するが，4.1 節で述べたように，ほとんどの宇宙線は磁場で曲げられ，その到来方向の情報を失ってしまうため，どこでどのようにして超高エネルギーまで加速されるか，未知の部分が多い．本節では X 線やガンマ線など，高エネルギー電磁波を用いた宇宙線加速源の観測について述べる．

4.3.1 超新星残骸

宇宙線のスペクトルは基本的にべき型で,「ニー」(knee) と呼ばれる 3×10^{15} eV に折れ曲がりを持つ (図 4.1). この「ニー」エネルギー以下の宇宙線は銀河系内起源と考えられる. 銀河系内宇宙線加速機構の最有力候補は衝撃波面を粒子が往復するたびに衝撃波からエネルギーをうる, 衝撃波統計加速であり, 実際の加速現場としては超新星残骸の衝撃波面があげられる (4.2 節参照). 超新星残骸は以下の二つの理由で宇宙線加速源の有力候補になっている.

- 宇宙線は平均的太陽系物質組成に比べて, 原子番号の大きい核種が豊富に存在する (図 4.3).

これは, 宇宙線が加速された現場が重イオン生成現場でもある証拠であり, 超新星残骸の特徴と一致する.

- 超新星残骸が宇宙線の持つエネルギーを十分に供給できる (4.1 節参照).

4.3.2 パルサー星雲

1 章で述べたように, 強い磁場を持ち回転する中性子星 (パルサー) はいわば強力な発電機である. この強い起電力で荷電粒子は加速され, 光速に近いパルサー風ができる. このパルサー風と超新星残骸物質との衝突で衝撃波ができ, ここでも粒子は加速され高エネルギーになる. この粒子からシンクロトロン放射で電波や X 線が放射される. これをパルサー星雲と呼ぶ. 1.2.4 節の図 1.11 は「かにパルサー」および「ほ座パルサー」の「チャンドラ」で得られた X 線像である. 高速回転で駆動された粒子加速の様子がよく分かる.

4.3.3 シンクロトロン放射観測

星間空間には $(1\text{--}10) \times 10^{-10}$ T 程度の磁場が存在し, 荷電粒子である宇宙線は磁力線に巻きつく螺旋(らせん)運動をする. 式 (4.2) で示したように「ニー」(3×10^{15} eV) より低いエネルギーの宇宙線は星間空間を直進できず, 地上では加速源の方向と無関係に等方的に降り注ぐ. したがって, 宇宙線の到来方向を調べても加速源を突き止めることはできない. 一方, 加速されて加速源にとどまっている電子は, 星間磁場中でシンクロトロン光子を放射する. 典型的シンクロトロン

放射帯域 $h\nu$ は式 (4.5) から

$$h\nu \sim 3 \left(\frac{B}{10^{-10}\mathrm{T}}\right)\left(\frac{E_{\mathrm{cr}}}{100\,\mathrm{TeV}}\right)^2 \quad [\mathrm{keV}] \tag{4.25}$$

と与えられる．したがって，GeV (10^9 eV) 程度まで加速された電子は電波帯域，TeV (10^{12} eV) 程度まで加速された電子は X 線帯域でシンクロトロン放射する．

超新星残骸は電波帯域で，古くから盛んに観測され，その衝撃波面から強く偏光した電波が見つかっている．磁場にまきついた電子が発するシンクロトロン放射は，大局的磁場方向と垂直に偏光するため，発見された偏光は，加速された電子からのシンクロトロン放射である証拠である．現在ではシンクロトロン電波で衝撃波面が観測されている超新星残骸は銀河系内にあるもので 200 個を越えており，見つかっていないものを含めると 500 個以上あると思われている．電波観測からは，超新星残骸衝撃波面では電子は少なくとも GeV 程度まで加速されていることがいえる．

超新星残骸では爆発した星の噴出物や圧縮された星間物質が熱せられ，10^7 K から 10^8 K の超高温の希薄なガスとなる．このようなガスからは，比較的軟 X 線で卓越した熱的制動放射 X 線および特性 X 線が放射される．このような X 線放射が，100 個近くの超新星残骸から発見されている．小山らは「あすか」を用いて超新星残骸 SN 1006 の北東部および南西部から熱的制動放射や特性 X 線とはまったく異なる非熱的 X 線放射を発見した．引き続き，最新の X 線天文衛星「XMM-Newton」，「チャンドラ」，「すざく」でも確認された．図 4.11 は，「すざく」による SN 1006 の X 線画像である．超新星残骸の衝撃波部分に非熱的な硬 X 線放射がある．この非熱的放射は加速された電子からのシンクロトロン放射とするのがもっとも自然な解釈である．こうして，超新星残骸が宇宙線を「ニー」エネルギー付近まで加速していることが初めて観測的に証明された．現在では，10 個程度の超新星残骸の衝撃波面からシンクロトロン X 線が見つかっている．

空間分解能に優れた「チャンドラ」は衝撃波面近傍でのシンクロトロン放射の空間分布を明らかにした．馬場彩らは SN 1006 北東部の衝撃波面を観測し，シンクロトロン X 線が超新星残骸半径の 1％ というきわめて薄い領域に集中していることを発見し，「フィラメント」と名付けた．図 4.12 は，「チャンドラ」で観測した SN 1006 北東部の画像である．非常に薄いフィラメントが，衝撃波前面

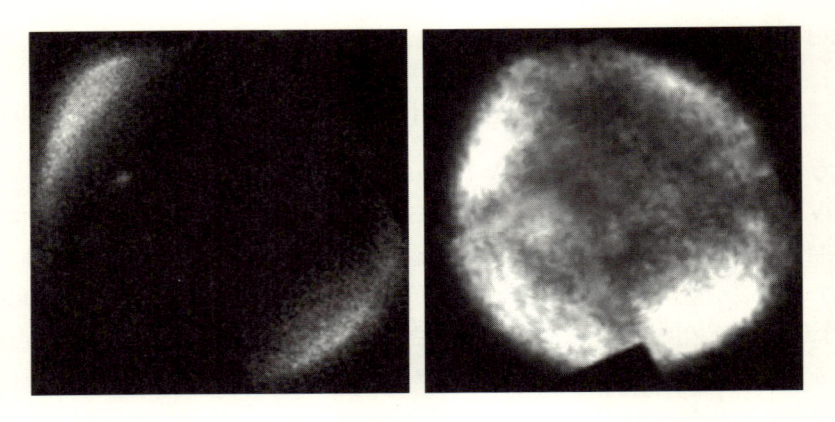

図 4.11 「すざく」による超新星残骸 SN 1006 からの X 線写真（口絵 6 参照）．左はシンクロトロン X 線放射で宇宙線加速の現場と考えられる．右は O VII の特性 X 線分布で高温プラズマの分布を示す．両者の空間分布はまったく異なることが分かる．

に見える．加速電子がこのフィラメント内に閉じ込められているとすると，電子の螺旋半径が少なくとも 0.1 pc 程度以下である必要がある．式 (4.25) を考慮すると，フィラメント内部では磁場が星間磁場に比べて増幅されているのかもしれない．現在，薄いフィラメント状構造をしたシンクロトロン放射は SN 1006 以外にも複数見つかっており普遍的な現象である可能性が高い．しかしなぜフィラメントが薄いのかさまざまな議論がされているが，決着はついていない．何がフィラメント構造を形成するのかが解明されれば，超新星残骸での宇宙線加速効率や宇宙線加速に対する超新星残骸の寄与が定量的に決定されるだろう．

4.3.4 超高エネルギーガンマ線観測

シンクロトロン X 線を放射するような高速の電子は，逆コンプトン散乱 (4.2.1 節) により宇宙背景放射，周辺の星の光などを，TeV ガンマ線にする．高速陽子はまた分子雲などにぶつかると π^0 粒子を生成して，その崩壊で TeV ガンマ線をつくる (4.2.1 節)．ガンマ線望遠鏡「CANGAROO」はシンクロトロン X 線放射をしている超新星残骸，RX J1713−3936 と RX J0852.0−4622 から，超高エネルギー (TeV) ガンマ線を検出した．また「かにパルサー」や「ほ座パル

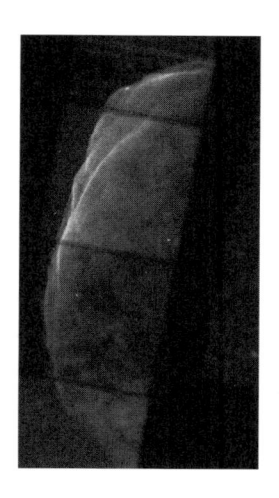

図 **4.12** 「チャンドラ」による SN 1006 北東部の硬 X 線画像 (Bamba et al. 2003, *ApJ*, 589, 827 より転載).

サー」,その他のパルサー星雲からも,TeV ガンマ線放射が発見されている.

4.1 節で議論したように典型的な銀河内空間磁場内ではシンクロトロン X 線と逆コンプトン散乱による TeV ガンマ線の強度はほぼ等しい (式 (4.1)). 一般に超新星残骸の衝撃波部分では磁場は増幅されるし,パルサー星雲は強い磁場を持つので,TeV ガンマ線強度は X 線強度より低い.事実,ほとんどすべての TeV ガンマ線源の強度は X 線強度より桁違いに低い.RX J1713−3936 と RX J0852.0−4622 は例外的といえる.これら TeV ガンマ線放射は陽子起源か,あるいは電子起源か,決着はまだついていない.後者とすれば磁場は星間空間並みに弱いことになる.一方,パルサー星雲からの TeV ガンマ線は明らかに逆コンプトン散乱による (電子起源).

最近,ガンマ線望遠鏡「HESS」は数分 – 10 分程度に広がった TeV ガンマ線源が銀河面に沿っていくつも分布していることを発見した (図 4.13).それらには明らかな対応天体がないものが多い.「すざく」はそのうちのいくつかを深く観測し,X 線強度の値や上限値を決めた.その X 線の強度は既知の超新星残骸やパルサー星雲と比べ,はるかに低く,TeV ガンマ線強度の 1 桁以下だった.シンクロトロン X 線が弱いから,電子起源ではなく陽子起源を示唆する.超高

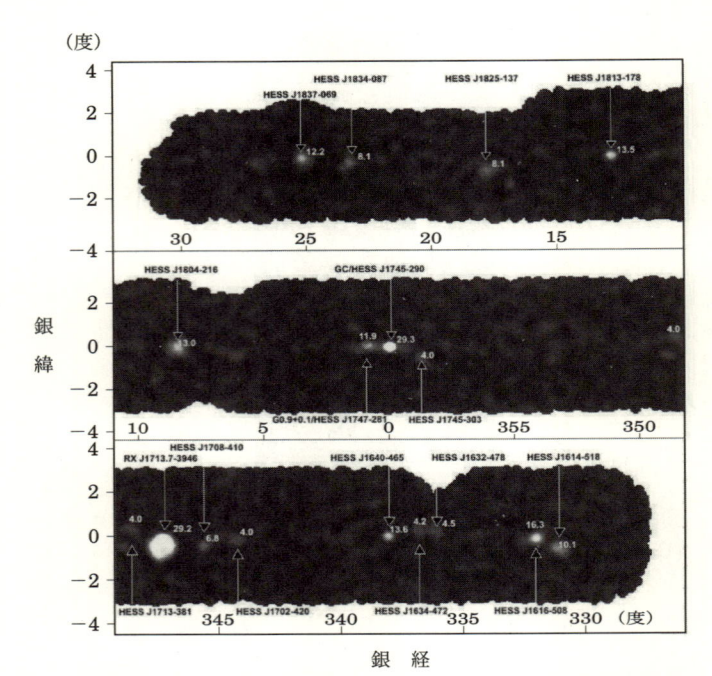

図 4.13 HESS 望遠鏡で発見された TeV ガンマ線源の分布図 (口絵 7 参照, Aharonian *et al.* 2006, *ApJ*, 636, 777 より転載). 銀河面を銀経 $-30°(330°)$ から $+30°$ までを 3 段にわけて表示してある.

エネルギー陽子をおもに加速する未知の超新星残骸やパルサー星雲が見つかりだしたのか. あるいはまったく新しい種族の宇宙線加速天体なのか, 今後の発展が期待される.

4.3.5 銀河面 X 線・ガンマ線放射

超新星残骸等で加速された宇宙線は銀河全体に拡散し, 星間物質との相互作用によりガンマ線を放射する. 100 MeV 以上の領域では, 宇宙線核子と星間物質による π 中間子の生成, 崩壊をおもな過程とし, 低エネルギー側では宇宙線電子の制動放射成分が含まれる (4.2 節, 式 (4.4), (4.10)). このようなガンマ線放射は, 銀河面から強く放射されているが, 星間物質の密度も反映しており, 宇宙線の加速現場を直接に示すものではない.

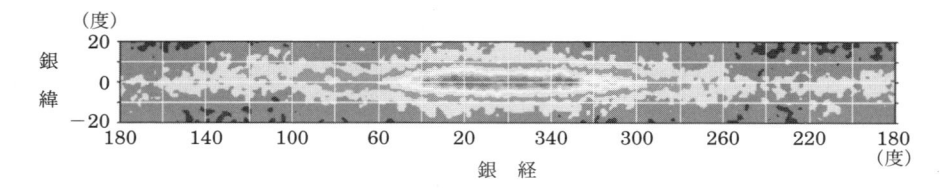

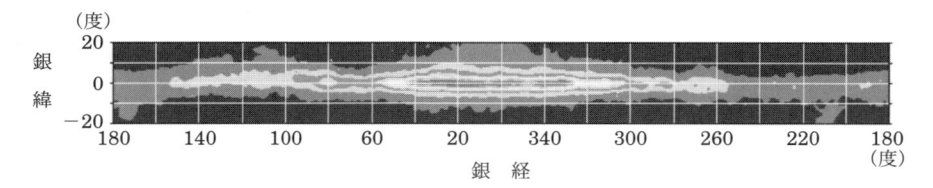

図 **4.14** 「CGRO」搭載の EGRET 検出器による銀河面全体放射 (銀経 $0°-180°$, $180°-360°$) からの広がった放射 (Cillis & Hartman 2005, *ApJ*, 621, 291 より転載). 図の中央が銀河中心である. 上が 30–100 MeV で電子由来成分も含み, 下は 100 MeV 以上でほぼ核子由来と考えられている.

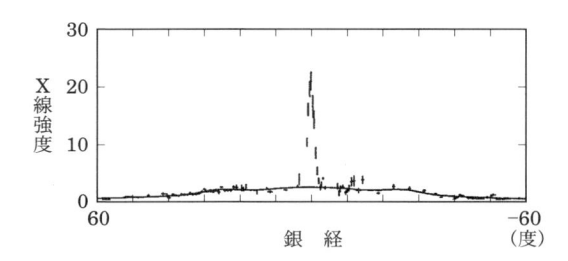

図 **4.15** 「ぎんが」による銀河面からの 6.7 keV 鉄輝線の観測結果 (Yamauchi & Koyama 1993, *ApJ*, 404, 620 より転載). 銀河中心から強い放射があり, さらに銀河面全体から放射が出ている.

X線領域でも, 銀河面からの放射は検出されている. 山内茂雄と小山は,「ぎんが」を用いて銀河系の内側の半径 4 kpc, 厚さ 100 pc の円盤から, 高階電離した鉄からの 6.7 keV 輝線を含む放射がでていることを明らかにした (図 4.15). 輝線を含むことから, この放射は高温のプラズマからの放射と考えられる. 「あ

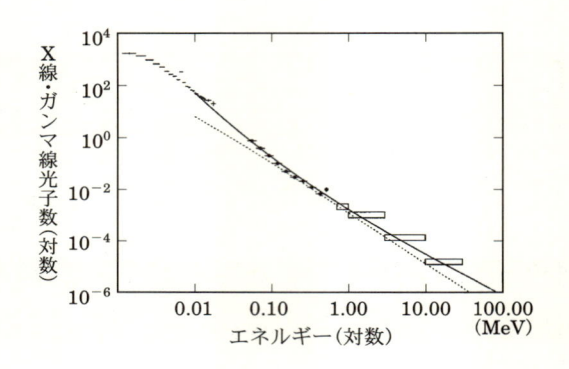

図 **4.16**　1 keV から 100 MeV 領域での銀河面からの放射スペクトル (Skibo *et al.* 1996, *Astr. Ap. Suppl.*, 120, 403 より転載).

すか」による金田英宏らの観測により，銀河面からはさまざまなイオンの輝線を含む高温プラズマ (温度 $kT \sim 0.8\,\mathrm{keV}$ と $kT \sim 8\,\mathrm{keV}$ の二つの成分で近似される) から，10^{31} W の放射があることが明らかになった．低温の $kT \sim 0.8\,\mathrm{keV}$ 成分は，分解できない超新星残骸等の重ね合わせで説明ができるが，高温成分 $kT \sim 8\,\mathrm{keV}$ 成分の起源はいまだ解明されていない．

　この高温成分は，「チャンドラ」によっても点源への分離はできていないことから，真に広がった放射と考えられる．高温のガスが存在するとすれば，その圧力は平均的な星間空間の 100 倍以上であり，その温度は銀河系の重力ポテンシャルで閉じ込めることができる値を上回っている．すなわち，この観測は銀河面の広い範囲で，継続的にガスを 10 keV 近くまで加熱する過程が存在することを示唆する．この過程が宇宙線を加速しているかもしれない．

　10 keV 程度の硬 X 線から MeV にいたる銀河面からの非熱的放射の存在が，山崎典子らによって，「ぎんが」，気球実験の結果から指摘され，その後の X 線やガンマ線衛星「RXTE」，「CGRO」，「INTEGRAL」等によって確認された (図 4.16)．この放射は 6.7 keV 輝線を含む放射と，エネルギースペクトル，空間的分布の双方で連続的につながっている．これを統一的に理解するために，加熱されつつある電子からの制動放射，宇宙線粒子と星間ガスの荷電交換相互作用などさまざまな過程が提案されている．

起源はともあれ，銀河面からの X 線・ガンマ線放射は，銀河系の中で現在も進行している加熱・加速過程と，その結果としてエネルギーを得た粒子と星間物質との相互作用の存在を示している．X 線領域での輝線スペクトルからのプラズマ状態の検証，ガンマ線領域での今後のより高い空間分解能の観測により，宇宙線加速の現場での物理過程の理解が深まると期待される．

4.3.6 銀河系外宇宙線

超新星残骸，パルサー星雲で加速できる宇宙線の最高エネルギーはたかだか 10^{15} eV である．4.2.2 節で述べたように，衝撃波で加速できる最高エネルギーは衝撃波の速度の 2 乗，磁場強度，加速時間の積に比例する (式 (4.23))．一方，4.1 節で述べた単純な考察から，宇宙線の最高エネルギーは加速源のサイズと磁場の積で制限される (図 4.4)．したがって，10^{20} eV にもなる最高エネルギー宇宙線の加速源としては超新星や中性子星より大きな天体か，より早い衝撃波速度や長い加速時間，最低このいずれかが満たされる天体でなくてはならない．このような天体は銀河系内ではなく，銀河系外にあると考えられ，以下のような候補があげられている．

銀河団衝突

銀河団は，大きいものでは 1000 個以上の銀河を含み，ダークマターを含めるとその質量は典型的に $10^{15} M_\odot$ もの巨大な系である．銀河間物質は，重力のために加熱され，1000 万 K 以上の高温プラズマとなって X 線で明るく輝いている．銀河団の形成過程に関しては，コールドダークマターを含む宇宙の力学進化の数値シミュレーションが盛んに行なわれており，小規模な集団がまずでき，それらが衝突合体して大きな銀河団に成っていく，という考え方が一般的である．実際，衝突途中と思われる銀河団も多数発見されている．衝突の際の相対速度は，銀河団の重力ポテンシャルに物が落ち込む速度，$1000\,\mathrm{km\,s^{-1}}$ 以上にもなるものと思われ，銀河間ガス中での音速を超えるために，衝撃波が発生しうる．さらに衝突合体は 10^9 年以上かかるため，衝撃波による粒子加速の時間は十分ある．GZK 効果が効きだす飛行時間 $\sim 10^8$ 年までに 10^{20} eV の高エネルギー粒子が生成されればいい．

銀河団中に衝突合体に伴う衝撃波が存在する例が，「チャンドラ」による $z =$

0.296 にある銀河団 1E 0657−56 の観測によって示された (図 4.17). 図 4.17 (上) の X 線イメージで，右側の塊がサブクラスターであり，東から西に (図では左から右に) 抜けて動いていると考えられる．その前面にバウショック構造[*7]が見えている．このショック面に垂直方向に銀河間物質の密度，圧力を推定したものが図 4.17 (下) である．密度はショックの外側の境界 (半径 50 秒角付近) と，濃いガスの集中したコア部分 (半径 12 秒角) の 2 か所で不連続面がある．圧力は，ショック面では 10 倍も変化しているが，コア部周辺ではほとんど変わらず，接触不連続面をなしている．

このような衝撃波によって加速された電子が存在していることは，電波，硬 X 線観測によって明らかになってきた．広がった電波放射は全銀河団の 10%程度に存在する．中心付近に広がった電波放射をハローといい，偏光は弱い．これは中心の活動銀河核から供給された高エネルギー電子からの放射と考えられている．一方，銀河団の周辺部に，リリック (relic) と呼ばれる不規則な形の電波放射がみつかることもある (図 4.18)．これは 20%程度の偏光を示すものが多く，数 10^{-10} T の磁場を持つ空間で電子が加速され，シンクロトロン放射をしていると考えられる．シンクロトロン放射でエネルギーを失う寿命は 10^8 年程度と，衝突合体の時間規模よりも短いため，今も加速が続いている現場であろう．

このような高エネルギー電子が存在すると，宇宙背景放射の 2.7 K 光子との逆コンプトン散乱によって硬 X 線放射が生じる．典型的な電波放射強度は 10^{34-35} W であり，2.7 K 光子と数 10^{-10} T の磁場とのエネルギー密度比から，予想される X 線光度も 10^{34-35} W になる (式 (4.1))．

イタリアとオランダの X 線天文衛星「BeppoSAX」により，かみのけ座銀河団，おとめ座銀河団，Abell 3667, Abell 2256, Abell 2199 など 7 個の銀河団から 20 keV 以上の硬 X 線が検出され，非熱的放射を示すものとされている．しかし，観測されている 20–80 keV での硬 X 線強度は 10^{36-37} W と 100 倍程度も明るく，陽子の寄与，あるいは非常に弱い銀河間磁場を考える必要がある．今後のより精密な観測が期待される．

[*7] たとえば，高速で進む舟の舳先 (へさき) に生ずる弓なりの形をした波の構造をいう．

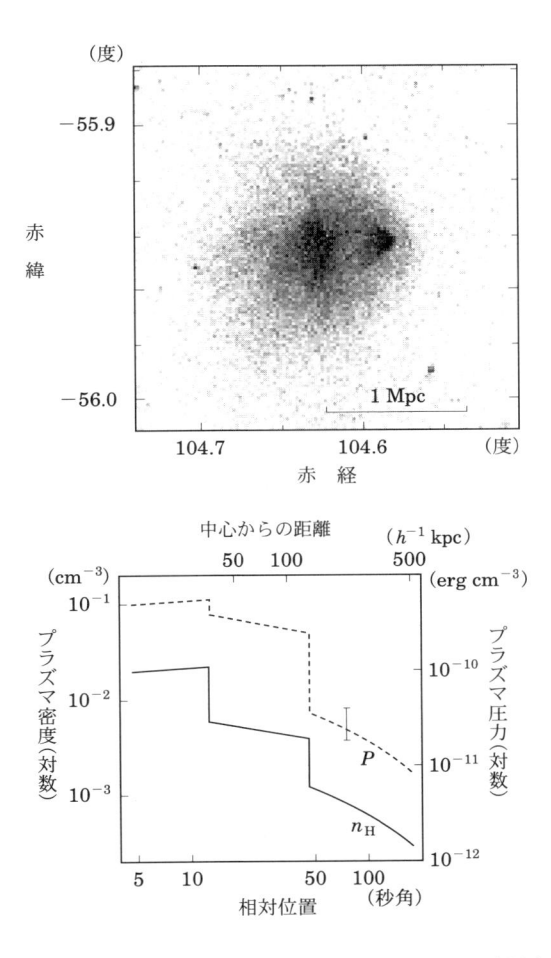

図 **4.17** 1E 0657–56 の「チャンドラ」による観測結果 (Markevitch *et al.* 2002, *ApJ*, 567, L27 より転載).上が X 線イメージであり,下はコアを通る面での圧力 (P) と密度 (n_H) の変化.密度 (実線) は 2 か所 (半径 12 秒角と 50 秒角あたり) で大きな変化を見せるが,圧力 (破線) は半径 12 秒角のコア表面に対応する場所ではほとんど変化がない.

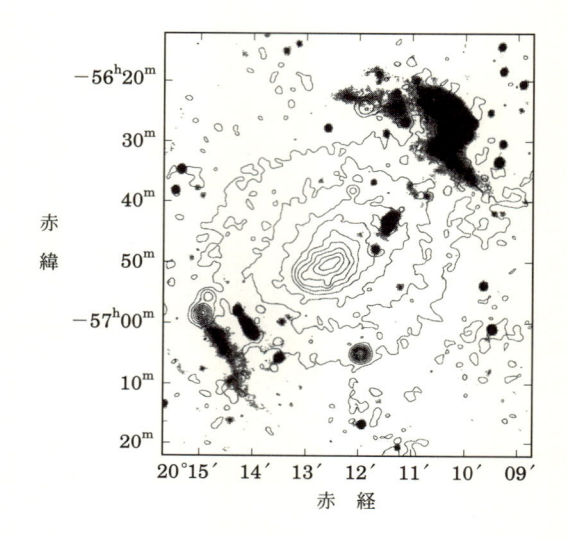

図 4.18 銀河団 Abell 3667 での電波リリックの観測例 (Rottgering *et al.* 1997, *MNRAS*, 290, 577 より転載). 等高線は「ROSAT」によるX線強度を示し, 黒の濃淡が 843 MHz の電波強度を示す.

活動銀河核, ガンマ線バースト

　空間的な大きさや加速できる時間は銀河団衝撃波には到底及ばないが, その代わり, 衝撃波の速度, 磁場強度が銀河系内天体を凌駕するものが活動銀河核のジェットやガンマ線バーストである. したがってこれらも最高エネルギー宇宙線加速源候補とみなされる. 活動銀河核のジェットはクェーサー, 電波銀河などに見られ (3.1.1 節, 表 3.1), 少なくともその発生源付近ではほぼ光速に近い速度である. これが衝撃波をつくれば, きわめて効率のいい高エネルギー加速器になる. ジェットを正面から観測している天体はブレーザーと呼ばれ, もっとも激しく変動する銀河核である (3.1.5 節). ブレーザーの中には激しく変動する TeV ガンマ線を放出するものも見つかっている (Mkn 421 や Mkn 501 など). 荷電粒子が短時間でもきわめて高エネルギーに加速されているのだろう. さらに極限的な天体はガンマ線バースト (5 章) である. その正体はまだ解明されていないが, ほとんど光速のジェットを正面から観測していると考えられている.

―宇宙最大の加速器―

　素粒子などミクロな世界の実験的解明には人工加速器が使われる．現在可能な最大エネルギーはほぼ 10^{13} eV (LHC 加速器) でこれは陽子–陽子衝突であるが，静止物質に対する陽子エネルギーに換算すると約 10^{17} eV である．それに対し，宇宙線は最大 10^{20} eV にも達する．このため，宇宙線によって超高エネルギー領域での素粒子反応について重要な知見を得ることができる．

　素粒子物理学の初期のころは，さまざまな新粒子が素粒子実験より先に宇宙線中から発見された．たとえば，1935 年に湯川秀樹が理論的に予言した π 中間子は 1947 年の気球実験によって宇宙線から発見された．π 中間子は宇宙線陽子が大気と反応してできる．

　宇宙線陽子の加速器の一つとして超新星 SN 1006 があげられる．SN 1006 は 1000 年前におおかみ座の超新星として生まれたことが，藤原定家の日記『明月記』に記録されている (第 1 巻 3 章の図 3.18, 本書図 4.11 参照)．

　出現時 (1006 年 5 月 1 日) には火星がたまたま近くにおり，火星のようだったという記録がある．その後 1 週間ほど増光したことは中国やアラビア諸国の文献にみられる．「すざく」は SN 1006 が核暴走型超新星 (Ia 型) であることを明らかにした．Ia 型は絶対光度がよく分かっている (実際に標準光源として宇宙の大きさを計測する手段になっている)．したがって SN 1006 までの距離から，見かけの明るさが推定できる．その最大光度は三日月をしのぐほどだったはずである．まさに史上最高の明るさの超新星だった．この「定家の超新星」が 1000 年近くかけて加速した陽子，それがはるばる地球に到達し，湯川の中間子理論を実証したのだろうか？

4.4　ニュートリノ天文学

　ニュートリノは物質との相互作用がきわめて弱いため物質の奥深くまで貫通できる．したがって「ニュートリノ天文学」は天体の深部を探ることができる天文学である．大マゼラン星雲での超新星爆発 (SN 1987A) からのニュートリノ観測や太陽からのニュートリノ観測は，ニュートリノ天文学の幕開けとなった．

4.4.1　超新星ニュートリノ

　大質量星の内部では pp 連鎖および CNO サイクルと呼ばれる一連の反応で，水素が燃焼してヘリウムが合成される ($4p \longrightarrow \text{He} + 2e^+ + 2\nu_e$) (188 ページの

コラム「星の中では」参照). 内部が約 10^7 kg m^{-3} の密度, 約 10^8 K の温度になると, ヘリウムが燃焼して炭素をつくる反応 (3He ⟶ C) が起こる. さらに高温, 高密度になると炭素, 酸素, ネオン, ケイ素燃焼と順に進み, 最終的には鉄が合成される. 鉄は核子あたりの結合エネルギーがもっとも大きい原子核であるため, 熱核融合反応によって生まれる元素としては最後の元素となる.

このようにして星の内部で元素合成が進行するため, 超新星爆発直前の星の内部は, 内側から順に鉄, ケイ素, 酸素, 炭素, ヘリウム, 水素の層がタマネギ状に分布している. 星の進化のシミュレーションによれば, 鉄のコアは約 1.5 $M_\odot$ の質量を持つ. その後, エネルギー放出によって重力収縮が進み温度が上昇し, 温度が約 5×10^9 K を超えると鉄がヘリウムに分解する吸熱反応 (Fe + γ ⟶ 13He + 4n − 124.4 MeV) によって不安定領域に入り, 超新星爆発を起こす.

密度の上昇と電子ニュートリノの放出にともなって電子捕獲反応 (原子核内外の陽子の中性子化 : e$^-$ + p ⟶ ν_e + n) が進行し, 中性子星の形成へと進む. 中性子星は約 3×10^{17} kg m^{-3} 程度の密度を持ち, その $M_\odot$ 程度の質量が 10 km 程度のサイズになる. したがって解放される重力エネルギー (E_b) は,

$$E_b = \frac{GM^2}{R} = 3 \times 10^{46} \left(\frac{M}{M_\odot}\right)^2 \left(\frac{R}{10\,\text{km}}\right)^{-1} \quad [\text{J}] \qquad (4.26)$$

で与えられる. このエネルギーの大半はニュートリノが星から運び去る. 1987 年 2 月 23 日に, 超新星爆発からのニュートリノがカミオカンデ実験 (Kamioka Nucleon Decay Experiment) と IMB 実験 (Irvine-Michigan-Brookhaven) 装置で初めて捉えられた.

カミオカンデは, 1980 年代はじめに岐阜県神岡鉱山の地下 1000 m の場所に建設された. 装置は 3000 トンの水タンクに 948 本の直径 0.5 m 光電子増倍管を 1 m 間隔で内面に取り付けたものであり, 荷電粒子が水中の光の速度よりも速く運動した際に発生するチェレンコフ光を捉えた. チェレンコフ光は粒子の進行方向に対して $\cos^{-1}(1/n\beta)$ の頂角を持つ円錐状に放射する. ここで n は水の屈折率で約 1.33, β は粒子の速度を真空中の光速度で割った値で, $\beta = 1$ の場合に頂角は約 42 度である. 現象の例を図 4.19 に示す. 各光電子増倍管では光の到着時刻と強度が測定され, 到着時刻の差から粒子の発生点が, 光の強度から粒子のエネルギーが見積もられた. 粒子の方向はチェレンコフ光のリングパターンから求

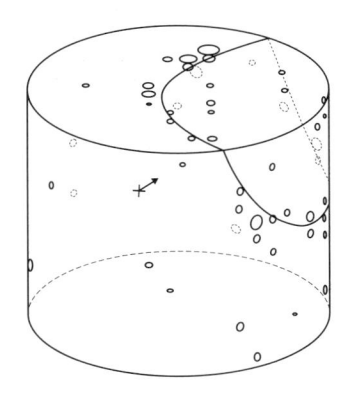

図 4.19 カミオカンデが捉えたニュートリノ現象の例．図中の小さな丸は光を受けた光電子増倍管を表わす (Hirata *et al.* 1988, *Phys. Rev.*, D 38, 448, 図 7 より転載).

められた．

IMB 実験はオハイオ州モートン塩鉱の地下 600 m に作られた 7000 トンの実験装置であり，2048 本の直径 20 cm 光電子増倍管を使用した．超新星爆発の観測に使われた有効体積は，カミオカンデ実験が 2140 トン，IMB 実験が 6000 トンであった．また，取得できるニュートリノのエネルギーの下限値はカミオカンデが 8.7 MeV, IMB は 38 MeV であった (50%効率での値)．

図 4.20 にニュートリノと水分子との反応断面積を示す．超新星爆発では，すべてのタイプのニュートリノ，すなわち電子ニュートリノ (ν_e)，ミューニュートリノ (ν_μ)，タウニュートリノ (ν_τ) とそれらの反粒子 ($\bar{\nu}_e, \bar{\nu}_\mu, \bar{\nu}_\tau$) がつくられるが，エネルギーは数十 MeV 程度であるため，図 4.20 より $\bar{\nu}_e + p \longrightarrow e^+ + n$ が主たる反応であることが分かる．

この反応では観測される e^+ のエネルギー (E_{e^+}) とニュートリノのエネルギー E_ν に，$E_{e^+} = E_\nu - 1.3$ MeV という関係にあり，ニュートリノのエネルギーを直接測ることができる．しかし，ニュートリノのエネルギーは陽子の質量に比べて十分小さいため，生成される e^+ とニュートリノの方向 (つまり超新星からの方向) とはほとんど相関がない．これに対して電子散乱 ($\nu + e^- \longrightarrow \nu + e^-$) では，電子が前方にはじき飛ばされる．

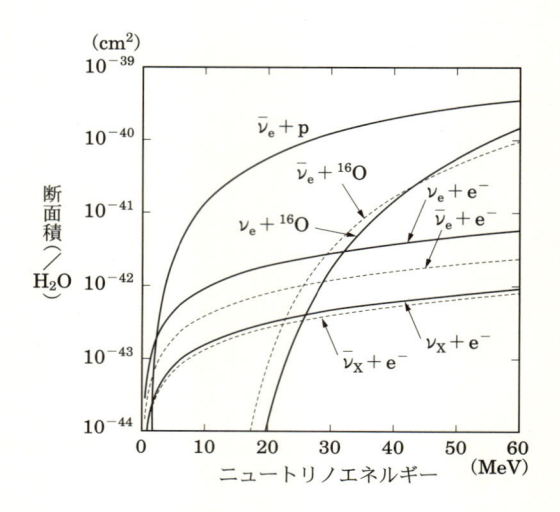

図 4.20 ニュートリノ反応の断面積.横軸はニュートリノのエネルギー,縦軸は水分子あたりの断面積を表わす.ν_X は ν_μ あるいは ν_τ を表わす.

SN 1987A に伴うニュートリノは 1987 年 2 月 23 日 7 時 35 分 (世界時) に観測された.カミオカンデは 13 秒間に 11 個,IMB は 6 秒間に 8 個の現象を観測した.これらの現象の時間分布を図 4.21 に示す.また,図 4.22 は現象の方向とエネルギーの相関を表わす.超新星の方向と特に強い相関は見られず,ほとんどの現象が $\bar{\nu}_e + p \longrightarrow e^+ + n$ 反応による現象であることを示している.そこで,$\bar{\nu}_e$ のエネルギー分布がフェルミ–ディラック分布[*8]と仮定してカミオカンデのデータと IMB のデータから温度を求めると,$kT \sim 4\,\mathrm{MeV}$ となる.この値に対応する $\bar{\nu}_e$ の平均エネルギー ($\langle E_{\bar{\nu}_e} \rangle$) は 13 MeV である.観測された現象の数とニュートリノの断面積から積分ニュートリノフラックス (ϕ) を求めると約 $5 \times 10^{13} \bar{\nu}_e\,\mathrm{m}^{-2}$ となる.SN 1987A までの距離 (R) は 17 万光年だから,$\bar{\nu}_e$ によって放出されたエネルギーは $\langle E_{\bar{\nu}_e} \rangle \phi \times 4\pi R^2 \sim 3 \times 10^{45}\,\mathrm{J}$ となる.

ニュートリノには粒子/反粒子も考えると全部で 6 種類あることから,すべてのニュートリノの平均エネルギーがほぼ同等であるとするとニュートリノによっ

[*8] フェルミ粒子が従う統計分布.量子力学と統計力学から,その分布式は $\dfrac{E_\nu^2}{\exp(-E_\nu/kT)+1}$ となる.

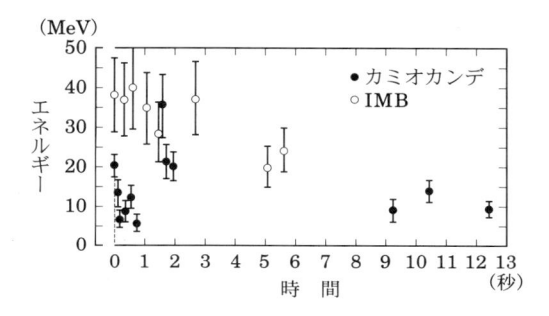

図 4.21 カミオカンデと IMB が捉えた SN 1987A からのニュートリノ信号. 個々の点は一つひとつの現象を表す. 横軸は最初の現象からの時間, 縦軸は個々の現象のエネルギーを表わす (Kamiokande Collaboration 1987, *Phys. Rev. Lett.*, 58, 1490; 1988, *Phys. Rev.* D38, 448. IMB Collaboration 1987, *Phys. Rev. Lett.* 58, 1494 より転載).

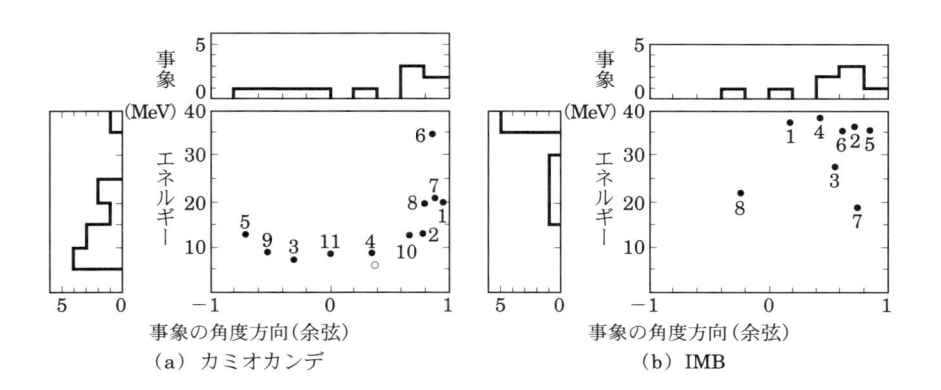

図 4.22 SN 1987A によるニュートリノ現象の超新星からの方向 (横軸) と現象のエネルギー (縦軸). (a) はカミオカンデでの現象を示し, (b) は IMB での現象. 2 次元分布のそれぞれの点は一つひとつの現象を示し, 数字は現象の時間順を表わす.

て放出されたエネルギーは約 2×10^{46} J となる．この値は鉄のコアから中性子星が形成されるときに解放されるエネルギー (式 (4.26)) ときわめてよく一致する．

光学観測による SN 1987A の爆発はシェルトン (I. Shelton) によって初めて報じられたが，時間的にもっとも早い観測は 2 月 23 日 10 時 33 分 (世界時) であった．また，2 月 23 日 9 時 22 分 (世界時) の時点では光学的には観測されていなかったことがジョーンズ (A. Jones) によって報じられていることから，コアが重力崩壊してから星が光を放出し始めるまでに 2 時間以上かかったことになる．

星の中では

星内部の水素燃焼には 2 種類の反応連鎖がある (下図).

二重線で囲った反応でニュートリノが生成される．これらの反応を左上から順に，pp, pep, hep, ^{7}Be, ^{8}B, ^{13}N, ^{15}O, ^{17}F ニュートリノと呼ぶ．標準太陽モデルではそれらの強度は，pp ニュートリノが 5.94×10^{14} ($\pm 1\%$) m^{-2} s^{-1}，^{7}Be ニュートリノが 4.86×10^{13} ($\pm 12\%$) m^{-2} s^{-1}，pep ニュートリノが 1.4×10^{12} ($\pm 2\%$) m^{-2} s^{-1}，^{8}B ニュートリノが 5.79×10^{10} ($\pm 23\%$) m^{-2} s^{-1}，hep ニュートリノが 7.88×10^7 ($\pm 16\%$) m^{-2} s^{-1} である (括弧内は誤差).

$p + p \rightarrow {}^2H + e^+ + \nu_e$ (99.75%)
$p + e^- + p \rightarrow {}^2H + \nu_e$ (0.25%)

$^2H + p \rightarrow {}^3He + \gamma$

(86%) $^3He + {}^3He \rightarrow {}^4He + 2p$ — PP-I

(14%) $^3He + p \rightarrow {}^4He + e^+ + \nu_e$

$^3He + {}^4He \rightarrow {}^7Be + \gamma$

(99.85%) $^7Be + e^- \rightarrow {}^7Li + \nu_e$
$^7Li + p \rightarrow {}^4He + {}^4He$ — PP-II

(0.15%) $^7Be + p \rightarrow {}^8B + \gamma$
$^8B \rightarrow {}^8Be^* + e^+ + \nu_e$
$^8Be^* \rightarrow {}^4He + {}^4He$ — PP-III

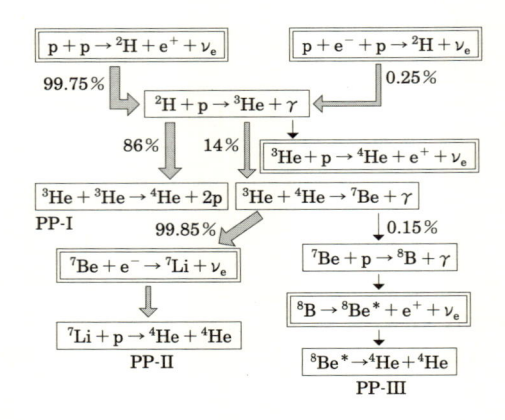

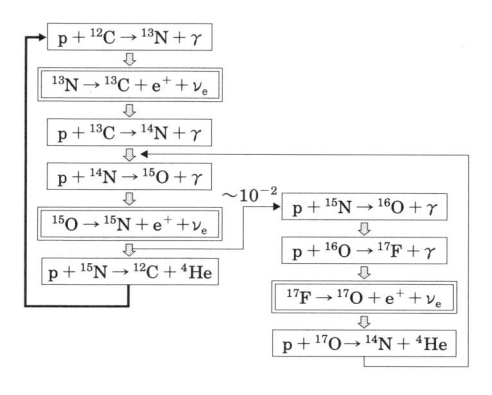

```
          ┌──→ p + ¹²C → ¹³N + γ
          │         ⇓
          │    ¹³N → ¹³C + e⁺ + νₑ
          │         ⇓
          │    p + ¹³C → ¹⁴N + γ
          │         ⇓
          │    p + ¹⁴N → ¹⁵O + γ  ←──────────────┐
          │         ⇓        ~10⁻²   p + ¹⁵N → ¹⁶O + γ
          │    ¹⁵O → ¹⁵N + e⁺ + νₑ         ⇓
          │         ⇓              p + ¹⁶O → ¹⁷F + γ
          └── p + ¹⁵N → ¹²C + ⁴He          ⇓
                                    ¹⁷F → ¹⁷O + e⁺ + νₑ
                                          ⇓
                                    p + ¹⁷O → ¹⁴N + ⁴He
```

図 4.23 pp 連鎖反応 (上, 188 ページ) と CNO サイクル反応 (下).

4.4.2 太陽ニュートリノ問題

標準太陽モデル (SSM; Standard Solar Model) の計算によれば，太陽中心で起きている核融合反応は総エネルギー生成の約 99% が pp 連鎖反応であり，残り約 1% が CNO サイクル反応である．これらの反応で予想されるニュートリノ (コラム「星の中では」参照) のエネルギースペクトルを図 4.24 に示す．

世界で初めての太陽ニュートリノ観測は，デービス (R. Davis) らがアメリカのホームステイク (Homestake) 鉱において 1960 年代に開始した実験である．この実験は，615 トンのテトラクロロエチレン (C_2Cl_4) を用い，ニュートリノと ^{37}Cl の反応により生まれる ^{37}Ar を約 80 日ごとに回収し，^{37}Ar の崩壊数を低バックグラウンド比例計数管によって計測した．こうした実験手法は放射化学法と呼ばれ，あるエネルギー閾値以上のニュートリノの積分量を測定することになる．ニュートリノと ^{37}Cl との反応のエネルギー閾値は 0.814 MeV であり，^{37}Ar の生成率に寄与するのは主として ^8B ニュートリノである (約 76% が ^8B ニュートリノ，15% が ^7Be ニュートリノ，他は pep, CNO ニュートリノ．コラム「星の中では」参照).

ホームステイク実験が観測した ^{37}Ar の生成率は約 0.5 個/日であり，標準太陽モデルの予想値約 1.4 個/日に比べて 1/3 しかなく，これを「太陽ニュートリ

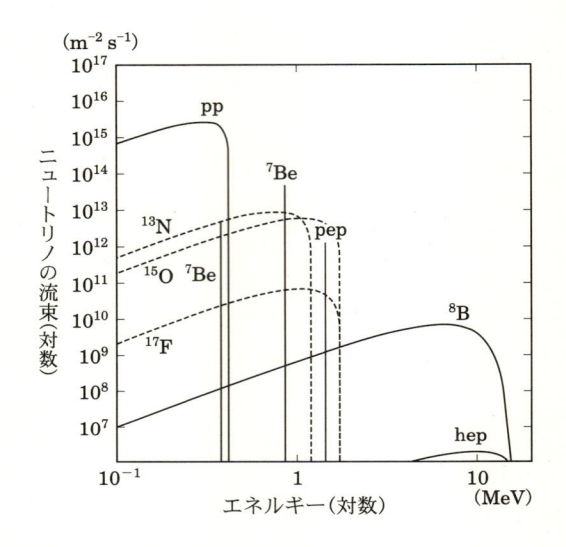

図 **4.24** 標準太陽モデルから予想される太陽ニュートリノスペクトル．実線は pp 連鎖反応からのニュートリノ，破線は CNO サイクルからのニュートリノを表わす (188 ページのコラム「星の中では」参照).

ノ問題」として提起した．

　カミオカンデ実験は，1989 年に世界で初めてのリアルタイム検出器による太陽ニュートリノ観測に成功した．それは ^{8}B 太陽ニュートリノによって前方に散乱された電子のチェレンコフ光を捉えたものである．^{8}B ニュートリノの強度は標準太陽モデルの予想値の約半分であり，太陽ニュートリノ問題を確認した．

　その後，太陽ニュートリノの主成分である pp, ^{7}Be ニュートリノに感度がある放射化学法による実験がロシア (SAGE 実験) とイタリア (GALLEX 実験) で行なわれた．これらの実験では ν_e と ^{71}Ga の反応によって生じる ^{71}Ge を数えた．この反応の閾値は 0.233 MeV であり，標準太陽モデルからの予想では ^{71}Ge 生成率に対する pp ニュートリノからの寄与が約 54%, ^{7}Be ニュートリノが約 27%, ^{8}B ニュートリノが約 9%, 残りが pep, CNO ニュートリノである．SAGE 実験は 54 トンの Ga を単体で用い，GALLEX 実験では 30 トンの Ga を $GaCl_3$ 溶液にして実験した．どちらの実験とも計測した ^{71}Ge の生成率は予想値の約 52% であった．

4.4.3 ニュートリノ振動

太陽ニュートリノの観測結果と標準太陽モデルからの予想とを比較する場合，ニュートリノがその種類を変えてしまう現象 (「ニュートリノ振動」と呼ぶ，14 ページのコラム「中性子星の中心部はどんな世界だろうか」参照) を考慮しなければならない．ニュートリノには電子ニュートリノ (ν_e)，ミューニュートリノ (ν_μ)，タウニュートリノ (ν_τ) の三つの種類があるが (コラム「中性子星の中心部はどんな世界だろうか」参照)，太陽中心での核融合反応の際に発生するニュートリノは ν_e である．

以下，ν_μ と ν_τ を総称して ν_X と書き，ν_e と ν_X の間の振動について述べる．ニュートリノが弱い相互作用によって発生するときには「弱い相互作用の固有状態」[*9]にあるとみなされる．具体的には ν_e と ν_X である．一方，ニュートリノが空間を伝搬する場合には「質量の固有状態」としてふるまう．質量の固有状態を ν_1, ν_2 とすると，一般に弱い相互作用の固有状態との関係は以下のように書ける．

$$\begin{pmatrix} \nu_e \\ \nu_X \end{pmatrix} = \begin{pmatrix} \cos\theta & \sin\theta \\ -\sin\theta & \cos\theta \end{pmatrix} \begin{pmatrix} \nu_1 \\ \nu_2 \end{pmatrix}. \tag{4.27}$$

ここで θ は「混合角」と呼ぶ．時刻 $t=0$ に ν_e として生まれたニュートリノがある時刻 t に ν_e として観測される確率 $P(\nu_e \longrightarrow \nu_e)$ は，質量の固有状態に対するシュレディンガー方程式を解くことによって求められ，

$$P(\nu_e \longrightarrow \nu_e) = 1 - \sin^2 2\theta \times \sin^2\left(1.27 \times \Delta m^2 \frac{L}{E}\right) \tag{4.28}$$

となる．ここで Δm^2 (単位は eV^2) は質量の固有値の2乗の差 ($m_2^2 - m_1^2$)，L はニュートリノ飛行距離 ($t \times$ 光速度)，E (MeV) はニュートリノのエネルギーである．式 (4.28) は真空中を伝搬する場合に適用できる式であるが，太陽内部のように高密度の物質が存在する環境での伝搬では物質による効果 (具体的には ν_e と ν_X とで電子との前方散乱振幅が異なること) を考慮しなければならない．ニュートリノのエネルギー，ニュートリノ振動を記述する変数 (Δm^2, 混合角 θ) によって物質効果の効き方は異なるが，後述するようにエネルギーの高い ^{8}B

[*9] 量子力学の言葉で基本的な状態をいう．一般の状態は固有状態を記述する波動関数の重ね合わせで表現される．

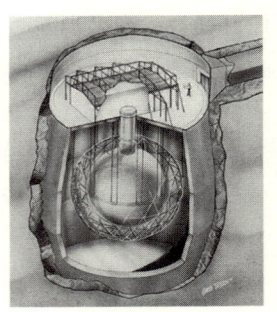

図 4.25　スーパーカミオカンデ実験装置 (左) と SNO 実験装置 (右) (Super-Kamiokande Collaboration 2002, *Phys. Lett.*, B539, 179. SNO Collaboration 2002, *Phys. Rev. Lett.*, 89, 011301 より転載).

ニュートリノの振動の場合には，物質効果によって太陽表面に到達するまでに約 2/3 のニュートリノが ν_X になっている．

4.4.4　太陽ニュートリノ問題の解決

「太陽ニュートリノ問題」の原因が「ニュートリノ振動である」ということが確定したのは，スーパーカミオカンデ (SK) と SNO (Sudbury Neutrino Observatory) による精密観測である．スーパーカミオカンデは神岡鉱山の地下 1000 m に建設された 50000 トンの超純水を用いた装置であり (図 4.25 (左))，カミオカンデの 30 倍の有効体積 (実際に太陽ニュートリノ観測に使える体積) を持つ．高さ 42 m，直径 40 m の水タンクの内面に 11146 本の直径 50 cm 光電子増倍管が取り付けられており，装置内面の 40% を光電面が覆っている．この光電面密度はカミオカンデの 2 倍であり，より低エネルギーの現象まで捉えることができる．

スーパーカミオカンデはカミオカンデと同様にニュートリノと電子との散乱を用いて ^{8}B 太陽ニュートリノを捉えた．ニュートリノと電子との散乱では ν_e のみならず，ν_μ, ν_τ も寄与する．後者は前者の約 $1/(6$–$7)$ (以下，R と書く) である．太陽の中心で生まれた ν_e のうち，$P_{\rm osc}$ の割合で ν_μ あるいは ν_τ になったとすると，スーパーカミオカンデで観測されるニュートリノ強度は，予想値の $(1 -$

$P_{\text{osc}}) + P_{\text{osc}} \times R$ となる．スーパーカミオカンデは 1996 年 5 月から 2001 年 7 月までの間に約 22400 個の太陽ニュートリノ現象を観測した．これを電子散乱によるニュートリノ強度に換算すると $(2.35 \pm 0.08) \times 10^{10} \text{m}^{-2} \text{s}^{-1}$ となる．

SNO 実験装置はカナダのサドバリー鉱の地下 2092 メートルに建設された重水 (D_2O) を使用した装置である (図 4.25 (右))．中央部に設置されたアクリル製の容器に 1000 トンの重水 (D_2O) が蓄えられており，その中で発生するチェレンコフ光を容器のまわりに置かれた 9456 本の直径 0.2 m 光電子増倍管によって捉える．太陽ニュートリノでは以下の 3 種類の反応が観測された．

(1) $\nu_e + D \longrightarrow e^- + p + p$ （荷電カレント反応：CC と呼ぶ）[*10]，
(2) $\nu_e + D \longrightarrow \nu + n + p$ （中性カレント反応：NC と呼ぶ）[*11]，
(3) $\nu_e + e^- \longrightarrow \nu + e^-$ （電子散乱）．

荷電カレント反応，中性カレント反応，電子散乱による現象は，粒子の方向性，事象のパターン情報を使用して統計的に識別することができる．SNO で観測された現象の数を，太陽ニュートリノの強度に直すとそれぞれ，

$$\text{CC の強度} : (1.68^{+0.10}_{-0.12}) \times 10^{10} \text{m}^{-2} \text{s}^{-1},$$
$$\text{電子散乱の強度} : (2.35 \pm 0.27) \times 10^{10} \text{m}^{-2} \text{s}^{-1},$$
$$\text{NC の強度} : (4.94^{+0.43}_{-0.40}) \times 10^{10} \text{m}^{-2} \text{s}^{-1}$$

となる．

スーパーカミオカンデと SNO によって得られた結果を使って ν_e の強度と $\nu_\mu + \nu_\tau$ の強度を 2 次元図で表示すると図 4.26 のようになる．図が示すように地球で観測される太陽ニュートリノには ν_μ, ν_τ の成分があり，太陽内部では ν_e として生まれているので，ニュートリノが飛行中に種類を変えていることが分かる．

スーパーカミオカンデ，SNO 実験ではニュートリノ反応のエネルギースペクトルや強度の昼夜変動 (振動パラメータによっては地球の物質がニュートリノ振動へ影響し昼夜で強度が違うことがある) も精密に測定しており，そうしたデータを使用してニュートリノ振動パラメータを求めたところ，質量の 2 乗の差

[*10] 電荷を持つ $W^\pm$ ボソンを媒介とする反応 (14 ページのコラム「中性子星の中心部はどんな世界だろうか」参照)．

[*11] 中性の Z ボソンを媒介とする反応 (コラム「中性子星の中心部はどんな世界だろうか」参照)．

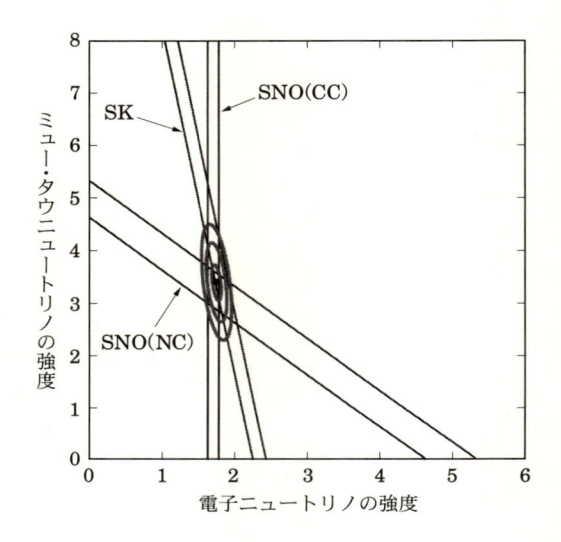

図 4.26 スーパーカミオカンデ (SK) と SNO の太陽ニュートリノ観測から得られた電子ニュートリノの強度とミュー・タウニュートリノの強度. 帯はそれぞれの実験の ±1 標準偏差の広がりを示し, 3 重の楕円は両方の結果を統合して許される範囲で内側から 68%, 95%, 99.73%の信頼度の範囲を示す (Super-Kamiokande Collaboration 2002, *Phys. Lett.*, B539, 179. SNO Collaboration 2002, *Phys. Rev. Lett.*, 89, 011301; 2004, *Phys. Rev. Lett.*, 92, 181301; nucl-ex/0502021 より転載).

(Δm^2) が $(5\text{--}12) \times 10^{-5}$ eV^2, 混合角 θ が約 33° と得られた.

スーパーカミオカンデ, SNO 実験によって ^{8}B ニュートリノの観測は高い精度で行なわれてきたが, ^{8}B ニュートリノは全太陽ニュートリノの 0.01%にしかすぎない. ほとんどの太陽ニュートリノは 1 MeV 以下のエネルギーであるが, このエネルギー領域の観測はガリウム実験によって積分量が測られているだけである. 低エネルギー領域を精度よく測ることができるリアルタイム方式による太陽ニュートリノ実験は将来の課題である.

4.5 重力波天文学

重力波は時空のゆがみを伝える波である．物質との相互作用は前節で述べたニュートリノよりさらに弱い．したがって「重力波天文学」は宇宙の最深部を探る究極の分野になりうる．今後の発展が期待される新分野である．

4.5.1 重力波の検出

物質との相互作用が弱いことは逆に検出を困難にするため，これまで重力波が直接検出されたことはない．しかし検出器の感度の向上は目覚ましく，2010 年代には検出が実現し重力波天文学が始まると予想される．重力波が通過すると，互いに直交する 2 方向 (基線) の長さが空間のゆがみに対応して極微な延び縮みをする．日本で先駆的に稼動に入った TAMA300 では 300 m の基線で，米国の LIGO (The Laser Interferometer Gravitational-Wave Observatory) や欧州の Virgo などの進行中の重力波観測計画では，3–4 km の基線を持つレーザー干渉計を用いてこの伸び縮みを測定する (図 4.27)[12]．観測対象としているのは，周波数が約 10 Hz から数 kHz の重力波で，もっとも有力となる重力波源が中性子星あるいはブラックホールからなる連星の合体，および大質量星の重力崩壊である．そこで以下ではこれらを重点に解説する．

4.5.2 高密度星連星の合体

二つの中性子星あるいは二つのブラックホールからなる連星の合体は，もっとも有望な重力波源であり，なかでも連星中性子星の合体は，次の二つの理由から最も確実な重力波源といえる．

- LIGO や Virgo で年に 1 回以上の検出が予想できる[13]．

---

[12] 日本では，300 m の基線を持つレーザー干渉計 TAMA300 が 1999 年から稼動しているが，3 km 級の長基線大型検出器 LCGT を岐阜県神岡に建設する計画が検討されている．その技術実証器 CLIO (基線長 100 m) は，一部の周波数帯では基線長 3–4 km の LIGO や Virgo に匹敵している．

[13] 宇宙年齢に比べて十分短い寿命で合体にいたる連星中性子星は，銀河系内においてすでに四つ発見されている (1 章)．それらの存在から，一つの銀河内で 1 万 –100 万年に 1 回は合体が起こると推測される．重力波検出器の最終目標感度が達成されれば，我々から約 300 Mpc 以内の距離にある連星中性子星の合体は検出可能である．よって，その半径内にあるすべての銀河を考慮すれば，年間 1–100 回程度，合体が検出可能と予想される．

図 4.27 アメリカハンフォードに建設された 4 km の基線を持つレーザー干渉計型重力波検出器 LIGO (http://www.ligo.caltech.edu より転載).

- 重力波の波形が，他の重力波源に比べて格段に予想しやすく，検証に有利である．

以下では，連星中性子星を採りあげて，連星の進化，および重力波の波形について説明する．連星中性子星は，大質量星からなる連星が 2 回の超新星爆発を起こした後に形成され，その後，重力波放射によって軌道半径を縮める (図 4.28)．軌道半径とともに離心率も減少するので，合体前は円軌道にあると考えられる．その場合，重力波の周波数は，軌道角速度を π で割って，

$$f = 10.5 \left(\frac{M}{2.8\,M_\odot}\right)^{1/2} \left(\frac{a}{700\text{ km}}\right)^{-3/2} \quad [\text{Hz}] \tag{4.29}$$

と書ける．ここで M は合計の質量を，a は軌道半径を表わす．質量が $2.8\,M_\odot$ の典型的な連星中性子星の場合，軌道半径が約 700 km 以下のときに $f > 10$ Hz になるので，その際に放射される重力波が観測目標となる．なお，$a = 700$ km から合体までにかかる時間は約 15 分，と大変短い．

重力波放射の時間スケール τ_{GW} は，合体までつねに軌道周期 P より長い．そのため，観測開始後大半は断熱的な進化をする．軌道半径が約 30 km になると，τ_{GW} が P に比べて無視できないほど短くなり，軌道半径の減少が加速され始める．さらに縮まると，二体間に働く一般相対論的相互作用や潮汐作用によって，連星中性子星は安定な円軌道を保てなくなり合体する．合体後は，回転するブ

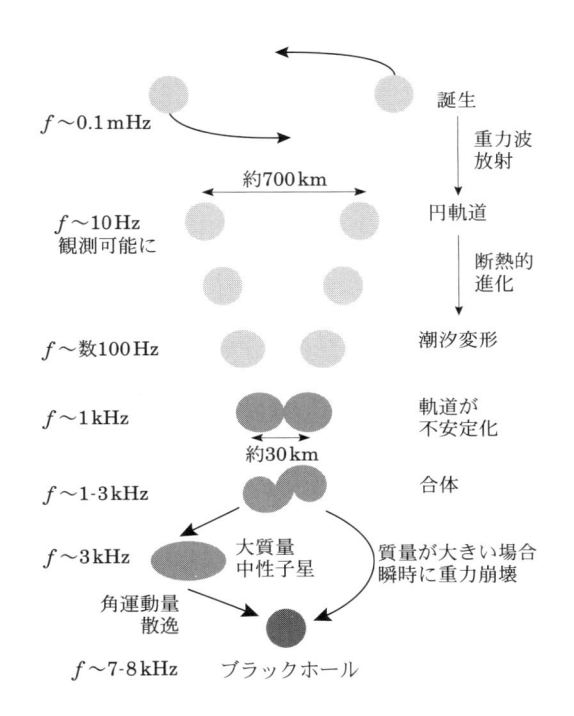

図 **4.28** 連星中性子星の誕生から合体までおよび放射される重力波の周波数.

ラックホールか高速回転の大質量中性子星のどちらかが形成される (後述).

これまで観測された連星中性子星の個々の中性子星の質量は，どれも 1.3–$1.4\,M_\odot$ 付近の値を持つ．これが一般的な傾向だとすれば，これまでに述べた 10 Hz 以降の進化の描像は，多くの連星中性子星に対してあてはまる．ブラックホールどうしの連星の場合には，質量がより大きくなるので節目となる値が異なる．たとえば $M = 10\,M_\odot$ とすれば，$f = 10$ Hz となるのは，$a = 1100$ km のときである．また合体が開始するのが $a = 6GM/c^2 \approx 90$ km 程度のときとすれば，合体開始時の周波数は約 430 Hz である．

図 4.29 に合体直前の連星から放射される重力波の予想波形を示す．合体直前はほぼ定常な円軌道を描きながらゆっくりと軌道半径を縮めるので，振幅と周波数が徐々に上がるサイン曲線となる．このような波形はチャープ波形と呼ばれ

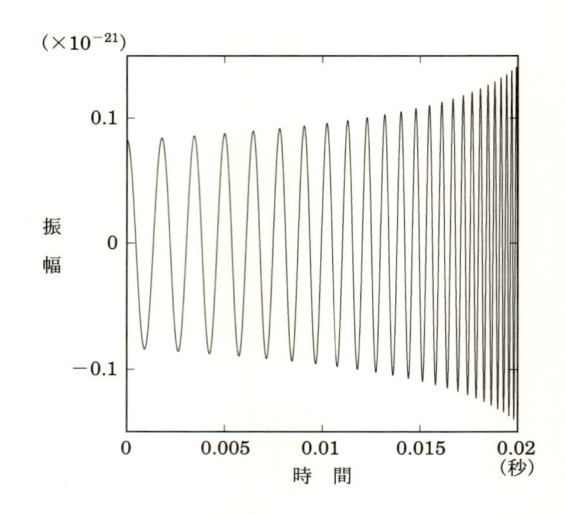

図 **4.29** 合体直前の連星中性子星から放射される重力波の予想波形．14 Mpc の距離にあり，質量がともに $1.4\,M_\odot$ の連星を軌道面と垂直方向から観測する場合である．横軸は時間，縦軸は振幅を表わし 10^{-21} を単位とした．

る[*14]．式 (4.35) (203 ページのコラム「アインシュタイン方程式を解こう」) を用いると，軌道面と垂直方向から観測する場合の重力波の振幅 h は，

$$h = \frac{4G^2 M_1 M_2}{c^4 ar}$$

$$\approx 8 \times 10^{-24} \left(\frac{100\,\text{Mpc}}{r}\right)\left(\frac{M_1}{1.4\,M_\odot}\right)\left(\frac{M_2}{1.4\,M_\odot}\right)\left(\frac{700\,\text{km}}{a}\right) \quad (4.30)$$

と書ける．ここで，M_1, M_2 は連星を構成する中性子星の質量を表わし，r は観測者から連星までの距離である．なお，観測される振幅は軌道面と視線方向の角度により，軌道面と水平方向から観測する場合，検出される振幅は半分程度になる．

先に述べたように，合体までつねに $\tau_{\text{GW}} > P$ がなりたつ．そのため，ほぼ同

[*14] チャープ (chirp) とは英語で，チーチー (甲高い鳴き声) という意味である．連星が合体する場合，図 4.29 のような高周波の重力波がくりかえし放射されることにちなんで，チャープ波形と名づけられた．

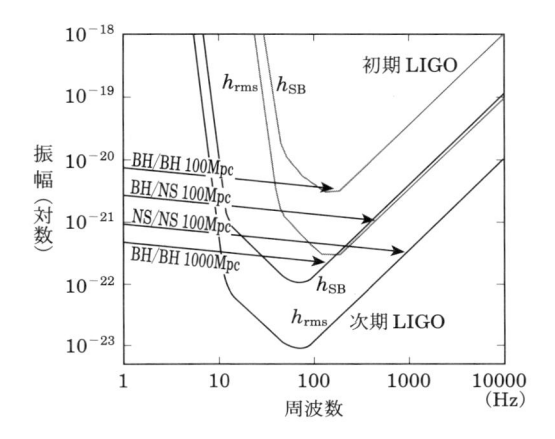

図 **4.30** LIGO の感度に対する合体直前の近接連星からの重力波のスペクトル．NS と BH はそれぞれ，$1.4\,M_\odot$ と $10\,M_\odot$ の中性子星とブラックホールを表わす．矢印の先端あたりの周波数で合体が始まる．$h_{\rm rms}$ は検出器の雑音曲線を，$h_{\rm SB}$ は実質的な感度 (これよりも大きな振幅の重力波でなければ検出できない) を表わす．$h_{\rm SB}$ は約 $11 h_{\rm rms}$ である．

じ周波数 f を持つ重力波がくりかえし放射される．その波の数を N とすれば約 $N^{1/2}$ 倍実効的な振幅は増す．ここで N は近似的に $f \times \tau_{\rm GW}$ と表わされ，一般相対論によれば，$\tau_{\rm GW}$ は $f^{-8/3}$ に比例するので，低周波数側で実効振幅はより増幅される．h は $f^{2/3}$ に比例する．したがって，実効振幅は $f^{-1/6}$ に比例する．

図 4.30 にチャープ波形の実効振幅のスペクトルを示す．因子 $N^{1/2}$ のおかげで，それは低周波数側で h よりもはるかに大きくなる．参考のため，初期 LIGO と次期 LIGO の雑音曲線も示した．次期 LIGO を用いれば，約 300 Mpc の距離にある連星中性子星からの，また約 1500 Mpc の距離にある連星ブラックホールからのチャープ波形が検出可能と予想される．

合体後の運命は連星の構成要素に依存する．連星ブラックホールの場合には，ブラックホールが形成される．中性子星とブラックホールの連星であれば，ブラックホールの質量が十分に重いときには中性子星がブラックホールに飲み込まれ，軽いときには (ブラックホールのスピンをゼロとすれば約 $4\,M_\odot$ 以下の場合) 中性子星が合体前に潮汐破壊される．連星中性子星の場合は，系の合計の質

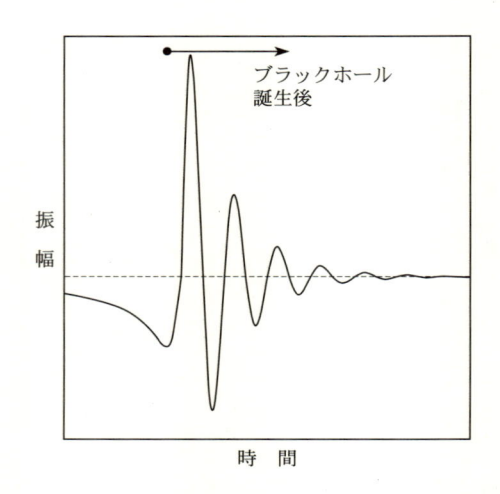

図 4.31　ブラックホール形成時に放射される重力波の予想波形.

量が十分に大きいときには，ブラックホールが形成され，軽いときには大質量中性子星が形成される．ただし大質量中性子星は，その後重力波放射や磁場による角運動量輸送の効果によって角運動量を失うかあるいは角運動量分布を変化させる．その結果重力崩壊し，最終的には回転するブラックホールが形成される．

　合体過程に依存して，放射される重力波の波形も異なる．ブラックホールが合体後瞬時に形成される場合には，図 4.31 に示されるような減衰振動が特徴的な重力波が放射される．減衰振動の波長と減衰率は，ブラックホールの質量とスピンにのみ依存する．したがって，重力波を検出することによって，ブラックホールの誕生を明らかにし，さらにその質量とスピンを決定することが可能になる．

　質量が比較的小さい連星中性子星が合体する場合には，大質量中性子星が誕生しうる．図 4.32 に，質量がともに $1.3\,M_\odot$ の二つの中性子星が合体し大質量中性子星が誕生するシミュレーションの結果を示す．中性子星をモデル化するに当たって，球対称中性子星の最大質量が $2.04\,M_\odot$ になる硬めの状態方程式 (1.2.2

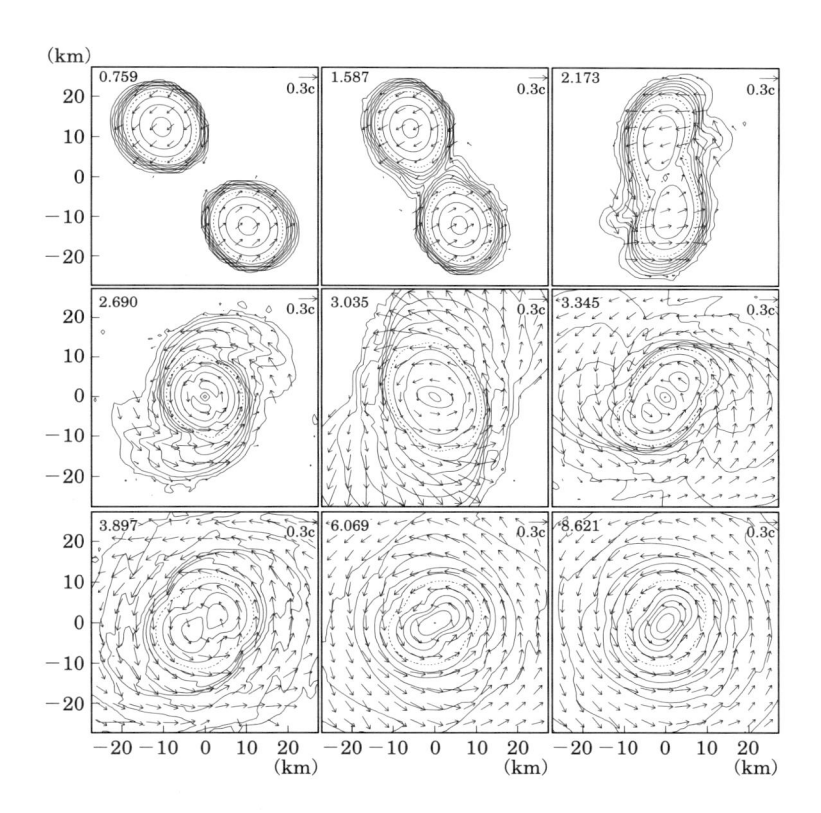

図 **4.32** 質量がともに $1.3\,M_\odot$ の連星中性子星の合体のシミュレーション結果．合体後，楕円体形の大質量中性子星が形成される．軌道面上の密度等高線と速度場を描いている．合体前の軌道周期は 2.11 ミリ秒である．密度等高線は，$2\times 10^{17} \times i\,{\rm kg\,m^{-3}}$ ($i=1$–10) および $2\times 10^{17} \times 10^{-0.5i}\,{\rm kg\,m^{-3}}$ ($i=1$–7) に対して描かれている．また点線は，$2\times 10^{17}\,{\rm kg\,m^{-3}}$ を表わす．各パネルの左上に合体開始後のミリ秒単位の経過時間を，右上に速度ベクトルの大きさの尺度を示している．

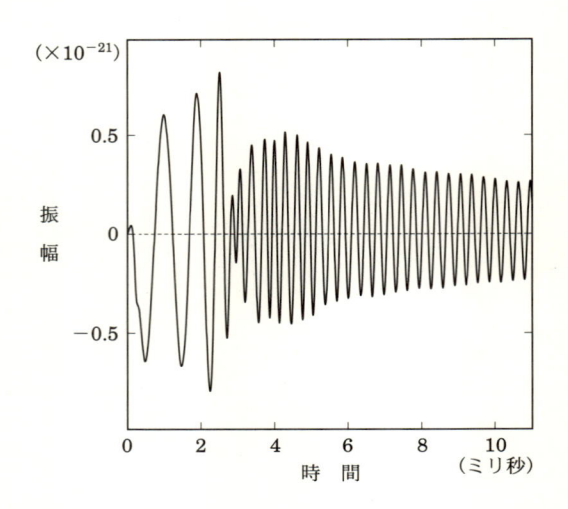

図 4.33 連星軌道面に垂直な方向で観測された，合体時，および合体後に放射される重力波の波形．質量がともに $1.3\,M_\odot$ の中性子星どうしが合体し，大質量中性子星が形成される場合．観測者との距離は 20 Mpc としている．

節) が採用されている[*15]．軌道角運動量がそのまま自転角運動量として持ち込まれるため大きな遠心力が働く結果，質量 $2.6\,M_\odot$ もの中性子星が重力崩壊を免れ，形成される．大質量中性子星は高速回転しているうえに，非軸対称形状をしばらく保つので，大きな振幅を持った重力波を長時間放射する．

図 4.33 にその波形を示す．$t=3$ ミリ秒以降続く周期約 0.3 ミリ秒の準周期的振動が，歪んだ大質量中性子星の回転運動による．ところで，回転運動エネルギーは重力波放射によって散逸されるので，最終的には重力崩壊が起こる．この場合，大質量中性子星の寿命は 100 ミリ秒程度なので，ブラックホールへの重力崩壊まで 300 サイクルほど準周期的重力波が放射される．フーリエ変換を実行すれば，3 kHz 付近に高い特徴的ピークが現れるが，これを検出すれば大質量

[*15] 大質量中性子星が誕生するかどうかは，状態方程式に強く依存する．中性子星の密度が原子核密度の約 3 倍を超える場合，核力が正確に理解できていないので，その状態方程式もよく分かっていない．さまざまな理論モデルのなかで，より大きな圧力を予言する状態方程式を硬い状態方程式と呼び，比較的小さな圧力を予言するものを柔らかい状態方程式と呼ぶ．状態方程式が硬い方が，大質量中性子星が誕生しやすい．

中性子星が誕生した証拠を得ることになる．重力波検出器による検出が期待される重力波の一つである．

── アインシュタイン方程式を解こう ──

　本文の重力波放射の式は，下のアインシュタイン方程式から導かれる．難解すぎると思われる読者は，雰囲気だけでも味わってほしい．

$$G_{\mu\nu} = \kappa T_{\mu\nu}. \tag{4.31}$$

ここで，$G_{\mu\nu}$ は時空の曲がり具合を表わすアインシュタインテンソル (時空の性質を表わす計量テンソル $g_{\mu\nu}$ の 2 階微分の関数)，$T_{\mu\nu}$ は物質の分布や運動状態を表わすエネルギー運動量テンソル，そして $\kappa = 8\pi G c^{-4}$ である．これらのテンソルは，時間 1 次元，空間 3 次元，計 4 行 4 列の行列で表わされ，ギリシャ文字の添え字は，0 (時間)，1–3 (空間) を取る．なお式 (4.31) は，ニュートン力学で重力場のポテンシャル Ψ を決める式 (ポアソン方程式)

$$\Delta\Psi \equiv \left(\frac{\partial^2}{\partial x^2} + \frac{\partial^2}{\partial y^2} + \frac{\partial^2}{\partial z^2}\right)\Psi = 4\pi G\rho \tag{4.32}$$

を拡張した形になっている．だだし ρ は物質密度である．

　ここで，計量テンソル密度を $\sqrt{-g}\,g^{\mu\nu} = \eta^{\mu\nu} + \tilde{h}^{\mu\nu}$ と形式的に書く．g は $g_{\mu\nu}$ の行列式，$\eta^{\mu\nu}$ は平坦な (物質やエネルギーのない) 時空の計量，そして $\tilde{h}^{\mu\nu}$ は平坦な時空からのずれを表わす．これを式 (4.31) に代入し，平坦な時空からのずれが小さいとして $\tilde{h}^{\mu\nu}$ の 2 次以上の項を落とし，さらに座標変換の自由度をうまく選ぶと，エネルギー運動量テンソルを源とした波動方程式が得られる．

$$\left(-\frac{1}{c^2}\frac{\partial^2}{\partial t^2} + \Delta\right)\tilde{h}^{\mu\nu} = -2\kappa T^{\mu\nu}. \tag{4.33}$$

この式は，物質の分布が変化すると，それに伴って時空の歪みが光速度で伝播することを表わしている．

　通常の座標系 $(x_1 \equiv x, x_2 \equiv y, x_3 \equiv z)$ では，重力波通過前の 2 点間の距離の 2 乗は $dl^2 = dl_0^2 \equiv \sum_{i=1}^{3} dx_i^2$ で与えられる．一方，重力波が通過後は

$$dl^2 = dl_0^2 + \sum_{i,j=1}^{3} h_{ij}\,dx_i dx_j \tag{4.34}$$

となる．重力波検出とは，この変化分を測ることである．

　物質の運動速度が光速度に比べて十分に遅いときには，重力波源から r 離れた場所での重力波の振幅 h_{ij} とエネルギー放射率 (光度) dE/dt は，4 重極公式を使って次のように書ける．

$$h_{ij}(t,r) = \frac{2G}{rc^4}\left[\frac{d^2 \bar{I}_{ij}}{dt^2}\left(t-\frac{r}{c}\right)\right]^{TT}, \quad (4.35)$$

$$\frac{dE}{dt} = \frac{G}{5c^5}\sum_{i,j=1}^{3}\frac{d^3 \bar{I}_{ij}}{dt^3}\frac{d^3 \bar{I}_{ij}}{dt^3}. \quad (4.36)$$

ここで $\bar{I}_{ij}$ は，物質が作る 4 重極子モーメント I_{ij} に対して

$$\bar{I}_{ij} \equiv I_{ij} - \frac{1}{3}\delta_{ij}\sum_{k=1}^{3}I_{kk} \quad (4.37)$$

と定義される，トレースがゼロ（すなわち $\sum_{i=1}^{3}\bar{I}_{ii}=0$）のテンソルである．$TT$ は，進行方向に対して横波かつトレースゼロの成分を取ることを表わす．また添え字の ij は空間 3 方向のいずれかを表わす．式 (4.36) は，球対称な物体（$\bar{I}_{ij}=0$），あるいは定常な物体（$d\bar{I}_{ij}/dt=0$）は重力波を放射しないことを示している．

4.5.3 重力崩壊型超新星爆発

約 $8M_\odot$ 以上の初期質量を持つ恒星は，重力崩壊型超新星爆発で一生を終える．そしてその中心には，中性子星かブラックホールが形成される．重力崩壊が非球対称に進むのであれば，重力波が放射される．観測的には，超新星爆発は一つの銀河内で 100 年に 1 回程度の頻度で起こると推定されている．よって，おとめ座銀河団（我々から約 18 Mpc の距離）までの距離内にあるすべての銀河を考慮すれば，2, 3 年に 1 回程度は発生すると見積もられる．特徴的な重力波の周波数は，中性子星ならば回転速度や状態方程式，ブラックホールならば質量やスピンに依存するが，いずれも数百 Hz– 数 kHz 程度になる．

さて，式 (4.35)（コラム「アインシュタイン方程式を解こう」）を用いて重力波の振幅をおおまかに評価しよう．以下では重力崩壊が軸対称に進むと仮定し，円筒座標 (ϖ, z) を採用する．まず回転中性子星が形成される場合を考える．この場合，重力崩壊し原始中性子星が形成された直後に，衝撃波が発生する．そのときに重力波の振幅は最大となる．4 重極子モーメントの 2 階微分の最大値を大雑把に

$$\ddot{I}_{ij}|_{\max} \sim \kappa MR^2(2\pi f)^2 \quad (4.38)$$

と評価する．M, R, f は，原始中性子星の質量，半径および重力波の周波数を

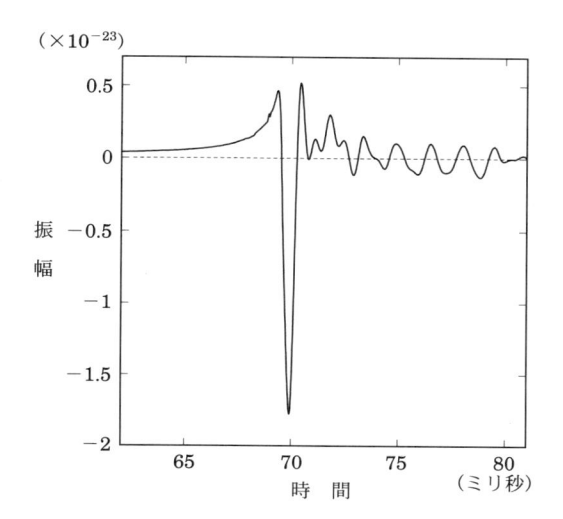

図 4.34 原始中性子星形成時に放射される重力波の波形の例. 回転軸と垂直方向から観測された場合. 観測者までの距離を 10 Mpc とし, また重力崩壊する鉄のコアの質量は約 $1.5\,M_\odot$ である. このモデルでは鉄のコアは重力崩壊前に剛体回転しており, その回転運動エネルギーと重力ポテンシャルエネルギーの比は 0.009 である. この比が小さいと, 振幅はもっと小さくなる.

表わす. $\kappa = I_{\varpi\varpi}/(MR^2)$ は原始中性子星の密度分布に依存する量で, およそ 0.1–0.2 の値を取る. すると, 距離 r で測る振幅は

$$h \sim 2\times 10^{-23}\left(\frac{20\,\text{Mpc}}{r}\right)\left(\frac{\kappa}{0.1}\right)\left(\frac{\delta_I}{0.2}\right)\left(\frac{M}{1.4\,M_\odot}\right)\left(\frac{R}{20\,\text{km}}\right)^2$$
$$\times \left(\frac{f}{1\,\text{kHz}}\right)^2 \tag{4.39}$$

と見積られる. ここで $\delta_I = |1 - 2I_{zz}/I_{\varpi\varpi}|$ と定義され, これは非球対称性を表わす 1 以下の量である. 振幅が小さいので, 運良く我々の銀河系内や近傍の銀河内で発生した場合にのみ, 有望な重力波源となる.

シミュレーションによって計算された重力波の波形の例を図 4.34 に示す. 初期の回転速度, 回転則, 状態方程式の違いによって, さまざまな波形の重力波が可能だが, ここではそのなかでも典型的とされる波形を示した. この場合重力波

の振幅は，重力崩壊とともに増大し，原始中性子星が誕生し衝撃波が発生したときに最大値を示す．その後原始中性子星の振動のために準周期的な重力波が放射される．その周波数は原始中性子星の基本固有振動数に対応し，このモデルの場合には約 700 Hz である．

原始中性子星が誕生した後，衝撃波が外向きに伝播する間にも，観測可能な重力波が発生するかもしれない．原始中性子星の表面付近で対流が発生したり，またその結果，原始中性子星の固有振動が再励起されたりして，非定常かつ非球対称の運動が起きるからである．特に最近，原始中性子星が誕生後数百サイクルにわたって準周期的に振動する結果，地球から 20 Mpc の距離で超新星が起こったとしても実効振幅が 10^{-22} 以上にもなる重力波が発生しうるという計算結果が提示され，重力波研究者に驚きを与えた．ただし，今のところこの結果の正否は明らかではないので，今後のくわしい研究が待たれる．

4.5.2 節において紹介したように，ブラックホールが形成される場合には減衰振動が特徴的な重力波が放射される．ここでは，放射される全エネルギーを ΔE と置き，また波形を減衰振動形に表わすことができるとして，最大振幅に対する表式を与えよう．軸対称かつ赤道面対称にブラックホールは形成されると仮定し，4重極成分のみに着目すれば，重力波の振幅 h は

$$h = \frac{A(t-r/c)}{r}\sin^2\theta \tag{4.40}$$

となる (θ は回転軸と視線方角とのなす角)．式 (4.36) (コラム「アインシュタイン方程式を解こう」) から光度が

$$\frac{dE}{dt} = \frac{2c^3}{15G}\dot{A}^2 \tag{4.41}$$

と求まる．ここで A は次のような関数形になると仮定する．

$$A(u,r) = A_0 e^{-u/t_d}\sin(2\pi f u) \quad (u \geqq 0). \tag{4.42}$$

ただし，t_d, f は減衰時間と周波数を表わす．A_0 は最大振幅を表わす定数であり，簡単のため遅延時間 $u = t - r/c < 0$ では $A = 0$ としておく．式 (4.41) を u で積分すれば，

$$\Delta E = \int_0^\infty \frac{dE}{dt}du = \frac{4c^3}{15G}(\pi f A_0)^2 t_d \tag{4.43}$$

と書ける．$\varepsilon \equiv \Delta E/Mc^2$ とおけば，距離 r で測る重力波の最大振幅は

$$h_{\max} \approx 7 \times 10^{-23} \left(\frac{20\,\text{Mpc}}{r}\right) \left(\frac{\varepsilon}{10^{-6}}\right)^{1/2} \left(\frac{M}{10\,M_\odot}\right)^{1/2} \left(\frac{f}{1\,\text{kHz}}\right)^{-1}$$

$$\times \left(\frac{t_d}{1\,\text{ms}}\right)^{-1/2} \tag{4.44}$$

となる．ブラックホールの質量 M，スピン q に対して，f と t_d は

$$f \approx 1.21 \left(\frac{M}{10\,M_\odot}\right)^{-1} (1 + 0.087 q^2 + 0.50 q^4)\ [\text{kHz}], \tag{4.45}$$

$$t_d \approx 0.554 \left(\frac{M}{10\,M_\odot}\right) (1 - 0.0061 q^2 + 0.23 q^4)\ [\text{ms}]. \tag{4.46}$$

のように近似できる．

ε の評価には数値シミュレーションが必要だが，これまで詳しい計算はなされていない．ただし，$q \sim 0.5$ に対して，$\varepsilon \sim 10^{-6}$ となることを示唆する計算結果が存在するのでこれを採用すれば，最大振幅は 10 Mpc の距離で約 10^{-22} と予想される．この値は，中性子星が形成される場合よりも約 1 桁大きい．一方，ブラックホール形成の頻度は，中性子星の場合に比べて 1 桁以上小さいと予想される．1 年に 1 回の発生頻度を要求するならば，$r \gtrsim 50$ Mpc 程度を想定する必要がある．したがって，期待される $h_{\max}$ の典型的な値はやはり 10^{-23} 程度と小さい．

これらの評価が示すように，超新星爆発ではコンパクト星連星の場合ほど大きな振幅が予想されない．重力波検出においては，振幅の小さな信号を雑音の中から抽出することが要求されるので，精度のよい重力波の理論波形が必要になる．しかし，中性子星形成時に放射される重力波の正確な理論波形を予測するには，超新星の爆発メカニズムや高密度物質の状態方程式に不明な点が多く困難である．一方，ブラックホール形成時には，図 4.31 のようなブラックホール固有の重力波が放射されるので，正確な理論波形の予測は比較的やさしい．ただし，超新星爆発においてブラックホールが誕生する頻度はおそらく小さい．さらに，減衰振動波形は検出器の雑音と形が似ていて判別が難しい．超新星爆発は，銀河系かごく近傍の銀河において発生したときにのみ，重力波源になると考えるのが妥当である．

超新星爆発には利点もある．爆発が電磁波，あるいは(近傍で発生すれば)ニュートリノによって観測されうるからである．発生時間と方向が正確に求まれば検証の可能性が増す．そのため，近傍での発生時に備えて，重力波を捉えることができるような準備が進められている．

第5章 ガンマ線バースト

5.1 ガンマ線バーストの諸現象

　1973年，米国ロス・アラモス国立研究所のクレベサデル (R. Klebesadel) らは1編の短い論文を発表した．内容は核実験探知衛星「VELA」による，16例のガンマ線バーストの発見だった．歴史上多くの発見がそうであったように，当時宇宙から多量のガンマ線が飛来することなど，まったく予想されていなかった．クレベサデルたちは，論文中で超新星爆発とガンマ線バーストの関連性を議論しているが，この問題は発見からちょうど30年後に再び熱い議論の対象となり，現在では，少なくともある種のガンマ線バーストが，Ic型超新星爆発[*1]と関連していることが確実視されるようになった．一編の論文によって始まったガンマ線バースト研究は，今日までに文献数が約5,000件を超え，1997年以降大きな発見が相次ぎ報告され，現在，もっとも活発な宇宙物理学の研究分野の一つと目される分野に成長した．本節では，ガンマ線バーストの観測的側面を記述する．

[*1] 通常の大質星の爆発 (II型) と異なり，爆発の前に水素やヘリウムの外層を吹き飛ばした星が起こしたものと考えられる．このタイプで星が非常に重い場合に極超新星爆発を起こす．

5.1.1 ガンマ線バーストからの電磁放射

2章でみたように，一部のX線連星系では，中性子星の表面に降着した物質が，暴走的に熱核反応を起こすことで，X線バーストと呼ばれる現象が発生する．ガンマ線バーストも突然爆発的に発生するという点においては，X線バーストをはじめとする高エネルギー突発現象 (トランジェント現象) の一つである．ただし，その継続時間，光度曲線は千差万別であり，継続時間が約10ミリ秒の非常に短いバーストから，1000秒以上に及ぶものまである．ガンマ線バーストのガンマ線光度曲線の例を図5.1に示した．これは「CGRO」に搭載されたBATSE (Burst And Transient Source Experiment) による観測である．

ガンマ線バーストはいつどこで発生するかまったく予想できない．しかも，短期間しか輝かない現象であり，かつ，ガンマ線は方向を決定することが困難な電磁放射である．そのため他波長観測で対応する天体を同定することが非常に困難で，天文学的な研究が遅れた．継続時間にとどまらず，きわめて多様な光度曲線をみせることが知られており，図5.1に例示したような激しい時間変動を示すバーストも多い．また，光度曲線は観測するエネルギー帯域に依存する．一般に高いエネルギーで鋭いスパイクをみせる．注意すべきことは，ガンマ線バーストの光度曲線には典型的なパターンはないことである．

西村純や村上敏夫らは，「てんま」や「ぎんが」を用いてガンマ線バーストはX線でも明るく輝くことを示した．ガンマ線バーストが「ガンマ線」バーストと呼ばれる理由は，そのスペクトルがX線バーストなどの他の高エネルギー突発天体よりも，高いエネルギー帯域で相対的に多くの電磁放射を出していることによる (このような特徴を「スペクトルが硬い」と表現する)．観測されるガンマ線バースト光子の微分スペクトル，つまり，単位時間に，単位面積，単位エネルギーあたり検出される光子数を $\phi(E)$ とすると，これは下記の経験式でよく表現できる．これを提案者バンド (D. Band) にちなんで，バンド関数 (Band Function) と呼んでいる．

$$\phi(E) = \begin{cases} A\left(\dfrac{E}{100\,\text{keV}}\right)^{\alpha} \exp(-E/E_0) & ((\alpha-\beta)E_0 \geqq E), \\ A\left(\dfrac{(\alpha-\beta)E_0}{100\,\text{keV}}\right)^{\alpha-\beta} \exp(\beta-\alpha)\left(\dfrac{E}{100\,\text{keV}}\right)^{\beta} & ((\alpha-\beta)E_0 \leqq E). \end{cases}$$

(5.1)

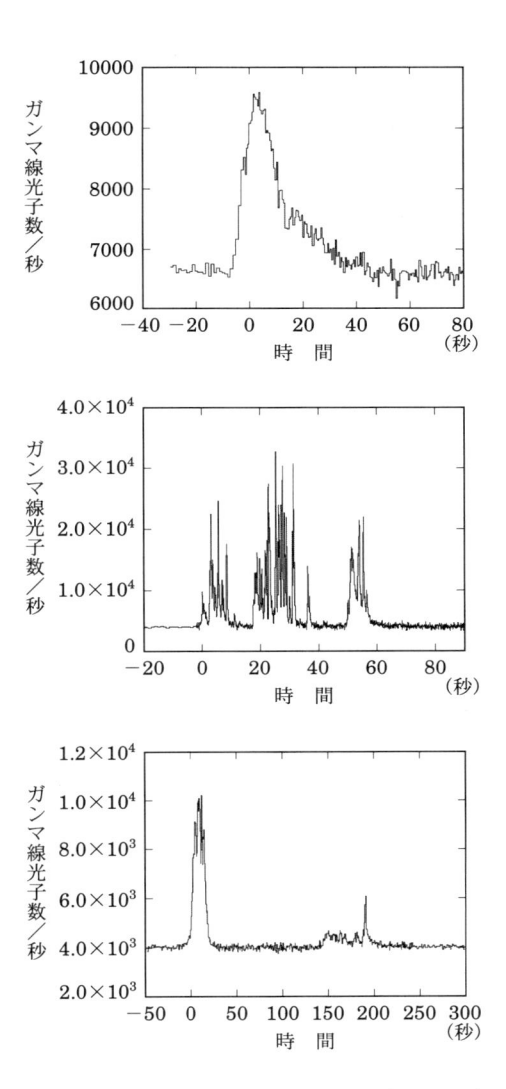

図 **5.1** 「CGRO」に搭載された BATSE 検出器が観測した 3 例のガンマ線バースト (BATSE 4B Catalog CD–ROM (1997) から引用).

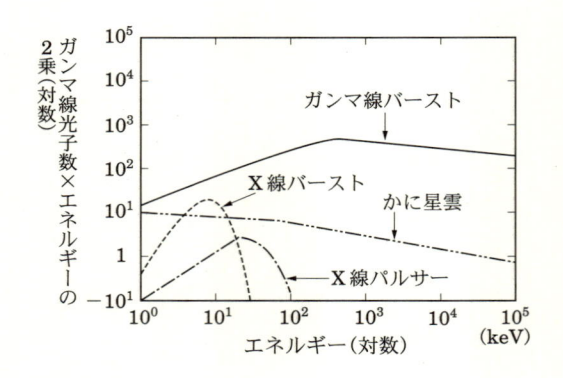

図 5.2　$E^2 \times \phi(E)$ スペクトル.

ここで，E は光子のエネルギー，α, β はスペクトルの形を決めるパラメータ，A は全体の規格化パラメータである．バンド関数は二つのエネルギーのべき関数，つまり，低エネルギー側は E^α，高エネルギー側は E^β ($\alpha < 0, \beta < 0$) をなめらかに接続した形をしている．パラメータ E_0 は，スペクトルのべきが折れ曲がるエネルギーを与える．

$\phi(E)$ をもとに $E^2 \times \phi(E)$ という関数をつくってみよう．これは，天文学では通常 νF_ν スペクトルと呼ばれるものに対応し，対数で表現されたエネルギー帯域あたり放射されるエネルギーの大きさを表わしている．図 5.2 に，「典型的な」ガンマ線バーストスペクトルと，X 線バースト，連星系 X 線パルサー，かに星雲からのスペクトルを模式的に示した．このスペクトルのピークがもっとも放射の強いエネルギー帯域を表わしている．このピークを与えるエネルギーを E_P と呼ぶことにする．たとえば，X 線バーストでは E_P は数 keV である．ガンマ線バーストはこれらの現象よりも高いエネルギー帯域で電磁放射が出ていることが，観測的に知られている．べきの折れ曲がりを測定するには，観測帯域は充分に広い必要がある．式 (5.1) から明らかなように，光子指数が $\alpha \geq -2$ かつ $\beta < -2$ のとき，$E_P = E_0 \times (2 + \alpha)$ によりピークエネルギーを求めることができる．

ガンマ線バーストからの電磁放射はどのようなメカニズムで放射されるのだろうか？ 5.2 節で述べるように，ガンマ線バーストのもともとのエネルギー源は，相対論的速度で膨張するバリオンの運動エネルギーである．相対的に遅い速度の

バリオンの集団(これをバリオン殻と呼ぼう)に，速い速度のバリオン殻が追衝突することによって発生する衝撃波(内部衝撃波)の過程で，バリオンの運動エネルギーは電子の運動エネルギーや磁場のエネルギーに転換され，電子のシンクロトロン放射で電磁放射が生成されるという考え方が有力である．これを，「シンクロトロン衝撃波モデル」と呼ぶ．

　内部衝撃波で電子や磁場に転換されるエネルギーの効率等，理論的に解決しなければならない多くの問題が残っている．観測から求まるピークエネルギー E_P は，現象論的にはガンマ線バーストからの電磁放射のスペクトルの「硬さ」を表現するパラメータであるが，同時に，シンクロトロン衝撃波モデルの立場に従うと，衝撃波によって加速された電子のエネルギー分布と関連する指標となる．したがって，E_P の観測はガンマ線バースト研究上非常に重要である．

　ガンマ線バーストからの電磁放射が，すべてシンクロトロン衝撃波モデルだけで説明可能とは考えにくい．その根拠は，GeVを超えるエネルギーを持つガンマ線光子がガンマ線バーストに付随して検出されているからである．このような高エネルギーガンマ線の観測は，おもに「CGRO」に搭載された EGRET (Energetic Gamma Ray Experiment Telescope) でもたらされた．

　1994年2月17日，ガンマ線バースト GRB 940217 が「CGRO」に搭載された BATSE, EGRET および太陽極軌道衛星 Ulysses に搭載されたガンマ線バースト検出器で同時に記録された．驚くべきことに，ガンマ線バースト発生後，約4500秒後に最高エネルギー 18 GeV のガンマ線が検出された．

　ガンマ線バーストからの電磁放射の継続時間は5桁にもわたって分布することを述べた．明るさの異なるバーストの継続時間を定量的に評価するため，それぞれのガンマ線バーストの継続時間を表現する量として T_{90} を用いることが多い．これは，観測されたバーストの全光子数の最初と最後の5%を除いた，90%の光子数が含まれる時間で定義される．図5.3は，「CGRO」に搭載された BATSE 観測装置で観測された T_{90} の分布を表わしている．この分布には約2秒を境界として二つのピークがみられる．

　ガンマ線バーストは短時間の突発現象であるうえ，おもにガンマ線帯域で発見・観測されてきたため，到来方向の決定が困難だったことはすでに述べた．ただ，ガンマ線の検出効率の角度依存性をもとに，数度程度の精度であれば到来方

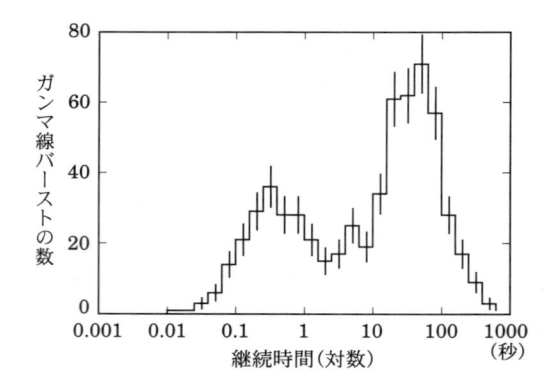

図 **5.3** 「CGRO」搭載 BATSE 観測装置がとらえた 1234 例のガンマ線バーストの継続時間 (T_{90}) 分布を表わす (BATSE 4B Catalog CD–ROM (1997) から引用).

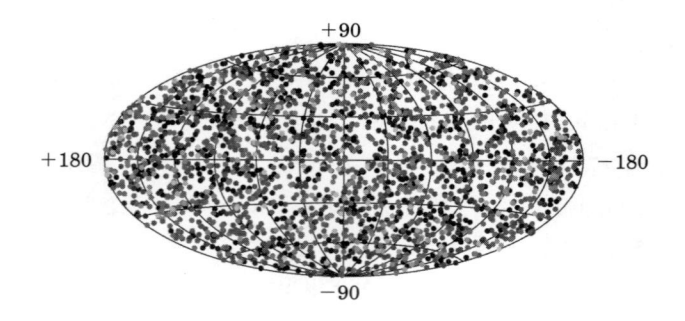

図 **5.4** BATSE 観測装置が捉えた 2704 例のガンマ線バーストの到来方向分布を銀河座標で表示した (口絵 8 参照, http://cossc.gsfc.nasa.gov/docs/cgro/batse/ より転載).

向を決定することは可能である．このような手法によって，ガンマ線バーストの空間分布をもっとも系統的に求めたのは，BATSE による観測である．図 5.4 に BATSE の検出した 2704 例のガンマ線バーストの方向分布を銀河座標にプロットした．統計的な解析からも，ガンマ線バーストは天球上に一様に分布することが示される．また暗いガンマ線バーストは明るいガンマ線バーストよりも少ないことも示唆されている．

ガンマ線バーストは 10 ミリ秒程度の速い変動をみせること，かつ 1 MeV 以上のガンマ線を放射することは，5.2 節で述べるコンパクトネス問題を提起する．明白な対応天体を同定することができないことから，ガンマ線バーストは銀河系内現象であるのか，あるいは系外で発生する現象なのか，大きな論争が続いていた．このガンマ線バースト源までの距離の問題を一気に解明する発見が 1997 年にもたらされた．

5.1.2 ガンマ線バーストアフターグロー

X 線天文衛星「BeppoSAX」に搭載された広視野 X 線カメラ (WFC) は，ガンマ線バースト GRB 970228 から X 線を検出した．ガンマ線バーストが X 線も放射することは，X 線衛星「ぎんが」の観測等からすでに知られていたが，GRB 970228 の X 線は，発見から 30 年におよぶガンマ線バースト観測の真のブレークスルーを与えた．

WFC は符号化マスクという特殊な方法で，このガンマ線バーストの位置を測定することができた．すぐさま「BeppoSAX」は，主観測装置である X 線望遠鏡をこの位置に向け，ガンマ線バーストの位置に未知の X 線天体を発見した．続けて行なわれた可視光の観測で，X 線天体の位置に可視光でも輝く天体が発見された．X 線・可視光天体から時間とともにべき関数的に減光する様子が観測され，ガンマ線バーストに付随するアフターグロー (残光) であることが確認された．図 5.5 (上) は，GRB 970228 のバーストから 8 時間後 (左) と 3 日後 (右) の X 線アフターグローを，図 5.5 (下) はバースト当日 (左) と 8 日後 (右) の可視光アフターグローを示している．

可視光でのガンマ線バーストアフターグローの発見によって，ガンマ線バーストの位置が正確に決定できるようになり，ガンマ線バースト対応天体を同定できるようになった．多くのガンマ線バーストについて母天体と思われる銀河が発見され，その可視光分光観測から母銀河の赤方偏移 (すなわち距離) が決定できるようになった．図 5.6 は GRB 970508 の母銀河の可視光分光スペクトルを示している．可視光分光観測によって赤方偏移が $z = 0.835$ (約 69 億光年) と決定された初めてのガンマ線バーストになった．この結果，銀河系外の我々から数十億光年以上遠方で発生する爆発であることが明らかになり，発見以来 30 年間にわ

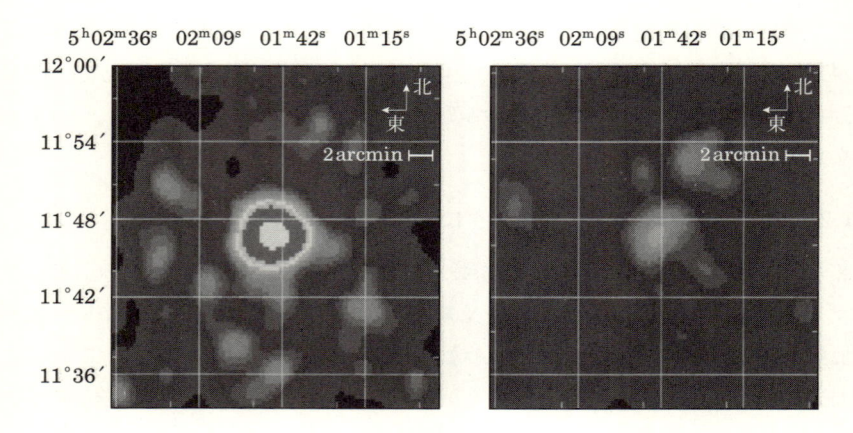

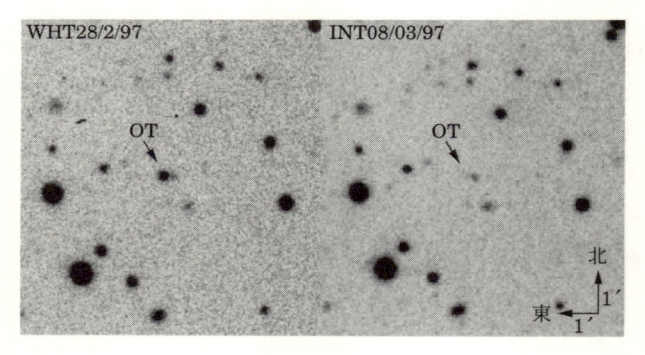

図 5.5 (上)「BeppoSAX」が観測した GRB 970228 の X 線写真 (中央の明るいところ). 座標は赤緯 (度, 分, 秒), 赤経 (時, 分, 秒). 左はバーストから 8 時間後, 右は 3 日後の X 線アフターグローを示している (Costa *et al.* 1997, *Nature*, 387, 783 より転載). (下) 続いて発見された可視光のアフターグロー (OT と表記). 左はバーストの当日, 右は 8 日後の可視光写真を示す (約 7 分角四方) (Van Paradijs *et al.* 1997, *Nature*, 386, 686 より転載) (口絵 9 参照). Copyright© 1997, Nature Publishing Group

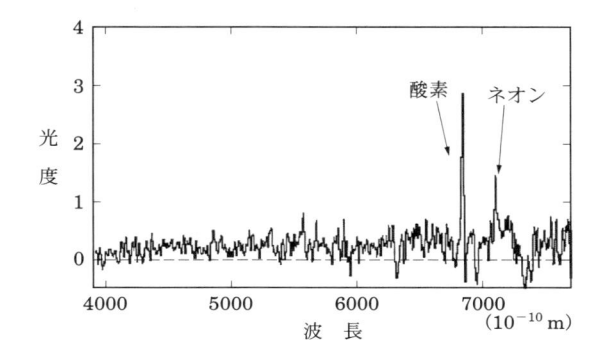

図 5.6 GRB 970508 母銀河の分光観測から，この天体の赤方偏移が $z = 0.835$ であることが分かった (Metzger *et al.* 1997, *Nature*, 387, 878 より転載). Copyright© 1997, Nature Publishing Group

たって争われてきたガンマ線バースト源の論争が決着した.

これは深刻な問題を提起することになった. 一つはすでに述べたコンパクトネス問題である. これは相対論的運動を考慮した火の玉モデルを考えれば回避できる (5.2 節). 二つ目の問題は，放射の全エネルギーが巨大なものになってしまうことである. たとえば GRB 990123 の場合，観測されたガンマ線領域でのフルーエンス (放射光度) から，等方的な放射を仮定すると放射された全エネルギーは，$E_{\rm iso} \sim 10^{47}$ J に達する. 超新星爆発の場合，約 99% のエネルギーはニュートリノによって持ち去られ，電磁放射へ転換されるエネルギーは高々 1% 程度であることが知られている. ガンマ線バーストも同程度であると仮定すると，10^{49} J 以上のエネルギーが生成されたことになる.

GRB 990510 の可視光・電波アフターグローを詳細に解析したハリソン (F. Harrison) たちは，アフターグローの光度曲線が，図 5.7 に示したように，バーストから 1.2 日経過したところで急に暗くなることを発見した. これは，ガンマ線バーストの中心天体から吹き出した相対論的速度のバリオン流が細く絞られているためと解釈される (5.2 節参照). このような細く絞られたバリオン流をジェットと呼ぶ (3.1 節). ハリソンらはガンマ線バーストは等方的な爆発現象ではなく，したがって観測される電磁放射から求まるエネルギー $E_{\rm iso}$ は，ジェットが絞られている角度 $\theta_{\rm jet}$ で補正すべきであることを主張した. GRB 990510 の場

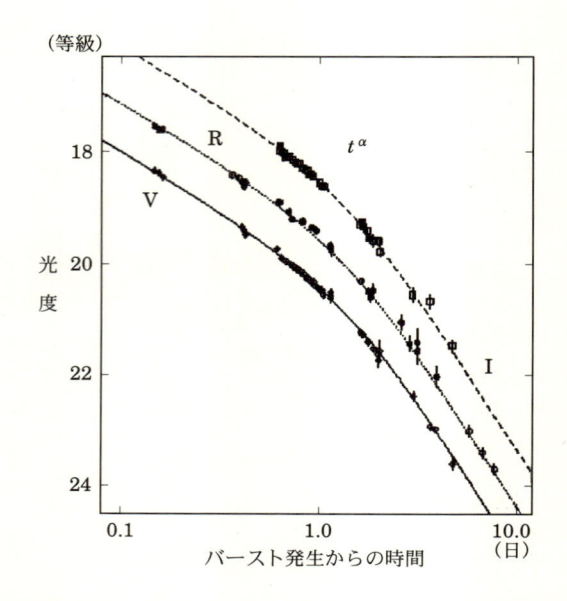

図 5.7 GRB 990510 の可視光アフターグローの光度曲線．バーストから 1.2 日経過したところで，V, R, I のどの帯域でも光度曲線が折れ曲がっている．これはガンマ線バーストジェットの「端が見えた」ためと解釈でき，ジェットの開口角が推定される．等方的な放射を仮定した場合，$E_{\rm iso} = 2.9 \times 10^{46}$ J と計算されるが，ジェット状に絞られた放射だとすると，このエネルギーは $E_\gamma = 10^{44}$ J と評価される (Harrison *et al.* 1999, *ApJ* (Letters), 523, L121 より転載).

合，等方放射を仮定すると $E_{\rm iso} = 2.9 \times 10^{46}$ J となるが，この補正を行なうと，実際は $E_\gamma = 10^{44}$ J 程度のエネルギーが電磁放射に転換されたと考えられる．

　その後，複数のガンマ線バーストアフターグローの解析から，光度曲線に同様の折れ曲がりがあることが分かってきた．この折れ曲がりの時間から見積もった $\theta_{\rm jet}$ をもとにガンマ線バースト電磁放射の全エネルギーは，距離と折れ曲がりの判明しているガンマ線バーストでは，$E_\gamma = 10^{44}$ J 程度に集中することが示されている．

5.1.3 ガンマ線バーストと超新星

「BeppoSAX」が発見した GRB 980425 からは可視光候補天体として，特異な超新星 SN 1998bw が見つかり，ガンマ線バーストと超新星の関連性が指摘された．ただ SN 1998bw は $z = 0.0085$ (約 1 億光年) と大変近くで発生した超新星であり，典型的なガンマ線バースト (〜 数十億光年より遠い) より 2 桁近い．また，時間に対してべき関数的に減光する可視光アフターグローは検出されなかったことからも，GRB 980425 と SN 1998bw の関連性を疑いなく証明することはこの時点では困難だった．

SN 1998bw は通常の Ic 型超新星よりも明るく，幅の広い可視光スペクトル構造を持つ．後者は，超新星爆発によって吹き飛ばされた物質の速度が非常に高速 ($\sim 10^4 \mathrm{km\,s^{-1}}$) であるためと解釈される．岩本弘一らは，爆発が等方的に生じたとすると，吹き飛ばされた物質の運動エネルギーは $\sim 10^{45}$ J 程度になることを示した．これは通常の超新星より 1 桁大きい．このような通常よりも運動エネルギーの大きい超新星は，しばしば「極超新星」(ハイパーノーバ; Hypernova) と呼ばれる．野本憲一らの理論的な研究から，「極超新星爆発」は大質量星の進化の最終段階として，恒星質量ブラックホールが誕生するときに生じる現象であろうと考えられる．

突発天体探査衛星「HETE-2」が発見した GRB 030329 の可視光アフターグローは明るく，長期にわたる観測が可能であったため，「すばる」等の大望遠鏡を含む多数の天文台で詳細な観測が行なわれた．この結果，このガンマ線バーストの赤方偏移は $z = 0.169$ (約 20 億光年) と比較的近傍で発生したことが分かり，さらに可視光アフターグローが時間に対してべき関数的に減光するにつれて，その光源に重なる明るい超新星成分 (SN 2003dh) が発見された．図 5.8 に，GRB 030329 アフターグロー/SN 2003dh の可視光スペクトルのバースト後 33 日までの時間発展を表示した．

可視光アフターグローのスペクトル (べき型スペクトル) の成分を取り除くと，SN 2003dh の可視光スペクトルは，驚くほど SN 1998bw と似ている．ここに至って，少なくともある種のガンマ線バーストとある種の極超新星 (より正確には，SN 1998bw と同種の超新星) は関連する現象であることが証明された．したがって，(少なくともある種の) ガンマ線バーストは，大質量星の崩壊によってブラックホールが誕生する瞬間に生じる大爆発現象であると考えて良さそうである．

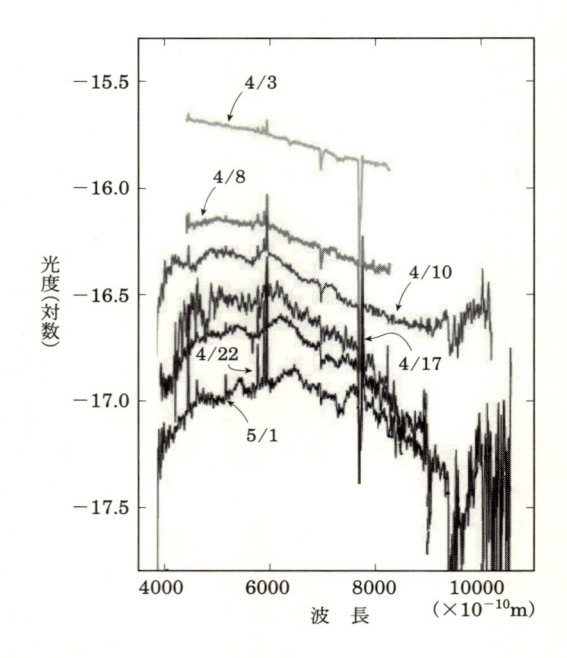

図 **5.8** GRB 030329/SN 2003dh の可視光スペクトル．GRB 030329 の可視光アフターグローが減光していくにつれて，付随する SN 2003dh の成分が顕著に見えてきた (Hjorth *et al.* 2003, *Nature*, 423, 847 より転載)．Copyright© 2003, Nature Publishing Group

5.1.4 ガンマ線バーストの種類

図 5.3 に示したように，BATSE の観測したガンマ線バーストの継続時間は約 2 秒を境に二つのピークを持つ分布を示す．同様の分布はこれ以外にさまざまな検出器の観測結果をまとめた解析からも求められる．つまり，BATSE の観測データセットに固有の性質ではなく，一般的にガンマ線バーストには継続時間が約 2 秒以下の「短いガンマ線バースト」と，約 2 秒以上の「長いガンマ線バースト」の 2 種類があることを示唆する．

じつは現在までのところ，詳細な観測が進んでいるのは「長いガンマ線バースト」についてである．これは，次の二つの理由による．第一に「短いガンマ線バースト」は全ガンマ線バーストの 25% 程度であるうえ，典型的な継続時間が

約0.3秒と短く，検出される光子数の統計も相対的に貧弱である．第二の問題として，「BeppoSAX」は「短いガンマ線バースト」を検出できにくい装置であった．このため，「長いガンマ線バースト」とそれに伴うアフターグローの研究が先行した．この状況は「HETE-2」，ガンマ線バースト探査衛星「Swift」の観測によって改善されつつある．

2005年，たて続けに複数の「短いガンマ線バースト」の対応天体が発見された．「長いガンマ線バースト」とは異なり，「短いガンマ線バースト」は楕円銀河や渦巻銀河のはずれ，すなわち星形成の不活発な領域に可視光アフターグローが同定されるようになった．このことにより，「短いガンマ線バースト」は，連星系をなす中性子星どうし，もしくは中性子星とブラックホールが衝突合体するときに生じる爆発ではないかとする説が，ふたたび脚光をあびるようになった．現時点では明確に断定することはできない．「Swift」等のさらなる観測が必要である．

1980年代の「ぎんが」搭載のガンマ線バースト検出器や「BeppoSAX」搭載のWFCは，継続時間・光度曲線はガンマ線バーストと同様の分布を見せながら，ガンマ線ではなくX線領域での放射が卓越するような現象を多数見つけていた．吉田篤正やハイゼ(J. Heise)らはこれらの現象は，E_pが数十keV以下である点を除けば，ガンマ線バーストと同じであることを見つけた．このことからX線過剰ガンマ線バースト(X-Ray Rich GRB)またはX線フラッシュ(X-Ray Flash)と呼ばれることが多い．

「HETE-2」は系統的にこの種の現象を観測・解析したところ，X線過剰ガンマ線バースト・X線フラッシュは種々のパラメータがガンマ線バーストから連続的に分布していることを見出した．このことから，ガンマ線バーストと同じ起源を持つ現象であると考えることが自然である．ただし，どうしてガンマ線が少ないのかについて，その発生メカニズムを含めて未解決である．一つのアイディアとして，高赤方偏移のガンマ線バーストではないかという提案がされたが，対応光学天体の研究により決定された赤方偏移(z)の分布から，このシナリオは棄却された．ガンマ線バーストを理解するうえで，今後鍵になる現象であろう．

天体の名前あれこれ

恒星の名は星座名と明るい順に α, β, γ となっているのはご存知だろう．X線星はくちょう座 X-1 もその流れである．最近では大望遠鏡や高分解能の X 線衛星などさまざまな波長の観測装置が活躍し，新天体が続々と見つかっている．そこで混乱を避けるため，国際天文学連合 (IAU) では新天体の命名を以下のように推奨した．この推奨以前に命名されたものは新たに名前を変更するわけではない．また現在でも必ずしも厳密に推奨どおりの命名になっていないものをある．本書ではいろいろな天体名が登場したのでそれらを説明しよう．

推奨命名法は「頭文字 (3 文字以上) と数列から構成する．この間には空白を入れる」である．頭文字には，

- カタログ名 (NGC, 3C)
- 人名 (M, Abell, Mkn, HDE, SS)
- 観測装置など (RX, AX, GRO, GRS, RX, 1E)
- 天体の種類 (SN, GRB)

などがある．数列には，

- 通し番号 (M 82, NGC 1068, Abell 2199, SS 433)
- 座標赤経・赤緯 (2000 年分点) J1713−3936
- 位置と通し番号の混合 (MCG−6-30-15)

などがある．超新星やガンマ線バーストは，位置や通し番号でなく，事象のあった時期で命名している．

- 超新星は起きた年とその順番 (アルファベット順に) で表記する．たとえば SN 1987A は 1987 年の最初に発見された超新星である．アルファベットが一巡すると次には SN 2000aa のように 2 文字のアルファベットを使う．今では年の 500 個以上が見つかっているので SN 2003dh のような名がある．

- ガンマ線バーストの呼称は発生日の年 (yy)・月 (mm)・日 (dd) を順番に 2 桁の数字で表わしている．たとえば，GRB 940217 は 1994 年 2 月 17 日に観測されたガンマ線バーストである．

5.2 ガンマ線バーストの物理機構

ガンマ線バーストのガンマ線フラックスはおよそ $f \sim 10^{-9}\,\mathrm{W\,m^{-2}}$ である．宇宙論的な距離 $d \sim 10^{26}\,\mathrm{m}$ からやってくるので，等方的に放射しているとするとガンマ線バーストの光度は $L_\gamma \sim 4\pi d^2 f \sim 10^{44}\,\mathrm{W}$ となる．銀河一つの光度はだいたい $L_g \sim 10^{36}\,\mathrm{W}$ なので，ガンマ線バーストの光度は瞬間的には，宇宙にある全銀河の光度に匹敵する ($L_\gamma \sim 10^8 L_g$)．ガンマ線バーストは宇宙でもっとも激しく明るい現象といえる．

このような宇宙最大の爆発であるガンマ線バーストはどのようにして起こるのであろうか？ じつはまだ分かっていないことが多いので，比較的研究が進んだ継続時間の「長いガンマ線バースト」に話を限って，その理論的解釈を述べる．継続時間の「短いガンマ線バースト」に関しては，最近ようやく研究が進展しはじめたところである (5.2.6 節参照)．

5.2.1 相対論的運動

すべてのガンマ線バーストのモデルに共通する特徴は，ガンマ線バーストやそのアフターグロー (残光) が光速に近い (相対論的な) 運動をする物体から放射されることである．この結論は次のコンパクトネス問題を解決するおそらく唯一の方法として得られる．

観測されるガンマ線フラックスの変動時間はだいたい $\Delta t \sim 10$ ミリ秒なので，単純には放射領域のサイズは $R \sim c\Delta t \sim 3 \times 10^6 (\Delta t/10\,\mathrm{ms})$ [m] と見積もることができる．その間に放射されるガンマ線のエネルギーは $\sim L_\gamma \Delta t \sim 10^{42}\,\mathrm{J}$ である．このうちガンマ線のエネルギーが十分高く電子・陽電子対を生成する ($\gamma\gamma \to e^+ e^-$) ことができる割合を f_p とする (観測的に f_p はそれほど小さくない)．一対の $e^+ e^-$ を生成する断面積はトムソン断面積 σ_T くらいなので，対生成の全断面積は $\sigma_\mathrm{T} f_p L_\gamma \Delta t / m_e c^2$ になる．その光学的厚みは，対生成の全断面積と領域のサイズの比であるから，

$$\tau_{\gamma\gamma} \sim \frac{\sigma_\mathrm{T} f_p L_\gamma \Delta t}{R^2 m_e c^2} \sim 10^{14} f_p \left(\frac{L_\gamma}{10^{44}\,\mathrm{W}}\right) \left(\frac{\Delta t}{10\,\mathrm{ms}}\right)^{-1} \tag{5.2}$$

となり，大変大きい (光学的に厚い) ことが分かる．単純に考えると，ガンマ線

は対生成を起こして中から出られないという問題が生じる．

相対論的運動はこのコンパクトネス問題を次の二つの効果で解決する．

- 放射体が観測者に向かうと，光子のエネルギーがローレンツ因子 $\Gamma = (1 - v^2/c^2)^{-1/2}$ 倍だけ青方偏移する．

つまり，観測されるガンマ線は放射体の共動系ではX線であり，実際には電子・陽電子対を生成できるガンマ線の割合 f_p は $\Gamma^{2(\beta_B+1)}$ 倍程度に減少する．ここで $\beta_B \sim -2$ は，観測されるガンマ線の数スペクトル $N(E)\,dE \propto E^{\beta_B}\,dE$ のべきである．Γ への依存性は，共動系での対生成の条件 $E_1' E_2' > (m_e c^2)^2$ が実験室系では $E_1 > \Gamma^2 (m_e c^2)^2/E_2 \propto \Gamma^2$ となるので，対生成できるガンマ線の割合が $f_p \propto \int_{E_1} N(E)\,dE \propto E_1^{\beta_B+1} \propto \Gamma^{2(\beta_B+1)}$ になる．

- 放射領域のサイズ R が Γ^2 倍ほど大きくてもよい．

正しくは放射体のサイズは $R \sim c\Delta t$ ではなく $R \sim c\Gamma^2 \Delta t$ とすべきである．図5.9のように中心からローレンツ因子 Γ で放射体が放出され，距離 R から $2R$ まで光ったとしよう．観測者は右端にいる．相対論的ビーミングの効果 (3.2.2節参照) によって，放射は放射体の進む方向に $\sim \Gamma^{-1}$ ぐらいの角度で絞られるので，観測者は放射体の前面 $\sim \Gamma^{-1}$ の領域しか見えない．すると，距離 R で出た光でも到着時間の散らばりは $\Delta t \sim R/c$ ではなく，図5.9の点Aと点Bの行路差による $\Delta t \sim R/c\Gamma^2$ ぐらいにしかならない．これは角度分散時間と呼ばれており，表面の曲率に依存する．

また，点Aから出た光と点Cから出た光の到着時間の差も $\Delta t \sim R/c\Gamma^2$ くらいにしかならない．放射体がほぼ光速 $v = c(1-\Gamma^{-2})^{1/2} \sim c(1-\Gamma^{-2}/2)$ で動くので，放射体が点Aから点Cまで動く間に，点Aから出た光と放射体との距離が $cR/v - R \sim R/\Gamma^2$ にしかならないからである．

これらの理由により $R \sim c\Gamma^2 \Delta t$ が得られる．ただし，中心エンジンの変動時間 δt が Δt 以下で短いという結論は変わらない．なぜなら，放射体が $\sim \delta t$ の間放出されるとその厚みが $\Delta \sim c\delta t$ になるので，図5.9の点Aから出た光と点Dから出た光の到着時間の差 $\sim \Delta/c \sim \delta t$ が生じるからである．

これら二つの相対論的な効果によって電子・陽電子対生成の光学的厚み $\tau_{\gamma\gamma}$

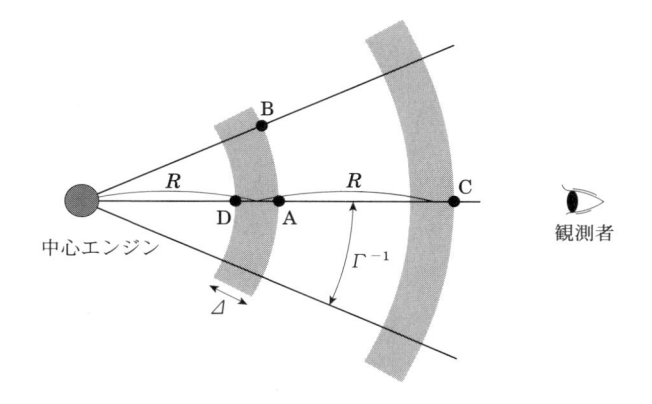

図 5.9 観測者と相対論的な放射体と中心エンジンの幾何学的な関係.放射体が相対論的な場合,変動時間は $\Delta t \sim R/c\Gamma^2 \ll R/c$ となる.

は $\Gamma^{2(\beta_B+1)} \times \Gamma^{-4} \sim \Gamma^{-6}$ 倍になる.式 (5.2) よりだいたい $\Gamma > 100$ であれば $\tau_{\gamma\gamma} < 1$ となる.つまりガンマ線バーストは光速の 99.99% 以上の速度を持つ相対論的な爆発現象である.

相対論的に運動している物質の質量は,その運動エネルギーがガンマ線バーストの全エネルギー $E \sim 10^{44}$ J くらいとして,$M \sim E/c^2\Gamma \sim 10^{-5} M_\odot (E/10^{44}\mathrm{J})(\Gamma/100)^{-1}$ になる.いかにして太陽質量の $\sim 10^{-5}$ という少ない質量に $\sim 10^{44}$ J もの大きなエネルギーを与えるのかは重大な謎であり,バリオンロード問題と呼ばれている.

5.2.2 火の玉の進化

前節の考察から一般的にガンマ線バーストは,

(1) 物質を $\Gamma > 100$ まで加速して,
(2) それを外まで運んで $\tau_{\gamma\gamma} < 1$ にしてから,
(3) エネルギーを解放してガンマ線などを出す,

ことが分かった.現在のガンマ線バーストの観測を説明するだけなら (1) の過程はなんでもよい.つまり $\Gamma > 100$ の物質が放出されたと仮定すればよい.しかし本当に $\Gamma > 100$ まで加速できるのであろうか? ここでは加速機構としてもっ

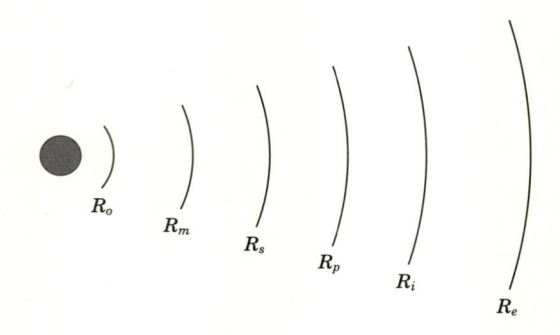

図 5.10 火の玉の進化における特徴的な半径. R_0 は火の玉の初期半径, R_m は加速が止まる半径, R_s は火の玉の厚みが膨らみ出す半径, R_p は火の玉が散乱に対して透明になる半径, R_i は内部衝撃波が起こる半径, R_e は外部衝撃波が起こる半径である.

とも有名な火の玉モデルを解説する.

莫大なエネルギー E が小さな半径 R_0 で解放されたとしよう. ここで, 中心エンジンの変動時間が $\Delta t \sim 10$ ミリ秒以下なので $R_0 \sim 10^5$m $(< c\Delta t)$ とする (図 5.10 参照). これは $\sim 10\, M_\odot$ のブラックホールのシュバルツシルト半径くらいでもある.

また Δt の間に放出されるエネルギー $E \sim L_\gamma \Delta t \sim 10^{42}$ J を考える. 式 (5.2) から明らかに電子・陽電子対生成が起こり, 熱的な火の玉ができる. その黒体温度 (T) と放射エネルギー密度 (u) の関係は $u = aT^4$ で与えられる (シュテファン–ボルツマンの法則). ここで $a = 4\sigma/c = 7.6 \times 10^{-16}$ J m^{-3} K^{-4} である. 結局温度は,

$$T = \left(\frac{3E}{4\pi a R_0^3}\right)^{1/4} \sim 1 \left(\frac{L_\gamma \Delta t}{10^{42}\text{J}}\right)^{1/4} \left(\frac{R_0}{10^5\text{m}}\right)^{-3/4} \text{ [MeV]} \quad (5.3)$$

に達する.

火の玉は自分の熱圧力により加速膨張する. 断熱自由膨張なので, (初期宇宙のように) 共動系でのエントロピー $\propto T^3 R^3$ を保存する. これより $T \propto R^{-1}$ なので, 火の玉の温度は半径に反比例して下がる. また観測者系でのエネルギー $\propto \Gamma T^4 R^3$ も保存する. これらより $\Gamma \propto R$ となり, 火の玉のローレンツ因子は半径に比例して増大する. この過程では放射エネルギーが運動エネルギーに転換

されている．また物質はほぼ光速で動くので，観測者系では最初のサイズ程度の厚み $\Delta \sim R_0$ を持つ球殻が膨張するように見える．共動系での厚みは $\Delta' = \Gamma\Delta \sim R$ に従って増加する．

加速が止まるのは全エネルギー E がほぼ物質の運動エネルギー $\Gamma M c^2$ になったところである[*2]．つまり $\Gamma \sim E/Mc^2 \equiv \eta$ まで加速する．ここで質量 M のほとんどは陽子などのバリオンが担うので，パラメータ $\eta \equiv E/Mc^2$ は火の玉にどれだけバリオンがまざっているかを表わす指標となる．$\Gamma \propto R$ なので加速が止まる半径は，

$$R_m = \eta R_0 \sim 10^7 \left(\frac{\eta}{100}\right)\left(\frac{R_0}{10^5 \text{m}}\right) \quad [\text{m}] \tag{5.4}$$

である．この時点までに電子・陽電子対はほとんど対消滅し，バリオンに付随する電子が光学的厚みを担っている．

その後，火の玉は $\Gamma = \eta$ のまま等速膨張する．球殻の厚みは最初 $\Delta \sim R_0$ であるが，Γ に2倍程度のゆらぎがあるので徐々に膨らむ．増加分は $\Delta \sim (v_1 - v_2) t \sim ct\left(\frac{1}{2\Gamma_2^2} - \frac{1}{2\Gamma_1^2}\right) \sim ct/\Gamma^2 \sim R/\Gamma^2$ と見積もることができる．共動系では $\Delta' = \Gamma\Delta = R/\Gamma$ である．これが最初の厚み以上になる半径は，$R_s \sim \Gamma^2 R_0 \sim 10^9 (\Gamma/100)^2 (R_0/10^5 \text{m})$ [m] あたりになる．

火の玉が膨張するにつれ，共動系での電子の密度 $n_e' \sim E/4\pi R^2 m_p c^2 \eta \Delta'$ は減少し，$\tau = \sigma_T n_e' \Delta' \sim 1$ になると，火の玉は散乱に対して透明になる[*3]．そのときの光球半径は，前式に $n_e' = 1/\sigma_T \Delta'$ を代入して，

$$R_p \sim \left(\frac{\sigma_T E}{4\pi m_p c^2 \eta}\right)^{1/2} \sim 10^{10} \left(\frac{L_\gamma \Delta t}{10^{42} \text{J}}\right)^{1/2} \left(\frac{\eta}{100}\right)^{-1/2} \quad [\text{m}] \tag{5.5}$$

となる．この外側で起こるガンマ線バーストしか我々は観測できない．

バリオンが少なすぎると（η が大きすぎると）$R_p < R_m$ となるので，放射エネルギーが運動エネルギーに転換される前に火の玉が散乱に対して透明になってしまう．つまりほとんどのエネルギーが熱的な放射として逃げる．しかし観測されるガンマ線バーストのスペクトルは非熱的なので，これは矛盾である．これより

[*2] 初期宇宙での物質優勢時期にあたる．

[*3] 初期宇宙における晴れ上がりに相当する．

$10^4 \gtrsim \eta$ という制限がつく．一方バリオンが多すぎるとコンパクトネス問題が生じるので下限は $10^2 \lesssim \eta$ である．

5.2.3 衝撃波によるエネルギー解放

前節により，小さな領域で巨大なエネルギーが解放されると火の玉ができ，バリオンが適度に少量含まれていれば，そのバリオンは相対論的な速度まで加速できることが分かった．しかし，観測可能な光球半径の外側ではほとんどのエネルギーは運動エネルギーになってしまうので，このままではガンマ線バーストにならない．何らかの方法で運動エネルギーを放射に変える必要がある．それは衝撃波であると現在考えられている．

二体衝突を考えるのが分かりやすい．ローレンツ因子 Γ_r の質量 m_r が，速度の遅いローレンツ因子 Γ_s $(< \Gamma_r)$ の質量 m_s に衝突して，ローレンツ因子 Γ_m の一つの質量 m_m になったとする．エネルギーと運動量の保存より，

$$m_r \Gamma_r + m_s \Gamma_s = (m_r + m_s + E_m/c^2)\Gamma_m, \tag{5.6}$$

$$m_r \sqrt{\Gamma_r^2 - 1} + m_s \sqrt{\Gamma_s^2 - 1} = (m_r + m_s + E_m/c^2)\sqrt{\Gamma_m^2 - 1} \tag{5.7}$$

がなりたつ．ここで E_m は衝突によって解放される内部エネルギーで，この一部が観測される放射になる．上式を解くと，

$$\Gamma_m = \frac{m_r \Gamma_r + m_s \Gamma_s}{\sqrt{m_r^2 + m_s^2 + 2 m_r m_s \Gamma_{rs}}}, \tag{5.8}$$

$$E_m/c^2 = \sqrt{m_r^2 + m_s^2 + 2 m_r m_s \Gamma_{rs}} - m_r - m_s \tag{5.9}$$

が得られる．ここで $\Gamma_{rs} = \Gamma_r \Gamma_s - \sqrt{\Gamma_r^2 - 1}\sqrt{\Gamma_s^2 - 1}$ は m_r からみた m_s のローレンツ因子である．エネルギーの変換効率は

$$\varepsilon = 1 - \frac{(m_r + m_s)\Gamma_m}{m_r \Gamma_r + m_s \Gamma_s}$$

で与えられる．

最初に，$\Gamma_s = 1, \Gamma_r \gg 1$ の場合を考えよう．これは周りの星間物質に火の玉が突っ込む場合で，いわゆる外部衝撃波モデルである (3.2.6 節参照)．式 (5.8) より $\Gamma_m \sim \Gamma_r/2$ となるには $m_s \sim m_r/\Gamma_r$ であればよい．つまり運動エネルギーの大半を変換するには，まわりの質量 m_s は火の玉の質量 m_r の Γ_r^{-1} 程度

でよい．この事実から外部衝撃波によって運動エネルギーが解放されはじめる半径を見積もることができる．

半径 R 内の星間物質の質量は個数密度を n とすると $m_s \sim \frac{4\pi}{3}R^3 n m_\mathrm{p}$ 程度である．ここで m_p は陽子の質量である．全エネルギーは $E = \Gamma_r m_r c^2 \sim \Gamma_r^2 m_s c^2 \sim \frac{4\pi}{3} R^3 n m_\mathrm{p} c^2 \Gamma_r^2$ と表わされるので，外部衝撃波の半径は，

$$R_e \sim 10^{15} \left(\frac{E}{10^{46}\,\mathrm{J}}\right)^{1/3} \left(\frac{n}{10^{-6}\,\mathrm{m}^{-3}}\right)^{-1/3} \left(\frac{\Gamma_r}{100}\right)^{-2/3} \quad [\mathrm{m}] \tag{5.10}$$

となる (図 5.10 参照)．これより外部衝撃波からの放射が観測され始めるのは，$t \sim R_e/c\Gamma_r^2 \sim 300(E/10^{46}\,\mathrm{J})^{1/3}(n/10^{-6}\,\mathrm{m}^{-3})^{-1/3}(\Gamma_r/100)^{-8/3}$ 秒後くらいである (図 5.9 参照)．

次に $\Gamma_r > \Gamma_s \gg 1$ の場合を考えよう．これは中心エンジンが異なる Γ の物質を放出しそれらが衝突する場合で，いわゆる内部衝撃波モデルである (3.2.4 節参照)．式 (5.8) より衝突後は，

$$\Gamma_m \simeq \sqrt{\frac{m_r \Gamma_r + m_s \Gamma_s}{m_r/\Gamma_r + m_s/\Gamma_s}} \tag{5.11}$$

である．

等質量 $m_r = m_s$ の場合，エネルギー変換効率は $\varepsilon = 1 - 2\sqrt{\Gamma_r \Gamma_s}/(\Gamma_r + \Gamma_s)$ となるので，$\Gamma_r = 2\Gamma_s$ なら $\varepsilon \sim 6\%$，$\Gamma_r = 10\Gamma_s$ なら $\varepsilon \sim 43\%$ である．つまり Γ の比が大きいほどエネルギー変換効率は高いことが分かる．

内部衝撃波をおこす半径は，質量 m_s の後 δt 経ってから質量 m_r が放出されたとすると，

$$R_i \sim \frac{c^2 \delta t}{v_r - v_s} \sim \frac{2c\delta t}{\Gamma_s^{-2} - \Gamma_r^{-2}} \sim 10^{11} \left(\frac{\delta t}{0.1\mathrm{s}}\right)\left(\frac{\Gamma_s}{100}\right)^2 \quad [\mathrm{m}] \tag{5.12}$$

と見積もられる (図 5.10 参照)．これより内部衝撃波からの放射パルスの幅は $\sim R_i/c\Gamma^2 \sim \delta t$ 程度 (図 5.9 参照)，つまり質量放出の間隔程度になる．

ガンマ線バーストは内部衝撃波，アフターグローは外部衝撃波でつくられる，とするのが現在の主流である．おもな理由は，ガンマ線バーストの激しい光度変動は内部衝撃波でしかつくれないからである．中心エンジンが $\sim \delta t$ の間隔でいく

つも Γ の異なる質量を t ($\gg \delta t$) の間放出したとすると，物質がほぼ光速で動くので，観測されるパルスも間隔 $\sim \delta t$ で $\sim t$ の間続く．パルス幅も $\sim R_i/c\Gamma^2 \sim \delta t$ なので変動を激しくできる．また式 (5.10), (5.12) より典型的に内部衝撃波は外部衝撃波の内側 $R_i < R_e$ で起こる．多数の放出物は衝突をいくつも起こして一つになったあと星間物質と外部衝撃波を起こしてアフターグローをつくる．

5.2.4 アフターグローのシンクロトロン衝撃波モデル

前節では衝撃波によって運動エネルギーを内部エネルギーに変換できることを示した．この内部エネルギーはどのように放射されるのであろうか？ 現在のところ，特にアフターグローでは，シンクロトロン放射がもっとも有力である (4.2.1 節参照)．本節ではアフターグローの標準モデルを概観する．大変簡単なモデルだが驚くほど観測事実を説明する．

前節のような簡単な二体衝突ではなく，衝撃波前後の流体の保存則を考えると，衝撃波を通過した星間物質の個数密度と内部エネルギー密度は，

$$n_2 = (4\Gamma + 3)n \simeq 4\Gamma n, \quad e_2 = (\Gamma - 1)n_2 m_p c^2 \simeq 4\Gamma^2 n m_p c^2 \quad (5.13)$$

に増加することが分かる．これらは共動系での量である．解放された内部エネルギー e_2 は，ある割合 ε_e と ε_B で電子の加速と磁場の増幅に使われる．加速された電子が $N(\gamma_e)d\gamma_e \propto \gamma_e^{-p} d\gamma_e, (\gamma_e > \gamma_m)$ という個数分布になるとすると (4.2.2 節参照)，電子の質量を m_e として，$\int_{\gamma_m} N(\gamma_e)\,d\gamma_e = n_2$ と $m_e c^2 \int_{\gamma_m} N(\gamma_e)\gamma_e\,d\gamma_e = \varepsilon_e e_2$ より，典型的な電子のローレンツ因子は，

$$\gamma_m = \varepsilon_e \frac{p-2}{p-1} \frac{m_p}{m_e} \Gamma \quad (5.14)$$

になる．ここで $p > 2$ を仮定する．また磁場は $B^2/2\mu_0 = \varepsilon_B e_2$ より

$$B = (8\mu_0 \varepsilon_B n m_p)^{1/2} \Gamma c \quad (5.15)$$

となる．

磁場中を電子が相対論的に動くのでシンクロトロン放射する．個々の電子が出す放射のパワーと典型的な振動数は $\gamma_e \gg 1$ とすると，

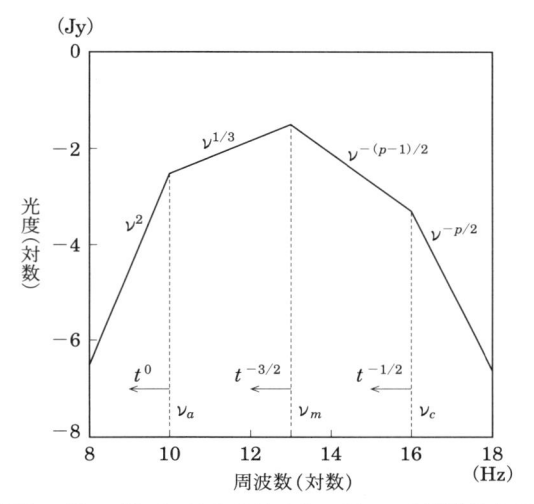

図 5.11 ガンマ線バーストのアフターグローの理論的なスペクトル．ν_m は典型的な振動数，ν_c は冷却振動数，ν_a はシンクロトロン自己吸収振動数である．星間物質が一様ならば，それぞれ時間とともに，$\nu_m \propto t^{-3/2}$, $\nu_c \propto t^{-1/2}$, $\nu_a \propto t^0$ に従って進化する．

$$P(\gamma_\mathrm{e}) = \frac{4}{3} c \sigma_\mathrm{T} \frac{B^2}{2\mu_0} \gamma_\mathrm{e}^2 \Gamma^2, \quad \nu(\gamma_\mathrm{e}) = \Gamma \gamma_\mathrm{e}^2 \frac{q_\mathrm{e} B}{2\pi m_\mathrm{e}} \tag{5.16}$$

である．ここで Γ^2 と Γ を掛けて観測される量にしてある．スペクトル P_ν ($\sim P/\nu$) は $P_\nu \propto \nu^{1/3}$ という形をしていて，$\nu > \nu(\gamma_\mathrm{e})$ では急激に落ちる．その最大値は $P_{\nu,\mathrm{max}} \sim P(\gamma_\mathrm{e})/\nu(\gamma_\mathrm{e})$ 程度になる．個々の電子の寄与を足し合わせると，観測されるアフターグローのフラックスは，

$$F_\nu = \begin{cases} (\nu/\nu_m)^{1/3} F_{\nu,\mathrm{max}} & (\nu < \nu_m \equiv \nu(\gamma_m)), \\ (\nu/\nu_m)^{-(p-1)/2} F_{\nu,\mathrm{max}} & (\nu_m < \nu) \end{cases} \tag{5.17}$$

となる．低周波数側 $\nu < \nu_m$ のスペクトルは 1 個の電子の場合と同じ $\propto \nu^{1/3}$ だが，$\nu > \nu_m$ では電子がべき的な分布 $N(\gamma_\mathrm{e}) \propto \gamma_\mathrm{e}^{-p}$ をしているので $\propto \nu^{-(p-1)/2}$ になる．掃き集めた電子の総数は $N_\mathrm{e} \equiv 4\pi R^3 n/3$ なので，ガンマ線バーストまでの距離を D とすると $F_{\nu,\mathrm{max}} \sim N_\mathrm{e} P_{\nu,\mathrm{max}}/4\pi D^2$ である．図 5.11 のスペクトルには，高周波数側では電子の冷却，低周波数側ではシンクロトロン自己吸

収によってあと二つ折れ曲がりが存在する．式 (5.17) より ν_m と $F_{\nu,\max}$ が分かればアフターグローのフラックスを計算できる．式 (5.14)–(5.16) より $\nu_m \propto \varepsilon_B^{1/2}\varepsilon_e^2 n^{1/2}\Gamma^4$, $F_{\nu,\max} \propto \varepsilon_B^{1/2} n^{3/2}\Gamma^2 R^3$ なので，あとは衝撃波の半径 R とローレンツ因子 Γ の進化を求めればよい．これは観測時間の関係式 $t \sim R/c\Gamma^2$ (図 5.9 参照) と式 (5.10) から，

$$R \sim (3Et/4\pi n m_\mathrm{p} c)^{1/4}, \quad \Gamma \sim (3E/4\pi n m_\mathrm{p} c^5 t^3)^{1/8} \tag{5.18}$$

と求まる．式 (5.18) は衝撃波が膨張するにつれ質量が増えて減速することを表わす．いままでの式をあわせると最終的に，

$$\nu_m \sim 10^{15}\varepsilon_B^{1/2}\varepsilon_e^2 (E/10^{46}\,\mathrm{J})^{1/2}(t/1\,\mathrm{day})^{-3/2} \quad [\mathrm{Hz}], \tag{5.19}$$

$$F_{\nu,\max} \sim 1\varepsilon_B^{1/2} n^{1/2}(E/10^{46}\,\mathrm{J})(D/10^{26}\,\mathrm{m})^{-2} \quad [\mathrm{Jy}] \tag{5.20}$$

が得られる．$F_\nu(\nu > \nu_m) \propto T^\alpha \nu^\beta$ とおくと $p \sim 2.3$ なら $\alpha = 3\beta/2 \sim -1$ となるので観測とよくあう．

いままで球対称を仮定したが，衝撃波がジェット状である場合，$T \sim (\theta/0.1)^{8/3}$ [day] あたりで，$F_\nu(\nu > \nu_m) \propto t^{-1}$ から $F_\nu(\nu > \nu_m) \propto t^{-p} \sim t^{-2.3}$ に折れ曲がって急に暗くなる．これは衝撃波が減速するとビーミング角 Γ^{-1} がジェットの開き角 θ より大きくなるので，ジェットの外側の暗い部分まで見えるうえにジェットの膨張則も変わるからである．折れ曲がりは実際観測されており，ガンマ線バーストはジェット状であると考えられている (5.1 節の図 5.7 参照)．ジェット状だとガンマ線バーストの全エネルギーは球状としたときより $\sim \theta^2 \sim 0.01$ 倍ほど小さく，だいたい 10^{44} J ぐらいになる．一方，本当のガンマ線バーストの頻度は $\sim \theta^{-2} \sim 100$ 倍になる．

5.2.5 中心エンジン

ガンマ線バーストの中心エンジンは何であろうか？中心エンジンのサイズは，ガンマ線バーストの変動時間にミリ秒のものがあるので $\sim 10^5$ m 以下である．全エネルギーは，ガンマ線が $\sim 10^{44}$ J なので効率を 10%程度とすると $\sim 10^{45}$ J となる．これらを満たす既知の天体は中性子星かブラックホールくらいである．

中性子星の回転エネルギーは $\sim 10^{45}(P/1\mathrm{ms})^{-2}$ J なので自転周期 P がミリ秒ならエネルギーはまかなえる．磁場が $\sim 10^{11}$ T だと磁気双極放射によって

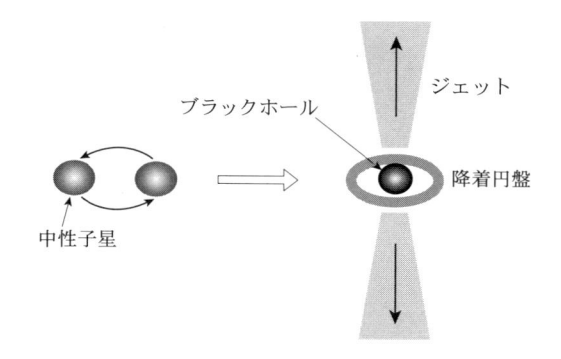

図 **5.12** 連星中性子星の合体に伴って起こるガンマ線バーストの中心エンジンの想像図.

10秒ほど (ガンマ線バーストの継続時間くらい) でエネルギーを放出できる. ブラックホールの場合, 質量が $\sim 10\,M_\odot$ なら回転エネルギーは最大 $\sim 10^{47}$ J である. これは原理的に磁場を通して取り出せる. またブラックホール形成時, まわりに $0.1\,M_\odot$ 程度の降着円盤ができた場合も, その重力エネルギーは $\sim 10^{45}$ J となる. この場合, 円盤の降着時間がガンマ線バーストの継続時間になる.

一方, ガンマ線バーストが大質量星の重力崩壊に伴って起こることを示す観測がいくつかある (5.1.3 節参照). たとえばいくつかのガンマ線バーストのあとに Ic 型超新星が観測されている (ただしすべてのガンマ線バーストに Ic 型超新星が付随するかどうかはまだはっきりしない). またガンマ線バーストの母銀河の研究からも, ガンマ線バーストは星形成の活発なところで生まれることが示唆されている. Ic 型超新星は一つの銀河で 1000 年に 1 回程度起こるので, ガンマ線バーストがジェットであることを考慮しても, Ic 型超新星の 100 から 1000 のうち一つがガンマ線バーストになればよい.

これらの観測が出る前までは, 連星中性子星の合体もガンマ線バーストの起源の候補であった (図 5.12 参照). 連星中性子星は重力波を放出することで軌道を縮めて合体する. 合体時にはガンマ線バーストを説明するのに十分な重力エネルギー $\sim 10^{46}$ J を解放する. また, 銀河系内の観測から推定される合体頻度はガンマ線バーストと同じぐらい (一つの銀河で 10 万年から 100 万年に 1 回程度) なので, ガンマ線バーストの候補と考えられた. しかし, 連星中性子星が合体す

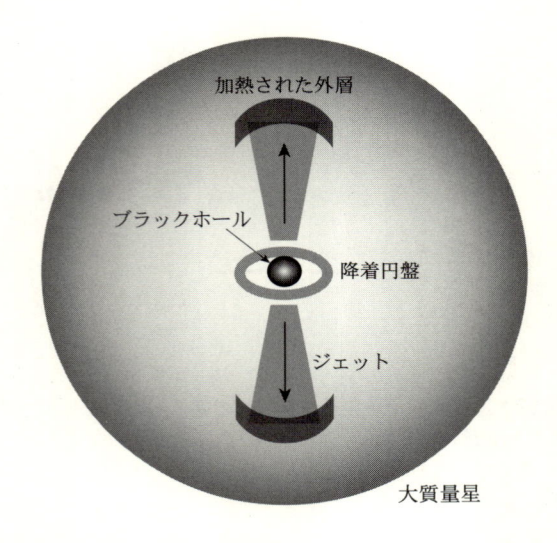

図 5.13 大質量星の重力崩壊に伴って起こるガンマ線バーストの中心エンジンの想像図.

るまで時間がかかるので,星形成の活発な領域でガンマ線バーストが起こる必然性はなく,現在では「長いガンマ線バースト」の起源としては少数派となった(ただし「短いガンマ線バースト」の起源としては有力である.5.2.6 節参照).

現在主流の描像では,大質量星のうち特異なもの,たとえば回転が速いものが重力崩壊して中心にブラックホールと重い降着円盤をつくり,降着円盤の一部を相対論的なジェットにして円盤と垂直方向に放出する,と考える (図 5.13 参照).ただし相対論的ジェットの形成機構はまったく分かっていない (3 章参照).数値シミュレーションでも $\Gamma > 100$ のジェットはまだ実現されていない.

大質量星の外層は大きな柱密度 $> 10^{45}\,\mathrm{m}^{-2}$ を持つので,中心でガンマ線が放射されてもこのままでは出てこられない.この問題を解決する一つの方法は,相対論的ジェットによって星に穴をあけることである (図 5.13 参照).実際,中心で相対論的ジェットができさえすれば星を貫けることが数値シミュレーションによって示されている.注意したいのは,ジェットの前方にある星の外層は $\sim 0.1\,M_\odot (\theta/0.1)^2$ もの質量があるので,これをすべて掃き集めるとジェットは非相対論的な速度になってしまいガンマ線バーストにならない点である (5.2.1 節

参照).外層はジェットに衝突されて加熱されることで横に広がる必要がある.加熱された外層は活動銀河核ジェットにおけるコクーンに類似したものになる (3.2.6 節).

5.2.6 その他の話題と展望

(1) 長いガンマ線バースト:大質量星進化の最後の爆発と関連することが分かってきた.宇宙で最初に生まれた星 (種族 III) は大質量星の可能性が高い.そこで,最初の恒星が形成された頃の宇宙を探る手段として,ガンマ線バーストおよびそのアフターグローが使えそうである.

2005 年,赤方偏移が 5 を超えるガンマ線バースト GRB 050904 が発見された.河合誠之らは「すばる」望遠鏡を用いて非常に明瞭な分光スペクトルの取得に成功し,$z = 6.295$ (約 128 億光年) と決定した (図 5.14).現在までのところ,このガンマ線バーストがもっとも遠方で発生したガンマ線バーストであるが,さ

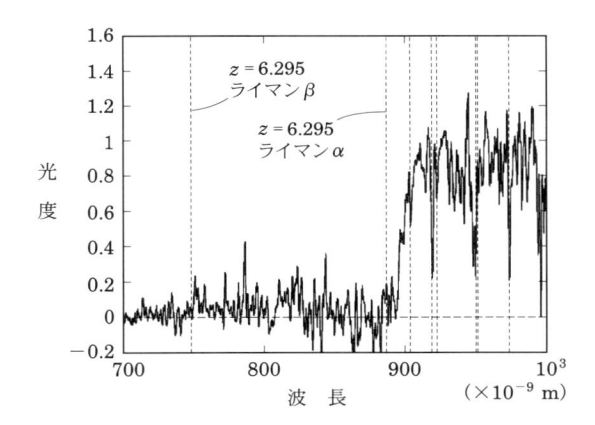

図 **5.14** GRB 050904 可視光アフターグローを「すばる」望遠鏡 FOCAS 分光器 が計測したスペクトル.700–1000 nm の波長域を図示している (1 nm は 10^{-9} m).$z = 6.295$ におけるライマン α,ライマン β の位置を破線で表示している.約 900 nm 以下の波長で,スペクトルの連続成分が減少しているのは,中性水素ガスによるライマン α 吸収の影響が赤方偏移によって長波長側に移動したためである (Kawai *et al.* 2006, *Nature*, 440, 184 より転載).Copyright© 2006, Nature Publishing Group

らに高赤方偏移したガンマ線バーストやアフターグローの観測・解析からより遠方宇宙の電離状態等を研究できると期待される.

(2) 短いガンマ線バースト：最近ようやく「Swift」によって確実なアフターグローが観測された．それによって母銀河が同定され，赤方偏移が決まった．「短いガンマ線バースト」の中には星形成が活発でない楕円銀河で起こるものもあり，少なくとも一部は「長いガンマ線バースト」と異なる種族のようである (5.1.4節参照).

(3) 無衝突衝撃波の物理：衝撃波によって運動エネルギーが解放されることを 5.2.3 節で示したが，電子や磁場にどれくらいエネルギーがいくかはまだ理論的に計算できていない．そもそも系が無衝突系なので，衝撃波が起こるかどうかが問題である．無衝突衝撃波を数値シミュレーションする試みがなされている.

(4) 高エネルギー放射：ガンマ線バーストは $\sim 10^{20}$ eV あたりの超高エネルギー宇宙線の源として有力視されている (4.1 節). この宇宙線とガンマ線バーストの出す光子が相互作用すると，TeV を越える高エネルギーニュートリノとガンマ線も生成される．高エネルギーガンマ線は逆コンプトン散乱などでもつくられる．その他には，重力波も期待される．特に連星中性子星の合体が「短いガンマ線バースト」の起源なら，近い将来重力波がガンマ線バーストとともに観測されるはずである (4.5 節).

(5) X 線フラッシュ：これはガンマ線を出さない点を除けばガンマ線バーストに非常によく似た現象であり，ガンマ線バーストと同じ起源を持つ同一現象であると考えられている (5.1.4 節参照). その発生機構はまだ確立していないが，一つの可能性はジェットを横から見たガンマ線バーストである．横から見ると青方変移が弱まるので，ガンマ線ではなく X 線になる.

── ビッグバンに次ぐ大爆発──ガンマ線バースト ──

ガンマ線バースト GRB 990123 は最大級の規模だった．約 95 億光年かなたの爆発だったが，可視光で 9 等に達する閃光が観測された．このバーストが銀河系の典型的な恒星の距離 (たとえば 1000 光年) で起きたとすると，太陽の 10 倍近い明さで輝いたはずだ．まさしくビッグバンに次ぐ大爆発である.

このような巨大なガンマ線バーストが本当に銀河系で起こったらどうなるだろうか？ 米国の研究者らは，約 4 億 5000 万年前のガンマ線バーストがオルドヴィ

ス紀-シルル紀の生物大量絶滅の原因とする説を発表した．わずか10秒間の強烈なガンマ線がオゾン層の約半分を破壊し，紫外線が生命の大半を死滅させたというのである．確実な証拠があるわけではないが，ガンマ線バーストは広大な宇宙では日常茶飯事な現象なので，生命の歴史，数十億年の間に1回くらいは銀河系でジェットが地球を向くバーストが起きた可能性は否定できない．

　軟ガンマ線リピーター (1.2.6節) は通常のガンマ線バーストと異なり，銀河系内の天体であり，放出エネルギーも少ない．それでも2004年12月27日にSGR 1806–20で発生した大規模フレアは，衛星軌道でのガンマ線の個数が$10^{11}\,\mathrm{m^{-2}\,s^{-1}}$に達し，ほとんどの検出器を麻痺させてしまった．バーストは一瞬だから問題ないだろうが，もし長時間継続すると，放射線被爆が怖くて宇宙飛行士の船外活動などはとてもできない．

参考文献

全体

小山勝二著『X線で探る宇宙』，培風館，1992

日本物理学会編『現代の宇宙像 — 宇宙の誕生から超新星爆発まで』，培風館，1997

高原文郎著『天体高エネルギー現象』(岩波講座 物理の世界「地球と宇宙の物理」4巻)，岩波書店，2002

嶺重 慎著『ブラックホール天文学入門』，裳華房，2005

小山勝二・中村卓史・舞原俊憲・柴田一成著『見えないもので宇宙を観る — 宇宙と物質の神秘に迫る (1)』，京都大学学術出版会，2006

奥田治之・小山勝二・祖父江義明著『天の川の真実 — 超巨大ブラックホールの巣窟を暴く』，誠文堂新光社，2006

キップ. S. ソーン著，林 一・塚原周信訳『ブラックホールと時空の歪み』，白揚社，1997

第1章

柴崎徳明著『中性子星とパルサー』，培風館，1993

第2章

北本俊二著『X線でさぐるブラックホール — X線天文学入門』，裳華房，1998

第3章

福江 純著『宇宙ジェット — 銀河宇宙を貫くプラズマ流』，学習研究社，1993

柴田一成・松元亮治・福江 純・嶺重 慎編『活動する宇宙 — 天体活動現象の物理』，裳華房，1999

第4章

寺沢敏夫著『太陽圏の物理』(岩波講座 物理の世界「地球と宇宙の物理」2巻)，岩波書店，2002

中村卓史・大橋正健・三尾典克著『重力波をとらえる — 存在の証明から検出へ』，京都大学学術出版会，1998

柴田 大著『一般相対論の世界を探る — 重力波と数値相対論』，東京大学出版，2007

索引

数字・アルファベット

Ic 型超新星	209
I 型セイファート	82
II 型セイファート	85
ADAF	46
AGASA	156
BAL クェーサー	105
BeppoSAX	180
CANGAROO	174
CGRO	104
CNO-cycle	189
COBE	92
EXOSAT	95
FOCAS	235
FRI	122
FRII	122
GALLEX	190
GRANAT	108
GZK	152
HEAO-1	92
HESS	175
HETE-2	219
IMB	184
INTEGRAL	178
IUE	127
K 中間子	14
LIGO	195
P Cyg プロファイル	127
π 中間子	13
pp-chain	189
RIAF	46
ROSAT	94
RXTE	76
SAGE	190
SNO	192
Swift	221
TAMA300	195
Ulysses	213
VELA	104
Virgo	195
W ボソン	14
XMM-Newton	84
X 線背景放射	92
X 線連星系	20
Z ボソン	14

あ

アインシュタイン	24
「アインシュタイン」	33
アインシュタイン方程式	24
アウタークラスト	12
アウターコア	13
アウトバースト	50
アウトフロー	49
「あすか」	29
アフターグロー (残光)	215
アルヴェーン	20
暗黒物質	156
位相空間	5
一般相対論	24
一般相対論的放射流体力学	133
移流優勢流	46
インナークラスト	13
インナーコア	13
宇宙ジェット	50
宇宙線	147
宇宙マイクロ波背景放射	93
「ウフル」	28
エディントン	2
エディントン限界光度	22

か

カー	25
外部コンプトン	120

外部衝撃波	121	黒体放射	2
拡散係数	166	極超新星	219
核子	6	古典新星	55
核融合	3	固有状態	191
可視激変光クェーサー	113	コンパクトネス	215
活動銀河核	31	コンプトン厚	85
活動銀河ジェット	104	コンプトン薄	85
荷電交換	178	コンプトン散乱	48
カミオカンデ	184		
ガンマ線バースト	30	**さ**	
逆コンプトン	19	再帰新星	40
吸収	153	最終速度	130
狭輝線I型セイファート	87	ジェット	101
強磁場激変星	59	磁気圧加速	139
曲率放射	16	磁気遠心力加速	138
「ぎんが」	79	磁気リコネクション	23
近接連星	37	磁気力加速モデル	123
空気シャワー	147	事象の地平線	24
クェーサー (準星)	31	質量降着	54
クォーク	14	終末速度	130
クライン–仁科	19	重力赤方偏移	24
グルーオン	14	重力波	21
系内ジェット	101	重力崩壊型超新星	10
激変星	54	縮退圧	4
ケプラー	2	主系列	4
ケプラー回転	41	シュテファン–ボルツマン定数	2
原始星	101	シュバルツシルト	23
原始星ジェット	101	衝撃波統計加速	169
原始中性子星	204	小質量X線連星系	20
減衰	153	状態方程式	12
光学的厚み	52	シリウス	1
光子	14	シンクロトロン自己コンプトン	113
広視野X線カメラ	215	シンクロトロン放射	19
恒星質量ブラックホール	27	新星様変光星	58
降着円盤	40	スーパーカミオカンデ	15
降着円盤熱風	124	「すざく」	82
降着トーラス	133	スターバースト銀河	34
高偏光クェーサー	113	すだれコリメータ	28
高密度天体	37	スニヤエフ–ゼルドビッチ効果	93

「すばる」	235	特殊相対論	24
スピン	4	突発天体	30
制動放射	19	冨松–佐藤解	25
セイファート銀河	31	トムソン散乱	64
星風	40	トランジェント天体	30
赤方偏移	33		
線吸収加速	125	**な**	
線吸収固定機構	124	内部衝撃波	118
全天モニター装置	78	斜め衝撃波	170
相対論的ビーミング	224	ナビエ–ストークス	44
素粒子	4	軟ガンマ線リピーター	21
		ニー (knee)	148
た		ニュートリノ	14
大質量 X 線連星系	40	ニュートリノ振動	15
大質量ブラックホール	31	ニュートン力学	24
大マゼラン雲	30	熱的制動放射	48
タウニュートリノ	14	年周視差	1
タウ粒子	14		
多温度円盤	45	**は**	
チェレンコフ放射	19	背景放射	153
チャープ波形	197	ハイペロン	14
チャドウィック	9	白色矮星	1
「チャンドラ」	18	ハッブル宇宙望遠鏡	32
チャンドラセカール	9	ハドロン	14
チャンドラセカール限界質量	7	バリオン	14
中質量ブラックホール	33	バリオンロード	225
中性子星	9	「はるか」	103
超巨星	29	パルサー	18
超大光度 X 線源	33	パルサー星雲	172
超長基線電波干渉計	32	バルジ	33
強い力	14	ピエールオージェ	156
テレスコープアレイ	156	光電離	85
電磁カスケード	155	ヒューイッシュ	10
電磁気力	14	標準円盤	43
電子ニュートリノ	14	標準太陽モデル	189
電磁流体力学	42	ビリアル温度	47
電波ビーム	104	ファンネル	133
電波ローブ	121	ファンネルジェット流	132
「てんま」	74	フェルミ運動量	4

フェルミ加速	169
フェルミ粒子	4
フライズアイ	156
ブラックホール	23
フラットスペクトル電波クェーサー	
	113
プランク定数	4
ブレーザー	113
分光連星	29
分子粘性	42
平均自由行程	42
放射圧	64
放射圧加速風	130
放射圧加速モデル	123
放射抵抗	130
ホームステイク	189

ま

マイクロクェーサー	104
マグネター	22
マッハ数	166
水メーザー	32
ミューニュートリノ	14
ミュー粒子	14

や

弱い力	14

ら

ラーモア半径	151
ライマン α	235
ライマン β	235
ランダウ準位	60
リサイクル説	20
レーリー–ジーンズ	47
レプトン	14
連星系	37
連星中性子星	195
連星ブラックホール	199
連続光加速	125
ローレンツ因子	91
ロッシュロープ	38

わ

矮新星	40
惑星状星雲	3

日本天文学会創立 100 周年記念出版事業編集委員会

岡村　定矩 (委員長)

家　　正則	池内　　了	井上　　一	小山　勝二	桜井　　隆
佐藤　勝彦	祖父江義明	野本　憲一	長谷川哲夫	福井　康雄
福島登志夫	二間瀬敏史	舞原　俊憲	水本　好彦	観山　正見
渡部　潤一				

8巻編集者　小山　勝二　京都大学大学院理学研究科 (責任者)
　　　　　　嶺重　　慎　京都大学基礎物理学研究所

執　筆　者　粟木　久光　愛媛大学理学部 (2.6 節)
　　　　　　井岡　邦仁　京都大学大学院理学研究科 (5.2 節)
　　　　　　石田　　学　宇宙航空研究開発機構宇宙科学研究本部 (1.1 節, 2.3 節)
　　　　　　上田　佳宏　京都大学大学院理学研究科 (2.7 節, 3.1.4 節)
　　　　　　小山　勝二　京都大学大学院理学研究科 (4.3 節)
　　　　　　柴崎　徳明　立教大学理学部 (1.2 節, 2.4 節)
　　　　　　柴田　　大　東京大学大学院総合文化研究科 (4.5 節)
　　　　　　柴田　一成　京都大学大学院理学研究科 (3.3.3 節)
　　　　　　高原　文郎　大阪大学大学院理学研究科 (3.2 節)
　　　　　　手嶋　政廣　マックスプランク研究所 (4.1 節)
　　　　　　寺沢　敏夫　東京工業大学大学院理学研究科 (4.2 節)
　　　　　　中畑　雅行　東京大学宇宙線研究所 (4.4 節)
　　　　　　馬場　　彩　宇宙航空研究開発機構宇宙科学研究本部 (4.3 節)
　　　　　　福江　　純　大阪教育大学 (3.1 節, 3.3 節)
　　　　　　牧島　一夫　東京大学大学院理学系研究科 (1.3 節, 2.5 節)
　　　　　　嶺重　　慎　京都大学基礎物理学研究所 (2.1 節, 2.2 節)
　　　　　　山崎　典子　宇宙航空研究開発機構宇宙科学研究本部 (4.3 節)
　　　　　　吉田　篤正　青山学院大学理工学部 (5.1 節)

ブラックホールと高エネルギー現象
シリーズ現代の天文学　第8巻

発行日　2007年6月20日　第I版第I刷発行

編　者　小山勝二・嶺重　慎
発行者　林　克行
発行所　株式会社 日本評論社
　　　　170-8474 東京都豊島区南大塚3-12-4
　　　　電話　03-3987-8621（販売）　03-3987-8599（編集）
印　刷　三美印刷株式会社
製　本　牧製本印刷株式会社
装　幀　妹尾浩也

© Katsuji Koyama et al. 2007　Printed in Japan
ISBN978-4-535-60728-6

MAS シリーズ 現代の天文学 全17巻

Modern Astronomy Series

21世紀の天文学を担う若い人に向けて…
急速に発展する天文学の「現在」を切り取り、将来を見通すシリーズ

※表示価格税込

- 第❶巻 **人類の住む宇宙** 岡村定矩／他編 ◆定価2,520円(第1回配本)
- 第❷巻 **宇宙論Ⅰ**——宇宙のはじまり 佐藤勝彦+二間瀬敏史／編 ◆続刊
- 第❸巻 **宇宙論Ⅱ**——宇宙の進化 二間瀬敏史／他編 ◆近刊(第6回配本)
- 第❹巻 **銀 河Ⅰ**——銀河と銀河団 谷口義明／他編 ◆続刊
- 第❺巻 **銀 河Ⅱ**——銀河系 祖父江義明／他編 ◆定価2,625円(第2回配本)
- 第❻巻 **星間物質と星形成** 福井康雄／他編 ◆続刊
- 第❼巻 **恒 星** 野本憲一／他編 ◆続刊
- 第❽巻 **ブラックホールと高エネルギー現象** 小山勝二／他編
  ◆定価2,205円(第3回配本)
- 第❾巻 **太陽系と惑星** 渡部潤一／他編 ◆続刊
- 第❿巻 **太 陽** 桜井 隆／他編 ◆続刊
- 第⓫巻 **天体物理学の基礎Ⅰ** 観山正見／他編 ◆続刊
- 第⓬巻 **天体物理学の基礎Ⅱ** 観山正見／他編 ◆続刊
- 第⓭巻 **天体の位置と運動** 福島登志夫／編 ◆続刊
- 第⓮巻 **シミュレーション天文学** 富阪幸治／他編 ◆近刊(第5回配本)
- 第⓯巻 **宇宙の観測Ⅰ**——光・赤外天文学 家 正則／他編 ◆近刊(第4回配本)
- 第⓰巻 **宇宙の観測Ⅱ**——電波天文学 中井直正／他編 ◆続刊
- 第⓱巻 **宇宙の観測Ⅲ**——高エネルギー天文学 井上 一／他編 ◆続刊

日本評論社